Andreas Arnold, Hans-Joachim Bek, Markus Handschuh,
Heiko Hinneberg, Andreas Kühnhöfer, Jochen Müller (Hrsg.),
Peter Schüle, Winfried Seitz, Claus Wurst

Praxishandbuch Naturschutz in der Waldwirtschaft

Andreas Arnold, Hans-Joachim Bek, Markus Handschuh, Heiko Hinneberg, Andreas Kühnhöfer, Jochen Müller (Hrsg.), Peter Schüle, Winfried Seitz, Claus Wurst

Praxishandbuch Naturschutz in der Waldwirtschaft

216 Fotos
9 Zeichnungen
4 Tabellen

Inhalt

Info-Kästen

Einleitung

J. MÜLLER

Förster und Waldarbeiter gestalten die Wälder und beeinflussen damit die Biodiversität auf den von ihnen bewirtschafteten Flächen. Das Vorkommen seltener und geschützter Arten im eigenen Revier ist immer ein Grund zur Freude, aber auch eine Herausforderung, und schließt rechtliche Gesichtspunkte mit ein. Je besser man die Arten und ihre Lebensraumansprüche kennt, umso eher kann man sie erhalten und aktiv fördern. Viele für den europäischen Naturschutz wichtige Arten können gut im bewirtschafteten Wald leben. Der Mittelspecht brütet in Eichenwäldern und sein Vorkommen wird mit der Förderung dieser Baumart gesichert. Amphibien finden hier einen geeigneten Landlebensraum und vermehren sich in zufällig bei der Holzernte entstandenen Pfützen. Schmetterlinge sind auf Lichtungen und die blühenden Säume entlang der Waldwege angewiesen. Von einem kleinflächigen Nutzungsverzicht, beginnend bei Einzelbäumen, profitieren Käfer, Fledermäuse und Vögel. Die Arbeit der Landnutzer ist ein entscheidender Faktor für den Erhalt der Artenvielfalt, das gilt für den Wald ebenso wie in der Landwirtschaft. Schließlich wird die große Fläche immer bewirtschaftet werden und Schutzgebiete immer nur einen überschaubaren Anteil daran haben.

Mit ihrer umfassenden Flächenzuständigkeit haben Förster optimale Möglichkeiten, im Artenschutz aktiv zu werden. Sie tragen aber auch die Verantwortung für die vom eigenen Wirken abhängigen Waldbewohner. Es kann passieren, dass man beim Auszeichnen einer Buche in unübersichtlicher Naturverjüngung die Schwarzspechthöhle übersieht und sie erst auf dem Holzpolter bemerkt. Hinter der abgeplatzten Rinde einer trockenen Douglasie vermutet man kein Fledermausquartier. Bei jeder Wegunterhaltung und Durchfahrung einer Rückegasse können Amphibien betroffen sein. Das vollständige Entfernen der Sal-Weide bei der Jungbestandspflege lässt auch den Großen Schillerfalter verschwinden. Durch das Erkennen von ökologisch wichtigen Waldstrukturen kann man versuchen, Verluste zu minimieren und Habitate zu erhalten oder auch neu zu schaffen. Bietet der Wald genügend Lebensraum, fällt die unvermeidbare Beeinträchtigung einzelner Individuen nicht ins Gewicht.

Der Wirtschaftswald kann nicht überall den perfekten Naturschutz für alle Arten liefern. Die Anforderungen mancher der hier vorgestellten Arten an ihren Lebensraum werden mit den Anforderungen der Holzproduktion nicht unter einen Hut zu bringen sein. Einige, die früher im Naturwald in den Zerfallsphasen lebten, wie Eremit und Weißrückenspecht, sind schon fast vergessen. Auch das soll hier dargestellt werden. Damit kann man als Förster auch die Menschen, die sich für den Schutz „ihrer" Arten einsetzen, und ihre Sicht auf den Wald besser verstehen. Gleichzeitig ist es uns ein Anliegen, Verständnis für die Bewirtschaftung zu vermitteln. Niemand bezweifelt ernsthaft den ökologischen Wert von unbewirtschafteten Waldflächen, aber es werden oft Zweifel geäußert, dass auch der Wirtschaftswald ein hochwertiger Lebensraum sein kann.

Dieses Buch ist aus einer Reihe von forstlichen Fortbildungsveranstaltungen zum Thema Waldökologie in Baden-Württemberg entstanden. Die meisten Autoren sind seit einigen Jahren Referenten bei Schulungen von Förstern und Waldarbeitern zum Thema Artenschutz. Weil die Veranstaltungen immer auf großes Interesse gestoßen sind, haben wir uns für eine Veröffentlichung der Lehrgangsinhalte entschieden. Hier sollen Anregungen gegeben werden anhand von Beispielen, wie sie in vielen Forstrevieren bereits zu finden sind. Unser Dank gilt dem Forstlichen Bildungszentrum in Karlsruhe, das diese Veranstaltungen möglich gemacht und unterstützt hat, sowie den vielen teilnehmenden Förstern und Waldarbeitern für ihr Interesse und ihre Motivation im Artenschutz. Für ihre Mitarbeit an diesem Buch in Form von Korrekturlesen, Anregungen, Weitergabe von fachlichen Informationen und beim Fotografieren möchten wir uns außerdem ganz herzlich bei Dr. Thomas Bamann, Dr. Burkhard Beinlich, Philipp Böning, Jörg Döring, Prof. Dr. Thomas Gottschalk, Gabriel Hermann, Dr. Birgit Hiller, Kathrin Klein, Reinhold Kratzer, Erwin Lang, Klaus Lechner, Ralf Liebelt, Matthias Link, Sebastian Rall, Hans-Joachim Scheckeler, Luca Schmid, Markus Schmid und Simone Stollenmaier bedanken. Dem Verlag Eugen Ulmer danken wir für die Realisierung unseres Buchprojektes und hier vor allem Frau Birgit Schüller für die gute und angenehme Zusammenarbeit.

1 Naturschutz im Wald

J. MÜLLER

Artenvielfalt

Unzählige Tier- und Pflanzenarten besiedeln die verschiedensten ökologischen Nischen im Wald. Jeder forstliche Eingriff wird manchen Arten schaden und gleichzeitig andere begünstigen. Die Kahlschlagwirtschaft des vergangenen Jahrhunderts war für die Altholzbewohner des betroffenen Waldes eine Katastrophe. Über die bunten Schlagfluren flogen aber schon im nächsten Sommer zahlreiche Schmetterlinge und von den neu entstandenen Waldrändern startete der Baumpieper seinen Singflug. Man kann weder alle Arten kennen noch kann man sie gleichberechtigt schützen. In vielen Fällen gibt es eine positive Kehrseite des zunächst als negativ empfundenen Bildes und die objektive Beurteilung einer Maßnahme ist oft schwierig.

In den folgenden Kapiteln werden typische Waldarten mit ihren Lebensraumansprüchen vorgestellt und Möglichkeiten für ihren Schutz im Rahmen der Bewirtschaftung aufgezeigt. Wichtige Waldstrukturen können damit besser erkannt werden und die Auswirkungen forstlicher Maßnahmen lassen sich besser abschätzen. Es kann aber nie Musterlösungen für alle Situationen geben, da jeder Baumbestand und Standort einzigartig ist und man sich am Ende immer nach den örtlichen Gegebenheiten entscheiden muss. Dazu kommen die großen Unsicherheiten über die Auswirkungen des Klimawandels, die kaum noch Prognosen über den Erfolg von Naturschutzkonzepten zulassen.

Kulturlandschaft

Der Wald ist heute Kulturlandschaft, auch wenn er oft nicht als solche wahrgenommen wird. Auch die Waldtiere leben nicht mehr nur in ihren ursprünglichen Habitaten. Ein Beispiel ist der Mittelspecht. Sein heute stark auf die Eiche konzentriertes Vorkommen begründet sich nicht nur damit, dass er hier einen geeigneten Lebensraum vorfindet.
Es liegt auch an dem Fehlen sehr alter und totholzreicher Buchenwälder, in denen er ebenso brüten würde. Die Habitatansprüche des Mittelspechtes an die Buche können aber im Wirtschaftswald kaum erfüllt werden, weil morsche Stämme keinen wirtschaftlichen Nutzen mehr bringen. Aus der Sicht des Artenschutzes ist die forstliche Förderung der Eiche „gegen die Natur" oft sinnvoller als die Entwicklung hin zu „naturnah" bewirtschafteten Buchenwäldern. In den Kapiteln zu den verschiedenen Artengruppen ist das immer wieder zu finden.

Lichte Eichenwälder mit ihrer Artenvielfalt sind ein gutes Beispiel dafür, dass es auch im Wald schützenswerte Kulturlandschaft gibt. In der offenen Landschaft ist es selbstverständlich, Wacholderheiden oder Feuchtwiesen aus Artenschutzgründen gegen die Verbuschung mit Gehölzen zu pflegen. Wird im Wald dagegen ausschließlich „Prozessschutz" als Naturschutzziel gesehen, kann das ebenso zum Verschwinden seltener und geschützter Arten führen, wie wenn in der offenen Landschaft die Biotoppflege eingestellt wird.

Trotzdem ist die Frage nach dem natürlichen, vom Menschen unbeeinflussten Bild der Landschaft interessant. Sind die heute vorkommenden Tierarten schon „immer" da gewesen? Oder kamen sie erst im Gefolge des Menschen und zogen in die von ihm gestaltete Kulturlandschaft ein? In der Bestandsentwicklung vieler Arten wird der menschliche Einfluss auf die Landschaft im Laufe der Jahrhunderte nachgezeichnet. Manche wie das Auerhuhn profitierten von der Waldzerstörung. Im Zuge der völligen Übernutzung und des damit verbundenen Nährstoffentzuges aus den Wäldern in vergangenen Jahrhunderten fand es in den deutschen Mittelgebirgen optimale Bedingungen vor und war weit verbreitet (Gedeon et al. 2014). Aus der heutigen Waldlandschaft mit hohen Holzvorräten, dichter Naturverjüngung und zahlreichen Prädatoren ist es bis auf wenige Reliktvorkommen wieder verschwunden und hat sich in karge Hochlagen zurückgezogen.

Andere Arten haben Veränderungen überstanden und neue Lebensräume gefunden. Die Gelbbauchunken, die früher in Hochwassertümpeln der natürlichen Flussauen und vielleicht den wassergefüllten Fußspuren der Waldelefanten laichten, leben heute in Pfützen auf der Rückegasse. Mauersegler haben es von Baumhöhlen in alten Wäldern bis unter die Dächer der Großstädte geschafft. Sie waren flexibel genug, sich anzupassen. In ihren neuen Lebensräumen sind sie jedoch vielfach auf die Duldung durch den Menschen angewiesen. Während der Schutz der Fledermäuse am Haus ebenso erwünscht ist wie der Erhalt des Storchennestes auf dem Dach, fällt es schwer, den gleichen Maßstab beim Anblick einer tiefen Fahrspur im Wald als Amphibienlebensraum anzulegen. Die Habitate der Tiere entsprechen oft nicht dem ästhetischen Urteil des Menschen, der lediglich seine Sicht des für ihn schönen oder „natürlichen“ Waldes vertritt. Für den Schutz der Arten sollte es aber keine Rolle spielen, welche Nische sie in der Kulturlandschaft gefunden haben und ob sie uns gefällt oder nicht. Will man die Arten erhalten, gibt es ohnehin keine Alternative.

Waldgeschichte

Die Geschichte der mitteleuropäischen Landschaft und der sie bewohnenden Arten wurde zunächst nur durch das Klima und dann immer stärker auch durch den Menschen gesteuert. Der Blick in die Vergangenheit ist eine wichtige Grundlage für den Waldnaturschutz und deshalb soll im Folgenden auf einige für den Artenschutz relevante Punkte in der Waldgeschichte hingewiesen werden. Manche der heute durch die forstliche Nutzung geschaffenen Lebensräume wie Freiflächen und lichte Wälder sind früher auch auf natürliche Weise entstanden. Baumarten wie die Eiche oder verschiedene Nadelbäume besaßen ehemals große natürliche Vorkommen in Gebieten, in denen sie heute durch den Menschen kultiviert werden. Naturschutzprojekte wie die Waldweide können ein ursprüngliches Bild der Landschaft mitsamt ihrer Artenvielfalt wiederaufleben lassen.

In Mitteleuropa gibt es nicht den einen, vom Menschen unbeeinflussten „Urzustand“ der Landschaft, sondern nur eine über die Jahrtausende laufende Entwicklung mit dem Auftauchen und Verschwinden von völlig unterschiedlichen Landschaftsbildern. Im Eiszeitalter während der letzten zwei Millionen Jahre wechselten sich Warm- und Kaltzeiten mehrfach ab. Damit verschoben sich auch die Vegetationszonen immer wieder. Je nach Temperatur breiteten sich in den Warmzeiten verschiedene Baumarten aus. Bei einem geringen Anstieg der Temperatur konnten dies Fichten sein, bei einer stärkeren Erwärmung dagegen Laubwälder. Mit dem nächsten Eisvorstoß verschwanden sie wieder (Küster 1998). Betrachtet man das gesamte Eiszeitalter, war Mitteleuropa durch die langen Kälteperioden in erster Linie Offenland und nur in den kürzeren, warmen Zeitabschnitten auch ein Waldland (Walentowski & Zehm 2010). Durch die wiederholte Vereisung und die Barriere der Alpen starben viele Baumarten aus und es blieben nur relativ artenarme Waldgesellschaften übrig.

In den Kaltzeiten lebten Mammut, Wollnashorn, Moschusochse und Rentier in baumlosen Steppen. Wurde es wärmer, verschwanden sie wieder und blieben nur in ihren Kerngebieten im Nordosten erhalten. Mit der Erwärmung konnten die Bäume wieder Fuß fassen und die Tiere der Warmzeiten aus ihren im Süden gelegenen Refugien zurückkehren. Jetzt lebten Waldelefanten, Waldnashörner, Flusspferde und Wasserbüffel in Mitteleuropa (Bunzel-Drüke et al. 1999, Koenigswald 2000). Die für die heutigen mitteleuropäischen Waldgebiete charakteristische Buche war in früheren Warmzeiten lokal vorhanden, aber unbedeutend (Küster 1998). Durch die Klimaschwankungen gab es einen wiederholten grundlegenden Wandel des Landschaftsbildes von der Kältesteppe bis zum Wald mit allen Zwischenstadien und einem mehrfachen Austausch der Tier- und Pflanzenwelt. In den Warmzeiten ähnelte sie der heutigen Artenausstattung in den Subtropen und Tropen, in den Kaltzeiten der Tierwelt Nordeuropas.

Der moderne Mensch erscheint während der letzten Kaltzeit. Wärmeliebende Großsäuger wie der Waldelefant kamen damals noch in ihren südlichen Refugialgebieten im Mittelmeerraum vor, starben dann aber noch vor der nächsten Erderwärmung aus. Für sie gab es somit keine Rückkehr nach Mitteleuropa in die heutige Warmzeit mehr. Kälteliebende Großtiere wie das Mammut verschwinden gegen Ende der letzten Kaltzeit (Poschlod 2015). Ob das Aussterben der großen Säugetiere durch den Menschen oder die Klimaveränderung verursacht wurde, ist umstritten. Es findet aber zeitgleich mit dem Erscheinen des modernen Menschen statt, während die Großtiere frühere Klimaschwankungen überlebt hatten (Bunzel-Drüke et al. 1999, Koenigswald 2000).

Mit dem Ende der letzten Kaltzeit vor ca. 12 000 Jahren beginnt erneut die Einwanderung der Bäume. Zunächst besiedeln vor allem Kiefern, aber auch Birken, Weiden, Pappeln und Lärchen das vom Eis befreite Land. Später sind Eichen, Ulmen, Eschen und Linden die Hauptbaumarten. Vor allem die Eichen und auch das häufige Vorkommen der Haselnuss zeigen, dass die Wälder licht gewesen sein dürften. Wisente, Auerochsen, Elche und Rothirsche streifen durch die Wälder. In den Feuchtgebieten wachsen Erlenbruchwälder (Küster 1998). Manche der heutigen menschengemachten Wälder und „Forsten", ob Eichen-, Kiefern- oder Fichtenwälder, haben in der fernen Vergangenheit ihre natürlichen Ebenbilder. Damals wie heute eignen sie sich als Lebensraum für Waldtiere, auch wenn sie heute menschlichen Ursprungs sind.

In diesen Wäldern begann etwa 5 000 v. Chr. mit dem Beginn des Ackerbaus die menschliche Rodungstätigkeit (Poschlod 2015). Vorher hatte der Mensch die Waldentwicklung vielleicht schon durch die Jagd auf die Großtiere beeinflusst. Spätestens mit den Rodungsinseln in den Eichenmischwäldern wurde die natürliche Waldentwicklung nach der Eiszeit beendet und es entstehen erste Kulturlandschaften. Jetzt erst beginnt die Ausbreitung der Buche. Sie war vorher in den nacheiszeitlichen Wäldern kaum vorhanden (Küster 1998). Dunkle Buchenwälder bilden zwar heute die „potentiell natürliche Vegetation", stellen in der Waldgeschichte Mitteleuropas aber nur eine sehr junge und kurze Episode dar (Walentowski & Zehm 2010). Auch die Waldarten unter den einheimischen Vögeln sind in der Regel nicht auf dichte, geschlossene Wälder angewiesen. Alle Spechte können zum Beispiel in fragmentierten und lichten Wäldern leben und bevorzugen sie teilweise sogar. Meisen und Kleiber brüten in Obstwiesen und Gärten ebenso wie im Wald. Genauer betrachtet benötigen eigentlich nur Waldlaubsänger und Zwergschnäpper wirklich geschlossene Wälder als Lebensraum.

Mit dem Entstehen menschlicher Siedlungen in der Jungsteinzeit beginnt eine wechselhafte Geschichte des Waldes, die von der Bevölkerungsentwicklung geprägt wird. In den zumeist klimatisch günstigen Phasen des Bevölkerungswachstums wird der Wald zurückgedrängt. Schwindet die Bevölkerung, fallen die Ackerflächen wieder brach und werden vom Wald zurückerobert (Poschlod 2015). Die nach der Eiszeit zurückgekehrten großen Pflanzenfresser werden ebenso wie die Prädatoren Bär, Wolf und Luchs großflächig ausgerottet. Der immer weiter steigende Holzbedarf der wachsenden Bevölkerung, Beweidung und Streunutzung führten zur großflächigen Entwaldung mit Höhepunkt im 18. Jahrhundert. Zu dieser Zeit lebten aber auch viele der heute auf den Roten Listen zu findenden Arten lichter und magerer Standorte im Optimum (Gatter 2000).

Der wichtigste natürliche Lebensraum für die Arten lichter Wälder war neben den Randzonen von baumfreien Standorten wie Mooren und Hochgebirgen vermutlich die Auenlandschaft der Flüsse. Nach jedem Hochwasser konnte auf blankem Kies oder Rohboden eine neue Waldentwicklung beginnen. Wo man in Europa noch natürliche Auen findet, kann man erahnen, was durch die Flussregulierungen an Lebensräumen und Artenvielfalt verloren gegangen ist.

Lichte Wälder werden auch durch pflanzenfressende Tiere gestaltet. Selbst die beiden heute noch vorhandenen Arten Reh und Rothirsch üben durch den Verbiss der Gehölze einen entscheidenden Einfluss auf die Waldentwicklung aus. Sie können die Entstehung von artenreichen Mischwäldern verhindern und damit einen massiven wirtschaftlichen Schaden verursachen. Ohne die Ausrottung der nacheiszeitlichen Säugetiervielfalt mit Wisenten, Elchen und Auerochsen würde die Waldlandschaft heute vermutlich deutlich anders aussehen. Neben den Säugetieren können auch die zu Massenvermehrungen neigenden Insekten wie Borkenkäfer, Maikäfer und verschiedene Schmetterlingsarten Freiflächen schaffen. Vor allem wenn der Wald durch Naturereignisse wie Sturm, Trockenheit, Feuer oder Schneebruch angerissen und aufgelichtet wird, bieten sich für zahlreiche Tierarten günstige Bedingungen. Sie nutzen sie zur Vermehrung und tragen damit zum Erhalt und zur Vergrößerung der offenen Flächen bei (Gatter 2000). Dies ist auch heute noch regelmäßig nach Sturmschäden oder Trockenjahren in Wirtschaftswäldern zu sehen, wenn Borkenkäfer die Bestandsränder befallen und Rehe von der Vegetation auf den Freiflächen angelockt werden. Eine ganze Artengemeinschaft von der Blauflügeligen Ödlandschrecke bis zum Baumpieper ist an solche „Katastrophen“ angepasst und besiedelt spontan solche Flächen. Die Entstehung von Freiflächen durch die Fraßtätigkeit der Tiere ist zweifellos ein natürlicher Prozess. Das spricht nicht gegen den naturnahen Waldbau mit intensiver Schalenwildjagd, die für eine artenreiche Naturverjüngung unverzichtbar ist. Die Jagd ist der entscheidende Faktor bei der Begründung stabiler und auch ökonomisch wertvoller Mischwälder. Es spricht aber für die Vielfalt im Wald, bei der besonnte Kahlflächen und gepflegte Wildwiesen genauso wichtig sind. Lichte Waldstrukturen können auch durch die Bewirtschaftung geschaffen werden.

Mit Beginn der geregelten Forstwirtschaft vor ca. 250 Jahren wurden neue Wälder vor allem mit Fichten und Kiefern begründet, die im Laufe der Zeit dichter und vorratsreicher geworden sind. Fossile Energieträger begannen im 19. Jahrhundert den Wald vom Nutzungsdruck zu entlasten. Waldweide und Streunutzung wurden aufgegeben und mit dem Heizöl endete die intensive Nutzung des Totholzes als Brennmaterial. Nicht nur der Wald, auch der Waldboden konnte sich seither von der starken Austragsnutzung erholen (Gatter 2000, Küster 1998). Die letzten drei Jahrzehnte sind durch einen Anstieg der Laubwaldfläche, älter werdende Bestände und steigende Totholzmengen gekennzeichnet (BMEL 2018). Naturnaher Waldbau mit Naturverjüngung aus Schattbaumarten löste die Kahlschlagwirtschaft vielerorts endgültig ab. Parallelen zu den Veränderungen im Wald lassen sich in den Bestandsentwicklungen der Waldvögel erkennen. Altholzbewohner und Höhlenbrüter wie Schwarzspecht, Mittelspecht und Hohltaube haben in den letzten Jahrzehnten zugenommen, während Lichtwaldarten wie Wendehals und Baumpieper seltener geworden sind (Gatter 2000, Gedeon et al. 2014). Sturmereignisse schufen allerdings auch immer wieder Freiflächen im Wald. Klimawandel, Borkenkäfer und Einschleppung von Schadorganismen durch den globalen Handel und Reiseverkehr führen aktuell zum großflächigen Absterben von Waldbeständen. Aufgrund des enormen Ausmaßes dieser Veränderungen dürften sie sich in der zukünftigen Entwicklung der Waldvogelbestände widerspiegeln.

Der Blick auf die Geschichte Mitteleuropas zeigt, dass die Lebensräume und Arten einem ständigen Wandel unterworfen waren und es weiterhin sind. Dadurch ist die Beurteilung, welche Arten heute schützenswert sind, immer auch ein Stück weit subjektiv.

Die Informationen zur Waldgeschichte wurden vor allem den Büchern „Geschichte des Waldes“ von H. J. Küster (1998) und „Vogelzug und Vogelbestände in Mitteleuropa“ von W. Gatter (2000) entnommen, die zur weitergehenden Beschäftigung mit dem Thema empfohlen werden und in der Literaturliste zu finden sind.

Vielfalt von Waldlebensräumen

Offenland und lichte Wälder zählen zweifellos zu den natürlichen Lebensräumen in Mitteleuropa. Sie waren immer vorhanden – ob bei der Wiederbewaldung der Kältesteppen der Eiszeiten, in natürlichen Flusslandschaften, als lückige Vegetationsformen auf extremen Standorten, als Folge des Wirkens der großen und kleinen Pflanzenfresser oder des Menschen. Es hat immer lichte Wälder gegeben und somit ist auch das Vorkommen von Lichtwaldarten wie Ziegenmelker, Wendehals oder Heldbock natürlichen Ursprungs.

Auch Nadelwälder gab es immer in unterschiedlicher Flächenausdehnung und ihre Lebensgemeinschaften mit Tannenmeise und Fichtenkreuzschnabel sind mehr als nur eine Begleiterscheinung heute standortsfremder Vegetation. In Deutschlands Fichten-, Kiefern- und Tannenwäldern brüten ca. 30 % des Weltbestandes des Sommergoldhähnchens. Damit haben wir neben dem Rotmilan mit 50 % des Weltbestandes, der bezeichnenderweise eine Offenlandart ist, und Laubwaldbewohnern wie dem Mittelspecht auch große Verantwortung für eine Art der Nadelwälder (Gedeon et al. 2014). Wie die anderen genannten Arten ist aber auch das Sommergoldhähnchen nicht auf Nadelholzreinbestände angewiesen, sondern brütet ebenso in Mischwäldern mit hohem Laubwaldanteil.

Schattige Buchenwälder wären in der heutigen Warmzeit auch ohne menschlichen Einfluss wohl die vorherrschende Vegetationsform und hier liegt Deutschland im Zentrum des weltweiten Vorkommens. Es gibt aber fast keine wirklich alten Buchenwälder jenseits des forstlichen Nutzungszeitraumes mehr. Weil sich in den Buchenwäldern erst ab einem Alter von 120 bis 140 Jahren verstärkt Höhlenbäume, Totholzstrukturen und vielfältige Lebensgemeinschaften auszubilden beginnen, erscheinen jüngere Wirtschaftswälder oft artenarm (Flade et al. 2007). Die Erhaltung und Entwicklung alter Buchenwälder ist somit ein wichtiges Naturschutzziel im Wald, aber nicht das einzige. So wie es nicht nur eine natürliche Waldgesellschaft gibt, gibt es auch nicht nur einen „richtigen“ Waldnaturschutz. Es handelt sich um verschiedene Lebensräume mit charakteristischen Artengemeinschaften, die alle für sich erhaltenswert sind.

Die in den folgenden Kapiteln aufgeführten Arten und Waldstrukturen spiegeln vor allem den Kenntnisstand der Autoren wider und können nur einen Ausschnitt vom vielfältigen Leben im Wald zeigen. Alle Autoren wohnen in Baden-Württemberg, wodurch in erster Linie die dortigen Verhältnisse geschildert werden. Es wurde aber darauf geachtet, dass die vorgestellten Arten weit verbreitet sind und es sich nicht um lokale Besonderheiten handelt. Somit lassen sich auch die Schutzmaßnahmen auf andere Bundesländer übertragen. Das Hauptaugenmerk liegt auf den nach europäischem Recht geschützten Arten, insbesondere auf jenen, die in Mitteleuropa ihren Verbreitungsschwerpunkt haben.

2 Naturschutzrelevante Waldarten und Waldstrukturen

2.1 Holzbewohnende Käferarten

C. WURST

In Mitteleuropa leben etwa 6 000 Käferarten, von denen knapp 1 400 zu den sogenannten Totholzbewohnern gerechnet werden. Es kann nicht oft genug betont werden, dass dieser Begriff irreführend ist, da er nahelegt, dass nur völlig abgestorbene Hölzer oder Strukturen besiedelt werden oder von Belang sind. Vielmehr sind es gerade die noch lebenden Bäume, die bereits Absterbeerscheinungen oder Vitalitätseinbußen zeigen, in denen die meisten spezialisierten Arten zu finden sind.

2.1.1 Habitatstrukturen an Bäumen

Das Tätigkeitsfeld des Waldbewirtschafters ist eng mit Habitatstrukturen an Bäumen verbunden, wenngleich dies aus einem anderen als dem hier dargestellten Beweggrund geschieht. Ganz ketzerisch gesprochen, ist all das eine potenzielle Habitatstruktur, was in der naturnahen Waldwirtschaft vom „schlechten Ende" her zuerst geerntet wird. Ganz so einfach verhält es sich allerdings nicht, und somit sollen die folgenden Zeilen etwas vertiefend auf das Themenfeld eingehen.

Das Bewusstsein der Bedeutung von alten Bäumen als Lebensstätten einer Vielzahl von Pflanzen und Tieren nimmt inzwischen erfreulicherweise zu, nicht zuletzt durch die Umsetzung des europäischen Schutzgebietsnetzes Natura 2000 und durch die Thematisierung einzelner Arten oder Artengruppen der FFH-Richtlinie. Kaum eindrucksvoller lässt sich vor diesem Hintergrund die Rolle einer Baumart demonstrieren als durch die Tatsache, dass an Stiel- und Traubeneiche allein über 700 holzbewohnende Käferarten an allen Stadien der Zersetzung des Holzes zu finden sind (AMMER 1991, SCHAWALLER et al. 2005), von anderen Tiergruppen, Pilzen, Moosen und Flechten ganz zu schweigen. Wie viele Arthropoden gar auf einem einzigen Baum (punktuell an einem Junimorgen 2008) zu finden sind, darüber gibt eine Baumkronenbenebelung Aufschluss, die an der ältesten Tanne des Bayrischen Waldes, einem 600-jährigen Urwaldriesen im berühmten Watzlik-Hain mit 2,02 m Brusthöhendurchmesser, durchgeführt wurde: 263 Arten in 2 159 Exemplaren waren das Ergebnis, davon allein 52 Käferarten in 537 Exemplaren (MÜLLER et al. 2009). Sie alle sind an eine unüberschaubare Vielzahl von Habitatstrukturen gebunden, die vom sogenannten „Frischtotholz" (das können z. B. die Randzonen eines überwallenden Blitzschadens sein) bis hin zum humos zersetzten Stubben in einer ungeheuren Anzahl an Nischen und Teilnischen reichen, die teilweise von hoch spezialisierten Bewohnern unter den Käfern und anderen Insekten besiedelt werden. Extrem spezialisierte Ansprüche und Einnischungen, wie der denkbare Lebensraum „mit einem speziellen Schimmelpilz bewachsener Fruchtkörper des Holzpilzes *Stereum hirsutum* in südwestlicher Exposition in 12 m Höhe an einem seit 3 Jahren abgestorbenen, teilberindeten Ast einer großkronigen Eiche, die am besonnten Flussufer steht", sind dabei nicht so weit hergeholt. Nimmt man jede denkbare Baumart und jeden denkbaren Zersetzungsgrad und kombiniert man diese mit Exposition und etwaigen Holzpilzen, so erhält man eine theoretische Anzahl von mehreren Millionen Teilnischen (Wurst 2011a).

Dass die Käfer unter den tierischen Bewohnern aller Absterbestadien von Bäumen so stark gewichtet werden, ist nicht nur ihrer schieren Anzahl zu verdanken. Vielmehr ist es diese Tiergruppe, die zum einen die engste Habitatbindung an die dargestellten Strukturen aufweist, und zum anderen sind gerade die bedrohten und durch verschiedene nationale und europarechtliche Schutzkategorien erfassten Arten wie Heldbock (*Cerambyx cerdo*), Juchtenkäfer (*Osmoderma eremita*) oder Körnerbock (*Aegosoma scabricorne*) ausgesprochen ortsfest und halten an einem einmal besiedelten Brutbaum so lange fest, wie dieser noch besiedlungsgeeignetes Substrat bereithält. Ein maximaler Aktionsradius von nur 300 m um einen Brutbaum ist daher keine Seltenheit, für den Juchtenkäfer wurde sogar ermittelt, dass über 85 % einer Population ihren Brutbaum noch nicht einmal verlassen (Ranius 2000): Paarung, Eiablage und Larvalentwicklung finden über lange Jahrzehnte in ein und demselben Baum statt, Martin (1993) berichtet von einer Eiche in Bognaes auf Seeland, die seit 1939 ununterbrochen vom Juchtenkäfer besiedelt ist.

Im direkten Vergleich hierzu dürfen viele Fledermäuse und Vögel als mobile Substratopportunisten gelten, ganz im Gegensatz zu ihrer Thematisierung in vielen Diskussionen, sei es im Zusammenhang mit der Vorhabensplanung oder bei der Berücksichtigung der Schnittzeiten an Bäumen. Schnitte müssen daher oftmals zu einem Zeitpunkt erfolgen, der sich nachteilig auf die zukünftige Vitalität eines Baumveteranen auswirkt, indem sie vor der Belaubung und damit vor der optimalen Reaktion eines Baumes auf Verwundungen durchgeführt werden. Dies bedeutet natürlich nicht, dass andere Artengruppen als die holzbewohnenden Käfer keine Rolle spielen sollen, aber umgekehrt sind es jene, die am wenigsten flexibel auf Veränderungen ihres spezifischen Substratmilieus reagieren können.

Wie empfindlich holzbewohnende Käferarten bereits auf den Verlust angestammter Habitatstrukturen und Substrate reagiert haben, zeigt ihre Thematisierung als Zeiger von Naturnähe. So sind die sogenannten Urwaldreliktarten (Müller et al. 2005, Eckelt et al. 2017), Arten mit einer Bindung an Strukturen, wie sie nur in einem Urwald häufiger vorkommen (Reichtum an Alters- und Zerfallsstadien, große Mengen stark dimensioniertes und besonntes Totholz, seltene und langsam entstehende Strukturen wie Mulmhöhlen), heute auf wenige verbliebene Reliktstandorte beschränkt. Zu diesen Arten zählen gerade auch die europarechtlichen „Flaggschiffe“ wie Juchtenkäfer oder Eremit (*Osmoderma eremita*), Heldbock (*Cerambyx cerdo*) und Veilchenblauer Wurzelhalsschnellkäfer (*Limoniscus violaceus*), aber auch weitaus unbekanntere Arten ohne Schutzstatus wie der Rothalsige Blütenwalzenkäfer (*Dermestoides sanguinicollis*) und eine ganze Anzahl weiterer Arten.

Das Bezeichnende an diesen Reliktstandorten ist, dass sie zu einem ganz überwiegenden Teil heute in Schlossparks und -gärten, in Alleen und in Naturdenkmalen zu finden sind, also genau jenen Bereichen, in denen noch nie eine regelrechte Waldbewirtschaftung stattfand. Der Zusammenhang ist einfach herzustellen: Überall dort, wo nicht die möglichst ergiebige Holzproduktion im Vordergrund steht, entstehen über die Jahrzehnte an alten Bäumen die für Urwaldreliktarten und gefährdete Arten notwendigen Habitatstrukturen. Sie waren einst auch flächig im Wald vorhanden, als dessen Wert nicht nach dem Holz, sondern sprichwörtlich nach den Schinken bemessen wurde, die dort (durch Weidewaldwirtschaft mit Schweinen und

Rindern) produziert wurden. Der Mensch mit seinen Nutztieren stand damit lange Jahrhunderte in der Tradition der großen Pflanzenfresser, die durch ihre Tätigkeit für ein lichtes Waldbild gesorgt haben (Gerken & Görner 2012), das es auch den ausbreitungsschwachen Arten nach der postglazialen Wiederbewaldung Mitteleuropas ermöglicht hat, sich von den nicht vereisten Refugialräumen südlich der Alpen, der Balkan- und Iberischen Halbinsel bis hinauf nach Südschweden zu verbreiten. Eine umso wichtigere Aufgabe kommt also, solange die Holzproduktion im Forst das erklärte Ziel unserer Gesellschaft bleibt, dem Erhalt alter Bäume und der Schaffung von Einzelstrukturen zu. Nur so sind langfristig und ansatzweise die lichten Bestände, linearen Ausbreitungswege und eine Vernetzung aktuell geeigneter Brutbäume herstellbar, wie sie für die anspruchsvollsten der Urwaldreliktarten wie gerade für den Juchtenkäfer oder Eremit (*Osmoderma eremita*) mit seiner außerordentlich hohen Standorttreue und seinem geringen Ausbreitungsradius grundlegend sind.

Die ältesten Bäume im bewirtschafteten Wald und damit die herausragenden Biotope mit den seltensten Habitatstrukturen befinden sich heute oft an Wald- oder Wegrändern, sodass es umso wichtiger ist, sie gegenüber dem Verkehrssicherungsdruck zu erhalten und unvermeidliche Verkehrssicherungsmaßnahmen so konservativ wie möglich, und das im eigentlichen, „bewahrenden" Wortsinne, zu gestalten.

Angesichts der hier angerissenen Zahlenbeispiele sieht sich der Waldbewirtschafter mit einer Fülle von Arten konfrontiert, die er weder kennt noch deren spezifische Ansprüche er unterscheiden kann. Wo verstärkt mit der Wahrscheinlichkeit geschützter oder gefährdeter Käferarten zu rechnen ist, stellt zum Beispiel Wurst (2011a) zusammen. Mit der Erhaltung von Habitatstrukturen gerade in Bereichen mit Altbäumen kann allgemein formuliert werden, dass auch die sie besiedelnden Arten erhalten bleiben, ja sogar gefördert werden können. Wenn über Jahrzehnte hinweg fortwährende Schnittarbeiten in einem Baumbestand durchgeführt worden sind, kommt es dort unweigerlich zu einer Anhäufung seltener Strukturen. Der Höhlenreichtum in Parkanlagen mit dieser Baumpflegepraxis ist daher buchstäblich übernatürlich und stellt so in der Tat ein echtes Ersatzbiotop vor allem für verlorengegangene flussbegleitende Wälder dar, wenn sie im (historischen) Aktionsradius der dort ursprünglich lebenden Arten liegen (Wurst 2011b). Daher ist es das erklärte Ziel dieser Arbeit, solche Habitatstrukturen aufzuzeigen und ihre Bedeutung für geschützte Arten zu würdigen. Die genannten Strukturen sind beispielhaft und keineswegs vollständig, sie werden ganz bewusst per se und nicht in Abhängigkeit von der Baumart dargestellt, da anders als bei phyllophagen Arten der Anteil der nicht wirtsartspezifischen Struktursiedler unter den holzbewohnenden Käferarten sehr hoch ist, worauf auch Köhler (2000) hinweist. Ein prominentes Beispiel für eine wirtsspezifische holzbewohnende Käferart ist dagegen der Heldbock (*Cerambyx cerdo*), der in Mitteleuropa lediglich an heimischen Eichenarten vorkommt, die er durch die Fraßtätigkeit seiner Larven für eine ganze Nachfolgergesellschaft aufschließt (Buse et al. 2007, 2008). Kombinationen mehrerer Strukturen an Bäumen sind selbstverständlich möglich.

Die folgende Aufzählung der Einzelstrukturen entlang des Zersetzungsgradienten, von oberflächlich bis hin zum zerfallenen Totholz, ist an die aktuelle Bestimmungsliteratur angelehnt (Wurst 2012):

Oberflächliche Läsionen und abgestorbene Bereiche/Hölzer

Rindenschäden, Sonnenbrand, Frostrisse

Überall dort, wo die schützende Barriere der Borke unterbrochen ist, bilden sich Eintrittspforten für holzbesiedelnde Arten, die sich zumeist auf die dann abgestorbenen Bereiche des Baumes beschränken. Nicht selten überwallt ein Baum die Läsionen und bildet vielleicht sogar im Laufe von Jahrzehnten eine größere Stammhöhle aus, je nach Anwesenheit und Art holzzersetzender Pilze. Überwiegende Bewohner sind die sogenannten Frischtotholzbesiedler (SCHMIDL & BUSSLER 2004) unter den Käfern, was für die meisten Pracht- und viele Bockkäfer zutrifft; stehen Borkenplatten über, können sich auch an jüngeren Bäumen bereits Quartiere von Fledermäusen befinden.

Blitzrinnen

Im gesteigerten Maße gelten die genannten Feststellungen auch für Blitzrinnen, die für holzbesiedelnde Arten umso interessanter sind, je großflächiger eine Läsion auftritt und je weniger die Holzoberfläche durch Verwitterung zersetzt wird. Eine großflächige, sonnenexponierte Blitzrinne hat demzufolge die „besten“ Habitateigenschaften. Bilden sich Mulmtaschen an überlappenden Bereichen und an den Zuwachszonen überwallender Stellen, ist hier zusätzlich mit verschiedenen Mulmhöhlensiedlern zu rechnen (z. B. Rosenkäferarten).

Anfahr-, Mäh- oder Rückeschäden

Hier darf sich der Mensch, plakativ gesprochen, in der Tradition von Auerochse, Wisent und Rothirsch sehen, die einst durch ihre Schäl- und Fegetätigkeit vergleichbare Strukturen geschaffen haben. Ein schönes

Abb. 1: Buche mit Rindenschäden.

Abb. 2: Eiche mit großflächiger Blitzrinne.

aktuelles Beispiel hierfür findet sich an alten Buchen im Schlosspark Waldleiningen im Odenwald. Sie stellen ideale Initiale für die seltensten aller besprochenen Strukturen, die Stammfußhöhlen als Lebensraum für einige Urwaldrelikte mit enger spezifischer Bindung an solche Strukturen, dar – sofern ein Baum mit stammbasisnahen Beschädigungen die Möglichkeit, d. h. ausreichend Zeit, erhält, sie zu entwickeln. Die FFH-Art Veilchenblauer Wurzelhalsschnellkäfer (*Limoniscus violaceus*), der Bluthals-Schnellkäfer (*Ischnodes sanguinicollis*) oder der Pechbeinige Mehlwurmkäfer (*Neatus picipes*) sind solche Beispiele.

Schnittstellen, Kappstellen, Kopfbäume

Sie sind die ökologisch gesprochen idealen Strukturen, um möglichst rasch große Ast- und Stammhöhlungen zu erzeugen. Nicht zuletzt deswegen sind beispielsweise auch Kopfweiden als herausragende Höhlenbildner lange Zeit die idealen Trittsteine für Arten mit geringen Aktionsradien entlang von Bachläufen gewesen, an denen sie gezielt gepflanzt und geschaffen worden sind (Braun & Konold 1998). Als Fällalternative ist die gezielte Schaffung von Kopfbäumen eine gut geeignete Möglichkeit, wertvolle Habitatstrukturen zu erhalten. Historische Grenzbäume waren oft solche Kopfbäume, und gerade auch Eichen scheinen hierfür gut geeignet, wenn der Kopfschnitt in der Vegetationsperiode erfolgt, ein schönes Beispiel bilden die alten Kopfeichen am Hetzleser Berg in Oberfranken (Schmidl 2000).

Abb. 3: Hainbuche als Kopfbaum.

Alte Pflegeschnitte

Auch die stammparallel ausgeführten Pflegeschnitte können, spätestens wenn der Baum beginnt sie von den Rändern zu überwallen, herausragende Habitatstrukturen darstellen; die „Halbhöhlensituation" kommt einigen Arten zugute, und im harten Holzspiegel findet sich zum Beispiel regelmäßig der seltene Rosthaarbock (*Anisarthron barbipes*).

Lose Rindenplacken

Wenn durch Fraßtätigkeit von Großkäferarten wie dem Heldbock (*Cerambyx cerdo*), der als Strukturbereiter in Alteichen (Buse et al. 2008; Neumann & Kühnel 1985) durch seine daumenstarken Larvenfraßgänge gilt, sich größere Rindenplacken in vitalitätsgeschwächten Kronenbereichen lösen, bilden diese eine ideale Habitatstruktur für zahlreiche Fledermausarten. Es ist sogar belegt, dass Zwerg- und Mückenfledermäuse sowie Bartfledermäuse Unterschlupf in den Larvengängen selbst suchen. Andere Bockkäferarten erzeugen im Zusammenspiel mit der Witterung ebenfalls lose Rindenplacken (z. B. *Pyrrhidium sanguineum* oder die *Plagionotus*-Arten), oder sie werden durch Pilztätigkeit förmlich abgesprengt.

Vitalitätseinbußen

Kronenabbrüche, Ersatzkronen

Sie stellen das natürliche Gegenstück zum Kopfbaum dar und bieten gegenüber diesen künstlichen Gebilden eine wesentliche höhere Bandbreite an Klein- und Kleinststrukturen, die wiederum von einer größeren Anzahl holzbewohnender Insekten genutzt werden kann. Wenn etwa der Baum nach Sturmwipfelbruch eine Ersatzkrone bildet und der Rest des ehemaligen Stammes oberhalb des ehemaligen Kronenasts abstirbt, ist auf engstem Raum eine Fülle von Habitatstrukturen vorhanden. Es sind solche Kombinationen, an denen auch heute noch an einer einzelnen Eiche sieben Urwaldreliktarten vorkommen können (eigene Beobachtungen an 300-jähriger Eiche bei Karlsruhe) – es sind dies dort unter anderem Heldbock (*Cerambyx cerdo*), Eckschildiger Glanzprachtkäfer (*Eurythyrea quercus*), Pechbeiniger Mehlwurmkäfer (*Neatus picipes*), Lappenfuß-Schnellkäfer (*Podeonius acuticornis*) und Rothalsiger Blütenwalzenkäfer (*Dermestoides sanguinicollis*). Wie viele dieser Arten gleichzeitig auf Eichenriesen wie der sogenannten Kaisereiche (*Carski Hrast*) bei Travnik in Bosnien mit fast 18 m Stammumfang noch in den 1980er-Jahren (heute befindet sich im verbliebenen gewaltigen Stumpf eine Kapelle) vorgekommen sein mögen, bleibt nur zu erahnen.

Abb. 4: Eiche mit Ersatzkrone.

Wipfeldürre, Totäste

Sie stellen die buchstäblich „herausragenden“ Habitatstrukturen dar, die im Wipfelbereich der Bäume aufgrund ihrer Sonnenexposition vor allem für wärmeliebende Arten unter den Pracht- und Bockkäfern eine wichtige Lebensraumrequisite sind. Ihre Entfernung vernichtet daher gerade den Lebensraum der baumwipfellebenden (akrodendrischen) Holzkäferfauna, der nicht durch eine bodennahe Lagerung herabgenommener Äste vorübergehend erhalten werden kann.

Totbaum und Hochtorso

So sehr auch der Begriff „Totholz“ in aller Munde ist, so irreführend ist er zugleich. Denn die eigentlich wertvollen Habitatstrukturen weisen in der Regel Bäume auf, die zwar Absterbeerscheinungen haben, aber noch leben. Ist ein Baum völlig abgestorben, hat er bereits seinen Zenit als Lebensstätte, gemessen an der Artenzahl, überschritten. Das heißt aber nicht, dass nicht noch einige holzbewohnende Käferarten oder Fledermäuse hier Unterschlupf- oder Entwicklungsmöglichkeiten fänden, unter den Käfern sind dies dann die echten Totholzbewohner, wie z. B. der Körnerbock (*Aegosoma scabricorne*), der Hirschkäfer (*Lucanus cervus*) an unterirdischen Teilen oder Raritäten unter den Prachtkäfern wie *Eurythyrea quercus*. Eine frisch abgestorbene Heldbockeiche kann auch, aufgrund der langen Entwicklungszyklen holzbewohnender Käfer, noch über weitere fünf Jah-

Abb. 5: Hochtorso einer Pappel.

re hinweg schlüpfende Heldböcke „liefern", nur wird eine Neubelegung mit Eiern aus Mangel an lebendem Kambiumgewebe nicht mehr stattfinden. Ein Hochtorso, sei er geschaffen durch Sturmeinwirkung oder durch Menschenhand, ist demgegenüber eine noch weiter reduzierte Form einer Habitatstruktur, die dementsprechend noch weniger Arten als Lebensstätte dienen kann. Diesen ahmt als eine Schadensminimierungsmaßnahme bei unvermeidbaren Verkehrssicherungsmaßnahmen die Totholzpyramide nach (Wurst 2011a). Für mulmhöhlensiedelnde Arten ist diese Maßnahme nicht als Kompensation geeignet, kann aber unter naturschutzfachlicher Begleitung als zeitweilige Schadensminimierung diskutiert werden (Lorenz 2012).

Stubben und Baumstümpfe

Ihr Anteil in Sekundärbiotopen wie Park- und Schlossgartenanlagen ist in der Regel (zu) gering, da noch immer Stubben ausgefräst werden, um in der Nähe Pflanzlöcher für Ersatzbäume anzulegen. Grundsätzlich sind sie als geeignete Habitatstrukturen zwar nur für einen geringen Teil an Arten interessant, die jedoch durchaus artenschutzrechtlich relevant sind, z. B. die Hirschkäferarten. Die Erhaltung und Belassung solcher Strukturen bis zur völligen Zersetzung ist gerade deshalb jedoch unbedingt sinnvoll.

Faulstellen

Höhlen: Stammfußhöhlen, Schlitzhöhlen, Stammhöhlen, Zwieselausbrüche, Astausbruchhöhlen, Spechthöhlen

So negativ auch der „kranke, hohle Baum" beleumundet sein mag, feststeht: Er ist das Paradepferd unter den Habitatstrukturen und unter Wirtschaftswaldverhältnissen eine sehr seltene Struktur obendrein. Die Königskrone gebührt dabei der seltensten aller Strukturen überhaupt, der Stammfußhöhle (beispielhaft ermittelt, fanden sich nur etwa 0,0026 Stammfußhöhlen/ha in einem knapp 3000 ha großen regulär bewirtschafteten Waldgebiet in Nordbaden [Lußhart], nach eigenen Beobachtungen), dann folgen als „nächsthäufigere" Strukturen die echten Mulmhöhlen (beispielhaft ermittelt konnten in einem 60 ha großen Waldgebiet im Spessart 0,07/ha und immerhin 0,82 Spechthöhlen/ha aufgefunden werden, nach Bussler, pers. Mitteilung (2009)). Inwieweit diese regionalen Daten den Anspruch vertreten dürfen, in irgendeiner Weise repräsentativ zu sein, bleibt ungeklärt, da bislang zusammenfassende Daten zu diesem Thema fehlen; sie spiegeln jedoch zumindest die für gewisse Gebiete ermittelten absoluten Häufigkeiten (oder besser Seltenheiten) aufgefundener Strukturen wider. Demgegenüber weisen alte Hudewaldreste, die in hohem Maße alten Parkanlagen ähneln, nach eigenen beispielhaften Beobachtungen aus Baden-Württemberg auf 178 ha 0,73 Mulmhöhlen/ha auf, wovon 80 % Großhöhlen aus Starkastausbrüchen oder Stammhöhlen darstellen (Rot- und Schwarzwildpark Stuttgart). Dies spiegelt ungefähr die wahre Dimension unter urwaldähnlichen Bedingungen wider, wie sie in Bezug auf künstlich induzierte Großhöhlen auch durchaus in Parkanlagen und Alleen zu finden sind. Diese Kumulation an anderwärts seltenen Habitatstrukturen unterstreicht noch einmal anschaulich die aktuelle Bedeutung solcher Sekundärbiotope. Was die Artenzahl anbelangt, werden hinsichtlich ihrer Gildenzuordnung 44 mulmhöhlenbesiedelnde Arten Mitteleuropas bei SCHMIDL & BUSSLER (2004) angegeben, wobei die aus einem Starkastausbruch hervorgegangene große Mulmhöhle die bedeutendste Habitatstruktur für holzbewohnende Käferarten darstellt. Die Stammfußhöhle beherbergt zwar nur wenige Arten, stellt jedoch allein mindestens fünf Urwaldreliktarten mit außerordentlich spezialisierten Ansprüchen (zu ihrer Entstehung siehe auch die Erläuterungen zu den Anfahrschäden auf Seite 17). Spechthöhlen sind demgegenüber in ihrer Bedeutung vielfach überschätzt, aber nur die Spechte schaffen immerhin nennenswerte Strukturen und Höhleninitiale im Wirtschaftswald für eine Degradationsgesellschaft unter den holzbewohnenden Käferarten, wo echte Altbäume fehlen.

Dass unter den Urwaldreliktarten die Mulmhöhlenbesiedler als Bewohner der seltensten Struktur überrepräsentativ vertreten sind, gemessen am Anteil an allen holzbewohnenden Arten, ist nicht verwunderlich: 15 % der Urwaldreliktarten sind an Mulmhöhlen gebunden, während es nur 3 % aller holzbewohnenden Käferarten sind (MÜLLER et al. 2005, ECKELT et al. 2017). Hierunter zählen zum Beispiel Juchtenkäfer oder Eremit (*Osmoderma eremita*), sein natürlicher Fressfeind, der Feuerschmied (*Elater ferrugineus*), oder der Rheinische Schmal-Pflanzenkäfer (*Allecula rhenana*).

Abb. 6: Alteiche mit großer Stammhöhle.

Phytotelmen, „Wassertöpfe“

Wassergefüllte Höhlungen stellen ein weiteres spezielles Substrat dar, das von Schwebfliegen und manchen Käferarten wie dem Sumpffieberkäfer (*Prionocyphon serraticorne*) besiedelt wird. Vor einiger Zeit war in der Presse zu lesen (BUDDE 2012), dass Baumhöh-

Abb. 7: Buche mit Wassertopf.

len mit Sand verfüllt worden seien, um Lebensstätten für die eingeschleppte Asiatische Tigermücke zu vernichten, ein gefährlicher Aktionismus, der einen klaren Verstoß gegen das Naturschutzrecht darstellt.

Saftflüsse

Durch Pilzeinwirkung, Fraßtätigkeit von Insektenlarven in der Kambiumschicht oder mechanische Verletzung treten Saftflüsse auf, die zum einen als Nahrungsquelle für baumsaftverzehrende Arten (Hirschkäfer, Hornissen, Rosenkäfer usw.) dienen können und zum anderen selbst eine hochgradig spezielle Entwicklungsstätte für gewisse Arten darstellen. So entwickelt sich der Schleimflusskäfer (*Nosodendron fasciculare*) genau in diesem namensgebenden Substrat. „Saftflüsse" ganz anderer Art, nämlich von Bauminsassen selbst erzeugt, stellen umgekehrt mögliche Erkennungsmerkmale von Fledermausquartieren dar, die durch einen dunklen Streifen aus Kot und Urin gekennzeichnet sein können.

Abb. 8: Saftmal an Eiche.

Pilzfruchtkörper, -myzel und -konsolen

237 Arten und damit 17 % aller mitteleuropäischen holzbesiedelnden Käferarten sind in ihrer Entwicklung oder als Nahrungssubstrat an Holzpilze gebunden. Zählt man die Mulmhöhlensiedler hinzu, die ihre Lebensstätte letztlich auch der Tätigkeit von Holz zersetzenden Pilzen verdanken, kommt man in der Summe auf ein Fünftel aller holzbewohnenden Käferarten, die von Holzpilzen abhängen. Wertet man richtig alle Zerfallsstadien des Holzes als Ergebnis pilzlicher Zersetzung, sind es sogar alle Arten mit Ausnahme der Frischtotholzbesiedler. Somit stellen Pilze die wichtigsten Strukturbereiter überhaupt dar und müssen von dieser Warte, so überraschend das klingen mag, in ihrer ökologischen Wertigkeit und Funktion als Organismen sine qua non bezeichnet werden.

2.1.2 Schutz und Erhaltung der „richtigen" Habitatbäume

Der Schutz, die Erhaltung und vor allem die Beibehaltung von Entstehungsmöglichkeiten für Habitatstrukturen sind für die Zielsetzung unabdingbar, auch die von Ihnen abhängigen Arten zu erhalten. Diese Strukturen zu erkennen und vor dem Hintergrund ökologischer Zusammenhänge zu bewerten, leistet hierzu einen wichtigen Beitrag. Schließlich kann im Extremfall die Zerstörung einer Lebensstätte einen Straftatbestand erfüllen, und das Genügen einer bloßen Vorsorgepflicht, wie sie etwa die Verkehrssicherung darstellt, setzt bestehende (Artenschutz-) Gesetze nicht außer Kraft. Es gibt inzwischen durchaus zahlreiche Beispiele für Umsetzungen solcher Alternativen (z. B. die mechanische Stützung von Bäumen, Schaffung von Hochtorsi, Lagerung von Stammholz in Form von Totholzpyramiden usw.), die zeigen, dass es zwischen „Baum bleibt" und „Baum fällt" eine große Bandbreite gibt, die es lohnt auszureizen (Dietz et al. 2019). Schließlich sind auch in der vom Menschen unbeeinflussten Natur die ökologisch wertvollsten Strukturen solche Zwischenformen von Leben und Tod: Bäume, die noch leben, aber bereits Absterbeerscheinungen aufweisen.

Für die Artengruppe der Käfer hat insbesondere solches Alt- und Totholz eine herausragende Bedeutung und bietet in vielerlei Hinsicht Lebensraum: als Entwicklungsstätte, zur Nahrungssuche, zur Überwinterung, als Besonnungs- sowie Paarungsplatz.

Unter den Alt- und Totholz bewohnenden Arten sind vor allem die Schnell-, Pracht-, Bock-, Blatthorn- und Hirschkäfer mit zahlreichen gefährdeten und geschützten Arten vertreten (Übersicht bei Wurst 2013). Weiss & Köhler (2005) wiesen bei Erfolgskontrollen von Totholzschutzmaßnahmen 16 bis 62 Totholzkäferarten sowie 35 bis 733 Individuen pro Totholzbaum nach. Knapp 50 % dieser Arten gelten als selten oder nur lokal vorkommend, über 20 % als gefährdet. Mit wenigen Ausnahmen sind zum Beispiel alle Vertreter der Bock-, Rosen-, Hirsch- und alle Prachtkäferarten und damit auch ihre Lebensstätten gesetzlich geschützt. Bock- und Prachtkäfer bilden das Gros dieser Arten an alten Bäumen. Mit über 180 deutschen Arten sind die Bockkäfer und mit über 90 Arten die Prachtkäfer relativ große Familien, die zum ganz überwiegenden Teil holzbewohnend sind. Sind in Stammzylindern oder in Starkastbereichen außerdem Höhlungen vertreten, die mulmerfüllt sind, ist zudem mit dem Vorhandensein der darin lebenden Rosenkäfer (Gattungen *Protaetia* und *Cetonia*) und, je nach Dimension, des Juchtenkäfers oder Eremits (*Osmoderma eremita*) zu rechnen, die ebenfalls alle geschützt sind. In braun- oder weißfaulen Bereichen wiederum siedeln weitere Vertreter wie die kleineren Verwandten des Hirschkäfers, darunter der Kopfhornschröter (*Sinodendron cylindricum*), Kurzschröter (*Aesalus scarabaeoides*) und Balkenschröter (*Dorcus parallelipipedus*).

Daher ist es entscheidend, zum einen möglichst viel über die Lebensansprüche der jeweiligen Arten zu wissen, was angesichts der Artenzahlen nur wenigen Fachleuten möglich sein wird. Zum anderen ist es daher unbedingt notwendig, sich mit einigen Schlüsselfaktoren vertraut zu machen, die einen Baum und seine Standörtlichkeit zur potenziellen Lebensstätte gerade einiger Flaggschiffarten machen, wie sie die FFH-Arten darstellen:

Unter den in unseren Wäldern häufiger anzutreffenden Bäumen bieten vor allem die (heimischen) Eichen alleine 900 Käferarten eine Lebensstätte, davon um 700 Arten, die im und an Eichenholz leben (Ammer 1991, Schawaller et al. 2005). An Eichen leben auch die meisten der Arten der hohen Schutzkategorien, wie z. B. Heldbock (*Cerambyx cerdo*), der Eckschildige Glanzprachtkäfer (*Eurythyrea quercus*) oder Panzers Wespenbock (*Necydalis ulmi*) sowie in Höhlungen der Juchtenkäfer (*Osmoderma eremita*).

Linden mit ihrer erhöhten Bedeutung im städtischen Grün und in Park- und Gartenanlagen nehmen wir heute nicht mehr als typische Waldbäume wahr, weil sie als Nichtzielbaumarten über lange Zeit systematisch aus dem bewirtschafteten Wald herausgenommen worden sind; unter heutigen Bedingungen veränderter Klimaextreme bewähren sich jedoch gerade die Linden in herausragender Weise. Sie beherbergen zwar nur etwa 300 Käferarten, jedoch eine hohe Zahl an Baumartenspezialisten und exponierte Arten wie den Großen Lindenprachtkäfer (*Scintillatrix rutilans*) und bevorzugt Seltenheiten wie den Körnerbock (*Aegosoma scabricorne*). Ihr hohes Höhlenbildungspotenzial macht sie wiederum interessant für Rosen- und Juchtenkäfer und ihre hohe Schnittverträglichkeit für alle Maßnahmen zur Schaffung künftiger Habitatbäume.

Ferner kommt vor allem den Ulmenarten eine besondere naturschutzfachliche Bedeutung zu, da hier zwar vergleichsweise wenige, aber (faunistisch und naturschutzrechtlich gesehen) umso herausragendere Arten leben, darunter der Große oder Wunderbare Ulmenprachtkäfer (*Scintillatrix mirifica*), der Vielpunktierte Pappelbock (*Saperda punctata*) oder der Kleine Ulmenprachtkäfer (*Anthaxia manca*).

Maßgeblich für die Beurteilung, mit welcher Wahrscheinlichkeit in Bäumen mit naturschutzrelevanten bzw. geschützten Käferarten zu rechnen ist, ist der Standort. Faktoren für eine hohe Zahl zu erwartender Arten sind zum Beispiel klimabegünstigte Standorte: stellvertretend sei hier angeführt, dass für das gesamte Bundesland Mecklenburg-Vorpommern im Norden Deutschlands 2 880 Käferarten angegeben werden, eine Zahl, die allein vom Naturraum Oberrheinische Tiefebene in Baden-Württemberg um mehr als ein Drittel übertroffen wird (Köhler & Klausnitzer 1998).

Je ungünstiger das Großklima, desto ausgeglichener muss das Kleinklima sein, wie es vor allem in großdimensionierten Höhlenbäumen vorherrscht. An heißen Sommertagen beträgt die Differenz zwischen Höhleninnenklima und Temperatur auf der Baumaußenseite durchaus bis zu 9 Grad Celsius. Das absolute Optimum findet sich also in alten Bäumen an warmen Standorten.

Ebenfalls besonders artenreich sind Standorte entlang oder nahe natürlicher Ausbreitungslinien (Flusstäler), Standorte in oder

Abb. 9: Dicke Höhlenbäume bieten ein stabiles Innenklima.

nahe Wäldern oder waldnaher Parkanlagen mit ungebrochener Habitattradition („alte Wälder"), Baumveteranen, die in parkwaldartig lichter Stellung wachsen (dazu gehören auch Alleen). Je stärker dimensioniert das Substrat, desto mehr Nischen vereint es auf engem Raum und desto mehr Arten können darin leben.

2.1.3 Ausgewählte Arten und Lebensraumansprüche

Nur eine kleine Auswahl besonders wertgebender oder naturschutzfachlich relevanter Arten kann und soll hier vorgestellt werden. In der Praxis wird es um Erhalt und Schaffung wertvoller Habitatstrukturen gehen, die der einen oder anderen der besprochenen Arten als Lebensstätte dienen können.

Heldbock

Der Heldbock (*Cerambyx cerdo*) ist mit bis über 5 cm Körperlänge ein auffällig großer Bockkäfer, der nur noch in wenigen klimabegünstigten Regionen Deutschlands nachgewiesen ist. Die europarechtlich streng geschützte Art ist in Mitteleuropa monophag an heimische Eichen gebunden und wird meist an der Stieleiche (*Quercus robur*), gelegentlich an der Traubeneiche (*Quercus petraea*) gefunden. Das Weibchen legt seine Eier in Borkenrisse, woraufhin sich die Larven im ersten Jahr in das Kambium, in den weiteren Jahren im Splintholz fressen, um sich schließlich kurz vor der Verpuppung im 3. bis 4. Jahr ihre Puppenwiegen weiter im Innern des Baumes anzulegen. Während der gesamten Zeit ist die Käferlarve immobil an den Baum gebunden. Der Käfer schlüpft und verbleibt bis zum Frühjahr des 4. bis 5. Jahres im Schutz der Puppenwiege im Stammesinnern. Der Käfer erzeugt beim Verlassen seines Brutbaums markante Schlupflöcher und die Larven oberflächliche Galerien und Gänge, die wiederum von anderen Arten als Lebensraum genutzt werden können. Als aktiver

Abb. 10: Männchen des Heldbocks.

Lebensraumgestalter kommt dem Heldbock so eine entscheidende Funktion zu (Buse et al. 2008). So ist zum Beispiel mehrfach eine Nutzung der Heldbockgänge durch Bart-, Zwerg- oder Mückenfledermäuse beobachtet worden. Gleiches gilt von losen Rindenplacken im Wipfelbereich, die auf die Fraßtätigkeit der Heldbocklarven zurückzuführen sein können, und schließlich sind zahlreiche Folgesiedler unter den holzbewohnenden Käfern und anderen Insekten auf seine ökologische Aufschlusstätigkeit angewiesen. Der erwachsene Käfer fliegt nicht weit um seinen Brutbaum herum und muss zur Eiablage in wenigen Metern Entfernung bereits den nächsten geeigneten Baum vorfinden. Lebensräume sind vitalitätsgeschwächte, teils besonnte Alteichen in Parkanlagen, Alleen, Auwaldresten und Alteichenbestände in Wäldern (Neumann & Kühnel 1985).

Eremit oder Juchtenkäfer

Der Eremit oder Juchtenkäfer (*Osmoderma eremita*) ist wie der Heldbock ein Käfer alter Wälder und Waldstandorte, vor allem der Fluss begleitenden Auenwälder, der heute stellenweise vor allem in den wenigen alten Baumbeständen im Siedlungsraum und in alten Jagdwäldern ehemals feudaler Tradition überlebt hat. Die prioritäre, europarechtlich streng geschützte Art zählt zur Familie der Rosenkäfer. Der Käfer lebt ebenso wie die engerlingsartigen Larven in mehrjährigen Mulmhöhlen von Laubbäumen, vor allem Eiche und Linde sowie in Kopfweiden und gelegentlich in Obstbäumen. Ebenso werden Platanen, Ess- und Rosskastanien, seltener Buchen, Eschen und andere Laubbäume besiedelt. Wichtiger als die Baumart ist die Größe des Mulmvolumens und Lage der Baumhöhle. Die Larven selbst ernähren sich nicht vom Mulm, sondern von der weißmorsch zersetzten Höhleninnenwand, während der Baum nach außen an Dickenwachstum oft über Jahrzehnte zulegen kann (Wurst & Waitzmann 2001). Die Käfer sind extrem brutbaumtreu und zeigen nur eine geringe Ausbreitungstendenz, laut Untersuchungen in Schweden verbleiben bis zu 85 % einer Population dauerhaft in ihrem Brutbaum (Ranius 2000). Geeignete Bäume müssen also idealerweise in direkter Nachbarschaft zu einem besiedelten Baum stehen. Aufgrund dieser extremen Ortsstetigkeit, aus Dänemark ist der Fall einer seit über 70 Jahren dauerhaft besiedelten Baumhöhle in einer Eiche verbürgt (Martin 1993), ist die Wahrscheinlichkeit groß, mit einem gefällten Brutbaum die gesamte lokale Population zu vernichten. Daher ist der Status eines etwaig zu fällenden Baumes äußerst sorgfältig durch Experten zu prüfen. Die Entwicklung vom Ei zum Käfer ist temperaturabhängig und dauert 3 bis 4, selten 5 Jahre (Schaffrath 2003a und b). Nachweise in besetzten Höhlen gelingen über Kotpillen, Puppenwiegen- oder Käferreste, die in aufwendigen Verfahren durch Fachexperten mit den entsprechenden Genehmigungen kurzzeitig aus der Mulmhöhle entnommen und bestimmt werden können.

Abb. 11: Eremit oder Juchtenkäfer.

Arten und Artengruppen im Holz

Besonders relevante Familien mit vielen Vertretern in Mitteleuropa finden sich im (mehr oder weniger harten oder zersetzten) Holzkörper selbst, sie sind also nicht auf Höhlungen – wie die weiter unten besprochenen Vertreter – angewiesen:

Bockkäfer – bis auf wenige Ausnahmen nach BNatSchG besonders, teils streng geschützte Arten

Der streng geschützte Körnerbock (*Aegosoma scabricorne*), ein Urwaldrelikt mit enger Bindung an alte Laubbäume und Standorte mit langer Habitattradition, tritt in Deutschland nur regional auf (Oberrhein, Rhein-Main-Region, sporadisch in Brandenburg und Sachsen), kann aber in diesen Regionen durchaus eine regelmäßige Erscheinung gerade in lichten Waldbereichen mit hohem Anteil an alten und absterbenden Laubbäumen sein. Seine Bindung an abgestorbene Bereiche in lebenden Bäumen, aber auch an bereits abgestorbene Bäume, in denen sich die Larven mehrjährig entwickeln, erhöht eine Begegnungswahrscheinlichkeit bei Verkehrssicherungsmaßnahmen und erfordert angesichts dieser denkbaren Konfliktsituation einen besonders sensiblen und den jeweiligen Gegebenheiten vor Ort spezifisch angepassten Umgang (Dietz et al. 2019). Die daumenstar-

Abb. 12: Männchen des Körnerbocks.

Abb. 13: Berliner Prachtkäfer und querovales Schlupfloch.

ken, längsovalen Schlupflöcher verraten oft die Anwesenheit dieser nachtaktiven Hochsommerart. Demgegenüber sind die besonders geschützten Arten Moschusbock (*Aromia moschata*) und der Buchenspießbock (*Cerambyx scopolii*) weiter verbreitet, der erstere in Weiden, der zweite in Obstbäumen, Buchen, Eichen und anderen Laubbäumen. Seine Ähnlichkeit mit dem Heldbock ist unverkennbar, und sowohl bei den Käfern als auch bei den Fraßspuren bestehen für den ungeübten Beobachter Verwechslungsmöglichkeiten. Eine ganze Anzahl weiterer Bockkäferarten (die Familie umfasst ca. 175 holzbewohnende Arten in Deutschland) besiedeln Nadel- und Laubhölzer aller Vitalitäts- und Zersetzungsstadien, sodass stets eine Betroffenheitswahrscheinlichkeit der einen oder mehrerer Arten bei Baumpflege- bzw. Baumfällarbeiten besteht. Der weit verbreitete Sägebock (*Prionus coriarius*) lebt dagegen als Larve in unterirdischen Holzteilen (siehe Seite 30).

Prachtkäfer – bis auf wenige Ausnahmen besonders, teils streng geschützte Arten

Auch die Familie der Prachtkäfer stellt eine überwiegende Mehrzahl holzbesiedelnder Arten, vorwiegend in absterbenden Holzteilen oder Rindenläsionen. Neben regionalen Seltenheiten, wie dem streng geschützten Eckschildigen Glanzprachtkäfer (*Eurythyrea quercus*) in Eichen und Esskastanien der Oberrhein- und Rhein-Main-Region, findet sich weiter verbreitet der Große Lindenprachtkäfer (*Scintillatrix rutilans*) in Linden, darunter auch in jungen Bäumen mit Frostrissen oder Sonnenbrand; sie überstehen durch Überwallung jedoch in der Regel eine andauernde Besiedlung durch diese Käferart, nur regional verbreitet ist sein enger Verwandter an Ulmen, der Große Ulmenprachtkäfer (*Scintillatrix mirifica*). An Pappeln ist der Pappel-Prachtkäfer (*Agrilus ater*) zu finden. Ein typischer Bewohner buchenreicher Wälder ist der Berliner Prachtkäfer (*Dicerca berolinensis*), während unser größter Prachtkäfer in altem Kiefernholz brütet – der Marienprachtkäfer (*Chalcophora mariana*). Diese und weitere der in Deutschland etwa 80 Arten umfassenden Prachtkäfer verraten ihre Anwesenheit durch typische querovale Schlupflöcher verschiedener Ausprägung.

Buntkäfer – eine streng geschützte Art

Räuberisch lebend und sowohl als Larve wie als Käfer sehr agil, findet sich vor allem an Eichen und Kirschen in ausgesprochenen Wärmegebieten der streng geschützte Eichen-Buntkäfer (*Clerus mutillarius*) als Verfolger anderer Holzinsekten. An Nadelhölzern räuberisch von Borkenkäfern leben die Ameisen-Buntkäfer *Thanasimus formicarius* und *T. femoralis*, an alten Eichen sind die blau glänzenden *Korynetes*-Arten zu finden, und als Verfolger des Hausbocks (*Hylotrupes bajulus*) in Gebäuden gilt der Hausbuntkäfer (*Opilo domesticus*) und sein Gegenstück vor allem an Alteichen, der Schöne Buntkäfer (*Opilo mollis*).

Arten und Artengruppen in Baumhöhlen

Die folgenden Vertreter stellen zwar in Mitteleuropa mit unter 50 Arten insgesamt nur eine verhältnismäßig kleine Gruppe dar, aber sie stellen wegen der Seltenheit der benötigten Habitatstrukturen die meisten Arten hoher Gefährdungskategorien:

Rosenkäfer – alle besonders, wenige Arten streng geschützt

Als typische Bewohner mulmerfüllter Baumhöhlen, zu denen auch der bereits zuvor im Detail dargestellte Juchtenkäfer oder Eremit (*Osmoderma eremita*) zählt, gelten die Goldkäfer der Gattung *Protaetia* (z. B. Großer Goldkäfer *Protaetia aeruginosa*, Marmorierter Goldkäfer *Protaetia lugubris*, Fiebers Goldkäfer *Protaetia fieberi*), die alle ihre mehrjährige Entwicklung im Innern größerer Mulmhöhlen durchlaufen. Typisch sind die artspezifischen Kotpillen und die engerlingsartigen Larven. Vor allem der streng geschützte Große Goldkäfer ist dabei durchaus in der Lage, auch kleinere Höhlungen in schwächer dimensionierten Bäumen (unter 30 cm Stammdurchmesser im Höhlungsbereich) zu besiedeln und findet sich regelmäßig als Nachmieter in Spechthöhlen (Bunt-, Grün-, Grau-, Schwarzspecht).

Der Gewöhnliche Rosenkäfer (*Cetonia aurata*) nimmt eine Sonderstellung ein. Die

Abb. 14: Marmorierter Goldkäfer.

besonders geschützte Art entwickelt sich zwar auch in Baumhöhlen, bevorzugt aber den Raum der Wurzelanläufe am Stammfuß, wo sich die Larven zwischen Detritus, Bodenstreu und vermulmenden Holzteilen entwickeln. Es ist diese Art, deren Larven man auch regelmäßig in Komposthäufen in Gärten begegnet.

Besonders Vertreter aus dieser Gruppe (vor allem in Form ihrer Larven) werden aufgrund ihrer geringeren Lebensraumansprüche und damit Vorkommen auch in kleineren Baum- oder Spechthöhlen des Öfteren Opfer von Fällmaßnahmen an unerkannten Höhlenbäumen. Die Larven lassen sich dann mit einer möglichst großen Menge des Mulmsubstrats notbergen und können in Absprache mit der zuständigen Naturschutzbehörde ggf. bis zum Vollinsekt durchgezogen und als fertig entwickelte Käfer wieder ausgesetzt werden, zu den rechtlichen und praktischen Hintergründen siehe Dietz et al. (2019).

Pflanzenkäfer, Schnellkäfer – eine Art des FFH-Anhangs II

Ein häufiger Begleiter der Rosenkäferarten und gelegentlicher Räuber ist der Schwarze Mulm-Pflanzenkäfer (*Prionychus ater*), dessen mehlwurmähnliche Larven sich auch in kleinen Mulmhöhlen finden. Der Rheinische Schmal-Pflanzenkäfer (*Allecula rhenana*) ist eine Charakterart alter Höhleneichen.

Abb. 15: Feuerschmied.

Abb. 16: Weibchen des Hirschkäfers mit glänzenden Flügeldecken.

Die Schnellkäfer stellen eine herausragende Anzahl an Arten mit Bindung an seltene Habitatstrukturen und Urwaldreliktarten mit Bindung an alte Baumstandorte mit ungebrochener Habitattradition, ihre hart sklerotisierten Larven werden Drahtwürmer genannt. Als Begleiter und Verfolger des Juchtenkäfers und der Rosenkäferarten ist der Feuerschmied (*Elater ferrugineus*) auffallend, dessen markante Larve bis 5 cm lang werden kann. In Stammfußhöhlen mit Mulmkörper leben Bluthals-Schnellkäfer (*Ischnodes sanguinicollis*) und äußerst selten die FFH-Art Veilchenblauer Wurzelhalsschnellkäfer (*Limoniscus violaceus*).

Artengruppen in stark zersetztem Totholz mit Bodenkontakt

Hirschkäfer – alle besonders, eine streng geschützte Art

Hirschkäfer (7 Arten in Deutschland) sind klassische Bewohner bodenliegender Tothölzer, aber auch in den Boden eingelassene, bearbeitete Hölzer (alte Eisenbahnschwellen, hölzerne Randeinfassungen von Rabatten oder Sandkästen) bilden im Siedlungsraum Substrate, in denen diese Käfer sich entwickeln können. Neben dem eigentlichen Hirschkäfer (*Lucanus cervus*), Art der FFH-Richtlinie, ist der Balkenschröter (*Dorcus parallelipipedus*) eine regelmäßige

Abb. 17: Balkenschröter mit runzlig-matten Flügeldecken.

Erscheinung an Laubbäumen. Die Entwicklungszeit der Larven des Hirschkäfers bis zum Vollinsekt benötigt bis zu sieben Jahre.

Viel bedeutender als die Baumart ist für die Entwicklung des Hirschkäfers die Bodenwärme; es ist also nicht verwunderlich, dass unter jetzigen Klimabedingungen die Art nicht nur bereits ab Mitte April als Käfer im Freiland zu finden ist, sie konnte ihre Erscheinungszeit auch erheblich ausweiten, da die Eiablage nach wie vor im August und September stattfindet.

Nur sehr selten an braunfaulen Eichenveteranen mit Myzel des Schwefelporlings findet sich der streng geschützte Kurzschröter (*Aesalus scarabaeoides*). Der Rindenschröter (*Ceruchus chrysomelinus*) ist ein Spezialist großvolumigen braunfaulen Holzes mit regional offenbar unterschiedlichen Vorlieben für Weißtanne (Südschwarzwald), Kiefer (Wallis), aber auch Erle (Kärnten) und Eiche (Spessart).

Sägebock (*Prionus coriarius*) – besonders geschützt

Der Sägebock weist eine für Bockkäfer ungewöhnliche Lebensweise auf: Seine Larve lebt in unterirdischen Holzteilen von Laubbäumen (Eiche, Buche usw.), aber auch Nadelbäumen (Kiefer, Tanne). Die fertig entwickelten Käfer schwärmen abends an Hochsommertagen und können mitunter am Fuß alter Laubbäume auch tagsüber bei der Eiablage beobachtet werden.

Nashornkäfer (*Oryctes nasicornis*) – besonders geschützt

Der natürliche Lebensraum des Nashornkäfers dürfte nicht zuletzt in großen Bohrmehlhaufen des Heldbocks bestanden haben, die sich durch die Fraßtätigkeit von unzähligen Larvengenerationen am Fuße uralter Eichen ansammeln; so finden sich seine ursprünglichen Lebensstätten heute noch in den Südkarpaten. Dieser Art ist in Mitteleuropa jedoch der Sprung zunächst in die Lohhäufen der Gerbereien, dann in die Grünschnittlager der Städte und Dunghäufen der Pferdeställe gelungen. Erst in jüngerer Zeit finden sich in Mitteleuropa wieder Nachweise für eine nicht synanthrope Entwicklung am Fuße sehr alter Laubbäume, vermutlich als Folge einer klimabedingten höheren Bodentemperatur.

2.1.4 Erhaltung, Schutz und Schaffung von Habitatstrukturen

Betrachtet man die aktuellen Nachweise gerade der europarechtlich streng geschützten Flaggschiffarten wie dem Juchtenkäfer (*Osmoderma eremita*), so fällt auf, dass gerade Parkanlagen, Alleen oder Wildparks als Sekundärbiotope für diesen und alle anderen Arten dienen, die auf stark dimensionierte Bäume angewiesen sind. Hier finden sich schließlich im Vergleich zum durchschnittlichen Wirtschaftswald alte Bäume in höherer Zahl, die Belichtung der Einzelbäume ist durch ihre hainartige Stellung optimal, und durch Pflegeschnitte und baumchirurgische Eingriffe erhöht sich das Höhlenpotenzial entscheidend. Wie kann dies in den bewirtschafteten Wald übertragen werden?

Bestandspflege unter umgekehrten Vorzeichen

Es beginnt eigentlich mit der sogenannten **Naturverjüngung** – hierunter wird vielerorts heute und forstlich gesehen die aktuell ohne aktives Zutun des Menschen aufkommende Verjüngung verstanden, sie hat jedoch mit der **natürlichen Verjüngung** gerade bei Eichen in der Regel nur wenig zu tun. Schließlich hat der Mensch bis auf Sturmereignisse beinahe alle natürlichen, dynamischen Prozesse ausgeschaltet oder sehr stark eingeschränkt (Großpflanzenfresser, Überflutung, Feuer). Die derzeitige Naturverjüngung in unseren Wirtschaftswäldern ist daher sehr stark oder fast ausschließlich in Richtung Buche verschoben, sodass unter diesem Schattbaumregime eine natürliche Verjüngung heimischer Eichen, die sich erst in weit höheren Baumaltern abspielen würde, keine Aussicht auf Erfolg hat. Eine natürliche Verjüngung der Stieleiche wäre demgegenüber diejenige, die sich unter echt natürlichen Bedingungen mit allen dynamischen Faktoren einstellen würde: durch periodische Hochwasser mit Sedimenteintrag im Flachland konkurrenzbegünstigt bzw. dort und anderswo von der bedrängenden Konkurrenz rascher wüchsiger Baumarten durch die Fraßtätigkeit von Großpflanzenfressern lichtgestellt. Diese sogenannte Megaherbivo-

Abb. 18: Lichter, totholzreicher Eichenbestand.

rentheorie wird vielfach diskutiert (Gerken & Görner 2012), worauf hier nur insoweit eingegangen werden soll, als sie als einzige die historischen und aktuell reliktären Verbreitungsmuster von Lichtwaldarten wie Heldbock, Juchtenkäfer und teilweise Hirschkäfer (und vieler weiterer thermophiler Insekten mit Bindung an Eichen als Wirtspflanzen) erklären kann. Dies sind Arten, die keineswegs erst durch die Tätigkeit des Menschen in die Wälder eingewandert sind, sondern der Mensch hat durch seine jahrhundertelange nicht holzproduktionsorientierte Wirtschaft (Hudewald) die natürlichen Verhältnisse nach der Verdrängung oder Ausrottung der großen Pflanzenfresser (Auerochse, Wisent, Wildpferd, Rothirsch und Elch) unter Netto-Flächenverlust für die Lichtwaldarten ersetzt und unter weiterem Netto-Flächenverlust und unter Aufgabe der sehr alten, freistehenden, tiefbeasteten Hudeeichen teilweise in Mittelwald überführt.

Die nach Aufgabe der Mittelwaldwirtschaft „durchgewachsenen“ und stellenweise gezielt erhalten gebliebenen Mittelwaldeichen, inzwischen stark durch Sukzessionsbaumarten des Schattwaldes bedrängt, bilden sehr oft das Rückgrat der heutigen naturschutzfachlichen Wertung von Waldgebieten mit aktuellen Nachweisen der oben aufgeführten Arten. Hier sei darauf hingewiesen, dass es Heldbock und Juchtenkäfer nach dem Ende der Eiszeiten und der Wiederbewaldung Europas durch die Eiche vor etwa 10 000 bis 12 000 Jahren aus den Refugialräumen südlich der Alpen (Balkan-, Iberische-,

Apenninenhalbinsel) geschafft haben, sich bis hinauf nach Südschweden (berühmt ist z. B. Halltorps Hage auf Öland) auszubreiten. Das setzt bei der bekannten geringen Ausbreitungstendenz unter heutigen Bedingungen (Schattwald) ein weitreichendes Mosaik an aktuell geeigneten Brutbäumen voraus, die in solchen Abständen zueinander stehen, dass sie ohne Hindernisse überwunden werden können (vgl. auch Buse et al. 2008).

Wie anders als in einer (überspitzt formuliert) Baumsavanne soll dies möglich gewesen sein? Die sehr frühe Präsenz des Heldbocks in unserem Raum wird durch subfossile Funde von Fraßgängen in Mooreichen aus dem Oberrheingebiet (Schott 1984, Kunz in Matter 1998) und aus dem Pfrunger-Burgweiler Ried in Oberschwaben belegt. Hier liegen jeweils alte Fraßgänge in subfossilen Mooreichen vor, datiert auf etwa 7000 bis 9000 v. Chr.

Abb. 19: Subfossile Fraßgänge des Heldbocks in 9000 Jahre alter Mooreiche im Pfrunger-Burgweiler Ried in Oberschwaben.

Dass eine Buchenverjüngung also eine natürliche Verjüngung darstellen soll und man daher gegen die Natur wirtschaften müsste, um die Eiche zu halten, bleibt fraglich. Schließlich ist die Buche erst seit etwa 4000 Jahren überhaupt über Mitteleuropa verteilt nachzuweisen, und dies bereits begünstigt durch den Menschen (Firbas 1949–1952).

Vielmehr hat die Buche als ausgesprochene Schattbaumart vom holzproduktionsorientierten Hochwaldbetrieb profitiert und ist die Baumart, die sich unter Schattwaldverhältnissen und ohne regulierenden Verbiss am besten durchsetzen kann, daher prägt sie heute vielerorts die Naturverjüngung. In diesem Zusammenhang ist besonders interessant, dass es in Mitteleuropa keine einzige holzbewohnende Käferart gibt, die ausschließlich an Buchen lebt. Das heutige Arteninventar dieses Spätankömmlings unter den Bäumen setzt sich vielmehr aus ursprünglichen Besiedlern anderer Baumarten zusammen.

Ein Eichenbestand, der sich natürlich verjüngen kann, ist demzufolge licht und altholzreich sowie reich an Bäumen in der Zerfallsphase, da sich eine natürliche Verjüngung erst zu einem späteren Zeitpunkt bemerkbar machen würde als dies bei derzeitiger Hiebsreife von 160 bis 180 Jahren der Fall ist. Von einem regelrechten Mosaikzyklus der Eichenverjüngung in langen Zeitabständen spricht daher die Fachliteratur (zusammengefasst in Reif & Gärtner 2007). Die so notwendige Grundvoraussetzung für die Eichen-Naturverjüngung (im eigentlichen Sinne) wäre also eigentlich die Tätigkeit großer Pflanzenfresser. Diese lichten Eichen können sich zwar aktuell auch nicht verjüngen, da zu viele Mäuler ihren Nachwuchs fressen, aber die durchgewachsenen Eichen profitieren von ihrer dauerhaften Lichtstellung und dadurch erhöhten Vitalität; der Gegenpol ist eine in Buchenjungwuchs ertrinkende Alteiche, die vorzeitig ihre Kronenäste durch Lichtmangel abwirft und deren Saat inmitten dichter Bestände keine Chance auf Aufwachsen hat. Dass Jungeichen in Dornenhecken, geschützt vor hungrigen Mäulern, aus Naturverjüngung aufkommen können, stellen Bakker et al. (2004) und Vera (1999) dar.

Ähnliches ist in kleinem Maßstab auch (in eingezäuntem Bereich) in einem Bruchsaler Bestand erkennbar, wo sich freistehende Stieleichen durchaus auch in kratzbeeren-dominierten Bodenverhältnissen verjüngen.

Es ist klar, dass dieses Idealbild gegenwärtig nicht in großem Maßstab in die Praxis umzusetzen ist. Daher muss diesem so ähnlich wie möglich vorgegangen werden. Der Mensch ist sehr in einem Alles-oder-Nichts-Denken verhaftet. Daher sei hier ausdrücklich betont, dass genau dies hier vermieden werden soll. Vielmehr soll ausdrücklich ermuntert werden, auch kleinräumiger zu experimentieren und truppweise Eichen einzubringen und sie so zu entwickeln, dass sie über lange Zeit zu licht stehenden, großkronigen Altbäumen heranwachsen.

Dies kann auch bei der Bestandspflege und Durchforstung von Eichenbeständen unter 50 cm Brusthöhendurchmesser geschehen mit dem Ziel, großkronige, tiefbeastete, licht stehende Exemplare zu erzielen (also Positiv-Auslese genau auf den sonst herausgepflegten „Protzen"). Es ist die Großkronigkeit und tiefe Beastung, aus der heraus die großen Stammwunden bei Ausbruch entstehen, die für die Reifung und Entwicklung großer Naturhöhlen so entscheidend sind. Und es sind die heimischen Eichen, die jedes Stadium auf der Entwicklung dorthin so lange vorhalten, dass es für eine Vielzahl spezialisierter Arten als Lebensgrundlage dient.

Vor allem aber gilt es, den vorhandenen älteren Eichen mit Ansätzen zur Großkronigkeit eine dauerhafte und fortwährende Kronenfreistellung angedeihen zu lassen. Hierbei ist ein zeitlich und räumlich gestaffeltes Vorgehen über mindestens 3 Jahre je Eingriff wichtig, um langsame Freistellung zu erzielen, die schockartiges Absterben abrupt freigestellter Eichen vermeidet. Bedrängender beispielsweise Esche-, Ahorn- oder Buchen-Jungwuchs kann etwa zum Teil gekappt werden, zum Teil geringelt, um diesem Ziel langsam fortschreitend näher zu kommen.

Dies bedeutet natürlich nicht, dass zum Beispiel Altbuchen als Habitatbäume wertlos wären, aber ihr bloßer Erhalt sichert auch unter den gegenwärtigen Verhältnissen – zumindest den anthropogenen – den Fortbestand der Baumart und damit der daran entstehenden Habitatstrukturen, freilich mit vergleichsweise geringer Vorhaltezeit.

Aktive Schaffung von Habitatstrukturen

Wegen der langen Reifezeit von Habitatstrukturen mit besonderer Bedeutung für xylobionte Käfer stellt die Umsetzung von aktiven Hilfsmaßnahmen den Praktiker auf eine besondere Geduldsprobe. Dennoch sollen hier einige sinnvolle Maßnahmen angeführt werden, deren erste Erfolge sich bereits nach wenigen Jahren abzeichnen können.

Kopfbäume

Den meisten Menschen sind Kopfbäume nur in Form von Kopfweiden bekannt, die entlang von Bachläufen über lange Zeit hinweg auch Mulmhöhlensiedlern als willkommene Trittsteine zwischen einzelnen Vorkommen dienten. Dieses etwas festgefahrene Bild eines Kopfbaumes entspricht jedoch nicht der bis in jüngste Zeit geübten Praxis von Kopfbäumen auch im Wald, zum Beispiel als Grenzbäume (heute etwa noch im Tauberland zu beobachten), und dabei durchaus in Form von unterschiedlichsten Laubbaumarten. Ein berühmtes Beispiel für solche Kopf-Nicht-Weiden sind die Kopfeichen am Hetzleser Berg in Oberfranken (Schmidl 2000).

Der wiederholte Kopfbaumschnitt im frühen Frühjahr auf mindestens 3 m Stammhöhe, gerade bei jüngeren Bäumen bis 20 cm Brusthöhendurchmesser, ist eine gute Maßnahme, um eine möglichst rasche Höhlenbildung in Gang zu setzen (dass diese dann trotzdem 50 Jahre und mehr in Anspruch nimmt, muss einem klar sein).

Sollte es der Standort erlauben, lassen sich Weiden mit ihrem rascheren Wachstum und damit ihrer rascheren Höhlenbildung auch als starke Steckhölzer vermehren und entsprechend erziehen.

Eine gezielte Kappung auch stärkerer Bäume setzt ebenfalls, sofern die passenden Pilzarten vorhanden sind (Möller 2009), eine Höhlenbildung in Gang; besonders geeignet hierfür sind Linden oder Pappeln. Als Vorbild können die klassischen, knorrig verwachsenen Schneitelbäume dienen, die auch heute noch im Alpenraum oder in den Pyrenäen (meist als Schneiteleschen wegen des besonders eiweißreichen Laubes) als Zusatzfutterquelle für das Vieh dienen und an den wiederholten Kappstellen rasch Habitatstrukturen ausbilden.

Höhlenschnitte

Die natürliche Entstehung von Großhöhlen setzt immer eine großflächige Verwundung des Trägerbaumes voraus, welche dieser nicht schneller schließen kann als holzzersetzende Pilze die Verwundungsfläche besiedeln. Unter echten natürlichen Bedingungen, zu denen bereits der enge und dunkle Stand im herkömmlichen Wirtschaftswald zumindest bei der Eiche nicht zählen, wird dieser Prozess in aller Regel durch einen Großastausbruch bei großkronigen Bäumen in Gang gesetzt, nachrangig durch Kronenbruch oder Blitzmale.

Dass eine künstliche Manipulation ebenso zu einer großen Höhlendichte führen kann, wenn die geeigneten Baumarten mit hohem Höhlenbildungspotenzial vorhanden sind, belegen zahlreiche Schlossgärten und Parks,

Abb. 20: Kopfbaumallee aus Pappeln in Hohenheim.

wo durch kontinuierliche Pflege- und Schnittmaßnahmen über die Jahrzehnte eine sehr hohe Höhlendichte herangebildet wurde (vor allem in den dafür besonders geeigneten und in Parks beliebten Baumarten Linde und Platane). Einen klassischen Fall, bei dem Baumhöhlungen durch künstliche Manipulation herbeigeführt werden, stellen Kopfbäume dar (siehe Seite 33). In diesen Fällen sind jedoch Baumhöhlungen allenfalls als Beiprodukt erzeugt worden und in keiner Weise mit dieser primären Zielsetzung.

Hier ist erst in jüngerer Zeit als sehr kritisch zu hinterfragende Maßnahme die mechanische Höhlenschaffung in Waldbäumen als Ausgleichsmaßnahme für entfallende Fledermaus-Quartierbäume thematisiert worden, wie sie zum Beispiel in den Ausgleichsflächen für den Erweiterungsbau des Frankfurter Flughafens praktiziert wurde. Die dort im Kronenbereich durch Motorsägenschnitte angelegten „Höhlen" wurden vielfach besonders bei Buchen überwallt und mussten erneut nachgeschnitten werden. Mehr als zeitweilige Spaltenquartiere sind hierbei langfristig wohl nicht zu erwarten.

Viel interessanter und für den vorliegenden Zweck sehr brauchbar ist dagegen der Ansatz einer Studie der Universität Erlangen-Nürnberg (Weigelmeier & Schmidl 2016), bei der 48 Buchen im Steigerwald seit 2009 untersucht wurden, die im ersten Untersuchungsjahr mit künstlichen Höhleninitialschnitten versehen worden sind. Die hier durchgeführten Schnitte befinden sich alle im unteren Drittel des Stammes (wo vermutlich durch Bodenfeuchte ein pilzholderes Klima als im Kronenbereich herrscht) und wo der Baum augenscheinlich nicht so schnell eine geschaffene Höhlung vollständig schließen kann. Hierbei wurden vier verschiedene Schnittführungen angelegt. Nach 10 Jahren ergaben sich hinsichtlich des Ergebnisses bezüglich holzbewohnender Käferarten (insgesamt wurden 138 Arten nachgewiesen, welche die künstlichen Höhleninitiale

Abb. 21: Naturhöhlen an Eichen entstehen meist durch Großastausbrüche großkroniger Bäume.

Abb. 22: Künstlicher Höhlenschnitt an Buche nach einem Jahr.

anflogen) keine signifikanten Unterschiede zwischen den einzelnen Höhleninduktionsschnitten, die vom Rand der Schnitte beginnende Kallusbildung des Baumes scheint nach diesen Erfahrungen die Höhlenentstehung zu unterstützen – vorausgesetzt, der Schnitt ist groß bzw. breit genug. Die Höhlenreifung schritt in diesen Fällen erstaunlich rasch voran. Es steht allerdings zu vermuten, dass die Anlage der Schnittführung im 45°-Winkel und die Beimpfung mit pilzsporenreichem Mulm die langfristige Heranreifung einer Höhle mit Mulmkörper günstig beeinflussen wird.

Es ist völlig offen, wie sich hierbei die Eiche verhält, da hier noch keine vergleichbaren Ergebnisse vorliegen. Hieraus lässt sich ableiten, dass folgende Vorgehensweise als künftige Habitatoptimierungsmaßnahme erfolgversprechend sein kann:

- Anlage genügend großer Schnitte (mindestens 40 × 20 cm) im Basaldrittel des Stammes bis ins Kernholz,
- Schnittführung im 45°-Winkel,
- ggf. Beimpfung mit bestehendem Mulm (Pilzsporen!) aus vorhandenen Höhlungen.

Erhaltung von Höhleninitialen

Gerade die Stammfußhöhle als seltenste Form einer Mulmhöhle mit Bodenfeuchteanschluss hat eine im bewirtschafteten Wald häufige Ausgangsform – den Baum mit Streif- oder Rückeschaden im Stammbasisbereich. Wenn diese Bäume die Gelegenheit haben, diese Strukturinitiale zur Ausreifung zu bringen, entstehen quasi nebenbei auf lange Sicht wertvolle Habitatstrukturen.

Auch alle anderen weiter oben genannten Habitatstrukturen und deren verschiedene Entstehungsphasen können, wenn ihre Trä-

Abb. 23: Alter Streifschaden mit beginnender Einmorschung an Buche.

gerbäume nur lange genug erhalten bleiben, zu einer nachhaltigen Anreicherung von Lebensraumrequisiten spezialisierter Arten beitragen.

2.2 Waldfledermäuse

A. ARNOLD

Wälder stellen bedeutsame Lebensräume für eine Vielzahl von Tier- und Pflanzenarten dar. Ganz besonders gilt dies für Fledermäuse, die in Wäldern eine der artenreichsten Säugetiergruppen bilden können. Drei Viertel der 24 einheimischen Fledermausarten nutzen im Laufe ihres Lebens Quartierbäume in Wäldern als Ruhestätten, und etwa die Hälfte pflanzt sich in Wäldern fort. Praktisch alle Fledermausarten suchen, zumindest zeitweise, Wälder zur Nahrungssuche auf. Unter optimalen Bedingungen können so in einem mitteleuropäischen Wald während des Sommers bis zu 19 Fledermausarten nebeneinander leben. Alte, naturbelassene Wälder gelten als besonders wertvolle Lebensräume für Fledermäuse. Doch Fledermäuse bewohnen natürlich auch Wirtschaftswälder. Aufgrund der durchgeführten forstlichen Maßnahmen sind dort ihre Lebensbedingungen aber oftmals nicht optimal, und sie geraten häufig in das Konfliktfeld zwischen wirtschaftlich orientierter Waldnutzung und Artenschutz.

2.2.1 Warum Fledermausschutz im Wald?

In der Mitte des 20. Jahrhunderts erlitten alle in Mitteleuropa beheimateten Fledermausarten dramatische Verluste, so auch in Deutschland. Einschneidende Habitatveränderungen wie großflächige Holzeinschläge und die Trockenlegung insektenreicher Feuchtgebiete führten zum Rückgang der Lebensräume waldbewohnender Fledermausarten und ihrer Nahrung. Besonders die Anwendung von Bioziden, die in den Jagdlebensräumen der Fledermäuse zu einem Rückgang der Insekten führte, hatte daran einen nicht unwesentlichen Anteil.

Viele gebäudebewohnende Fledermäuse haben sich an ihren Hangplätzen durch den Kontakt mit bedenklichen Holzschutzmitteln vergiftet. Aus Aberglauben oder Angst werden Fledermäuse noch bis heute verfolgt und getötet.

Die Bestände ursprünglich weit verbreiteter Fledermausarten sind so auf kleine Restpopulationen eingeschrumpft und heute vielerorts völlig verschwunden. In welchem Ausmaß Waldfledermäuse von diesem Rückgang betroffen sind, lässt sich nur schwer beziffern. Da nur in den seltensten Fällen genau bekannt war, wie viele Fledermäuse in Wäldern lebten, gab es kaum flächendeckende Populationsdaten für diese Fledermausgruppe. Daran hat sich bis heute wenig geändert.

Nur in Einzelfällen war es möglich, Bestandsentwicklungen von Waldfledermäusen darzustellen. So wurden im Rahmen einer Dokumentation der Waldvogelwelt in Baden-Württemberg zwischen 1950 und 2000 jährlich bis zu 200 000 Nistkästen in Wäldern kontrolliert (GATTER & MATTES 2018). Bei den dabei miterfassten Fledermäusen zeigte sich in den ersten Jahrzehnten eine starke Abnahme, die ihren Tiefstand zwischen 1960 und 1980 erreicht hatte. Als Ursache für den Rückgang wird der großflächige Insektizideinsatz im Wald wie auch in der Landwirtschaft diskutiert, der zu einer erheblichen Reduktion der Nahrungsgrundlage der Fledermäuse führte.

Ansonsten liefern Zählungen von Fledermäusen, die in Höhlen überwintern, die besten Populationsdaten. So wurden zum Beispiel für die waldbewohnende Mopsfledermaus (*Barbastella barbastellus*) in Baden-Württemberg während der 50er- und 60er-Jahre des 20. Jahrhunderts drastische Populationseinbrüche in Winterquartieren auf der Schwäbischen Alb dokumentiert. Zur

Jahrtausendwende hin wies der Bestandstrend jedoch wieder positive Tendenzen auf (Nagel 2003).

Ihr starker Rückgang führte letztendlich dazu, dass heute alle in Deutschland beheimateten Fledermausarten streng geschützt sind und auf der Roten Liste der bedrohten Tierarten stehen. Fledermausschutz stellt nicht nur eine ethische Verpflichtung dar, sondern auch eine rechtliche: Der rigorose Schutz dieser Tiergruppe ist in einer Reihe gesetzlicher Vorgaben festgeschrieben (u. a. im Bundesnaturschutzgesetz, in der Fauna-Flora-Habitatrichtlinie [Natura 2000], dem Eurobats-Abkommen).

Hinsichtlich der Waldfledermäuse hat die FFH-Richtlinie eine besondere Bedeutung. Mit den in Anhang II aufgelisteten Arten Mopsfledermaus, Bechsteinfledermaus (*Myotis bechsteinii*) und Großes Mausohr (*Myotis myotis*) wurden drei in Deutschland beheimatete Fledermausarten benannt, für deren Erhaltung besondere Schutzgebiete (FFH-Gebiete) ausgewiesen werden müssen. Entsprechend der ökologischen Ansprüche der gelisteten Fledermausarten umfassen die FFH-Gebiete umfangreiche Wälder, in den meisten Fällen Wirtschaftswälder. Für zwei dieser Fledermausarten (Bechstein- und Mopsfledermaus) trägt Deutschland sogar eine besondere Verantwortung, weil ein hoher Anteil der Weltpopulation hier vorkommt. Die Forstwirtschaft ist deshalb in den jeweiligen FFH-Gebieten ganz besonders zum Schutz dieser Waldfledermäuse verpflichtet.

Mittlerweile konnten sich in Deutschland die Populationen einiger Fledermausarten etwas erholen, was nicht zuletzt auf die sich allgemein bessernde Umweltqualität zurückzuführen ist. Doch auch die Arbeit zahlloser, meist ehrenamtlich im Artenschutz Tätiger sowie die Anwendung spezieller Artenschutzprogramme trugen wesentlich dazu bei. Dennoch sind die Bestände der Waldfledermäuse immer noch akut bedroht. Eine Gefährdungsanalyse des Bundesamtes für Naturschutz zeigt für die Bechsteinfledermaus, ein Beispiel für eine sehr stark an Wälder gebundene Fledermausart, dass in Wäldern insbesondere die forstwirtschaftliche Nutzung den Hauptgefährdungsfaktor darstellt (BfN 2023). Als wichtigste Einflüsse werden dort genannt:

- Quartierverlust durch die Entnahme von Alt- und stehendem Totholz (auch Höhlenbäumen) oder von forstlich betrachtet wertlosen Bäumen (z. B. mit Zwieseln, Schadstellen),
- Verlust von Jagdgebieten durch Reduktion natürlicher oder naturnaher stufenreicher Waldränder und mehrschichtiger Laubwälder (besonders Laubwälder mit einheimischen Eichen),
- Lebensraumverlust durch die Verringerung des Anteils alter Wälder (über 120 Jahre) durch frühzeitige Holzernte.

Damit wird deutlich, dass ein effektiver Schutz von Fledermäusen in Wirtschaftswäldern in höchstem Maße von der Art der Waldnutzung und Wirtschaftsform abhängt. Die Anwendung fledermausfreundlicher Bewirtschaftungsformen ermöglicht es, Waldfledermäuse zu schützen und einen wichtigen Beitrag zum Erhalt der Artenvielfalt in Wäldern zu leisten. Denn Wälder, in denen viele Fledermausarten leben, sind intakte Lebensräume, in denen viele weitere Tier- und Pflanzenarten vorkommen. Forstliche Maßnahmen, die zur Förderung der Fledermäuse angewendet werden, wirken sich unweigerlich auch positiv auf den gesamten Lebensraum Wald und seine biologische Vielfalt aus.

Wälder profitieren aber auch direkt von einer reichen Fledermausfauna. Sehr viele Forstschädlinge sind nämlich besonders in der Nacht aktiv. Dadurch entziehen sie sich sehr effektiv dem Zugriff von Vögeln, die nur während des Tages die wichtigsten Regulatoren von Schädlingspopulationen sind. Ihre ökologische Schutzfunktion übernehmen in der Nacht die Fledermäuse. Diese Bedeutung von Fledermäusen für den Waldschutz wurde schon früh erkannt. So forderte bereits im Jahr 1792 der thüringische Forstmann und Naturforscher JOHANN MATTHAEUS BECHSTEIN in einer Abhandlung: „In Wäldern aber müssen sie [die Fledermäuse] als sehr nützliche Thiere ohne alle Einschränkung geschont werden". Vor dem Hintergrund von immer mehr und auch neu auftretenden Forstschädlingen besitzt diese Forderung eine überraschende Aktualität.

Über lange Zeit war das Wissen über Fledermäuse, ihre Lebensweise und Lebensraumansprüche sehr unvollständig und geprägt von Spekulationen und Vorurteilen. Da sie nachtaktiv sind, konnten sich die Fledermäuse ihrer Erforschung über lange Zeit entziehen. Erst seit der Entwicklung von Geräten, die den Beobachter unabhängig vom Tageslicht machen, konnten Fledermäuse effektiver erforscht werden. Mit der Forschung wuchs das Wissen über Waldfledermäuse bis heute erheblich an. Besonders die Arbeiten von DIETZ & KIEFER 2014, DIETZ & KRANNICH 2019, MESCHEDE & HELLER 2000 und STECK & BRINKMANN 2015 stellen wichtige Beiträge dar und sind zum vertiefenden Studium dieser faszinierenden Tiergruppe geeignet.

2.2.2 Fledermäuse – eine faszinierende Tiergruppe

Fledermäuse weisen eine Vielzahl überraschender Fähigkeiten und Anpassungen auf, die sie von allen anderen Säugetieren unterscheiden und einzigartig im Tierreich machen. So sind Fledermäuse als einzige Säuger in der Lage, aktiv zu fliegen. Ihre umgebildeten Vordergliedmaßen dienen als Gerüst zum Aufspannen einer Flughaut.

Dies beschreibt der wissenschaftliche Name Chiroptera dieser Tierordnung, denn er bedeutet Handflügler. Doch neben den Vordergliedmaßen umspannt die Flughaut auch die Beine und den Schwanz, lediglich der Kopf ragt heraus. So ausgestattet, erreichen einige Fledermausarten hohe Geschwindigkeiten und fliegen rasant in großer Höhe. Andere Arten manövrieren dagegen langsam, aber sehr wendig im Inneren von Baumkronen.

Abb. 24: Großes Mausohr.

Ultraschallortung

Die wichtigste Anpassung an ihre nächtliche Lebensweise ist die Orientierung durch Ultraschall. Im Unterschied zu anderen nachtaktiven Tieren sind die europäischen Fledermausarten nicht optisch orientiert und besitzen daher keine spezialisierten Nachtaugen. Sie orientieren sich in der Dunkelheit, indem sie Rufe im Frequenzbereich zwischen 18 und 120 kHz aussenden, also im Ultraschallbereich. Das Echo nutzen sie zur Raumorientierung und dem Aufspüren ihrer Beute. Je höher die Ruffrequenz, desto feiner ist die räumliche Auflösung. Die Hufeisennasen (Familie Rhinolophidae), die mit zwei Arten nördlich der Alpen vertreten sind, können Strukturen zwischen 0,05 und 0,08 mm Größe erkennen; Glattnasen (Familie Vespertilionidae), zu denen alle anderen einheimischen Fledermäuse gehören, lösen immerhin noch 0,2 mm große Strukturen auf.

Der große Nachteil der Ultraschallortung ist die im Vergleich zur optischen Orientierung geringe Reichweite. Schallwellen werden durch atmosphärische Einflüsse sehr schnell abgeschwächt. Abhängig von der Flugweise und der genutzten Jagdstrategie weist die Ultraschallortung der verschiedenen Fledermausarten daher große Unterschiede und Anpassungen auf. So nutzen schnell fliegende Arten tiefere Ruffrequenzen, die weiter tragen und dadurch eine weiter reichende Fernorientierung erlauben. Dennoch liegt die Reichweite ihrer Orientierung vermutlich nicht über 50 m (Neuweiler 1993).

Fledermausarten, die Nahrung erbeuten, indem sie nahe an der Laubschicht von Bäumen und Sträuchern manövrieren, rufen dagegen sehr viel leiser. Die Entfernung zwischen Fledermaus und Beute ist gering, weshalb auch die Ruflautstärke nicht besonders hoch sein muss. Damit die Echos dennoch gut gehört werden, besitzen diese Tiere oft auffällig große Ohren.

Nahrung

Die Nahrung der europäischen Fledermausarten setzt sich aus Insekten und anderen Gliedertieren wie Spinnen, Tausendfüßlern oder Asseln zusammen. Von dieser Regel sind nur wenige Ausnahmen bekannt. So finden sich etwa im Nahrungsspektrum des Riesenabendseglers (*Nyctalus lasiopterus*) zu bestimmten Jahreszeiten Zugvögel (Dondini & Vergari 2004), und Populationen der Langfußfledermaus (*Myotis capaccinii*) erbeuten in Spanien regelmäßig Kleinfische (Aizpurua et al. 2016). Doch stellen auch bei diesen beiden Arten Insekten den Hauptanteil der Nahrung dar.

Winterschlaf

Da Insekten während der kalten Wintermonate als Nahrung nicht zur Verfügung stehen, mussten die Fledermäuse im Lauf der Evolution für diese Mangelzeiten eine Lösungsstrategie entwickeln. Sie verbringen die kalte Zeit schlafend und sparen so ein Maximum an Stoffwechselenergie ein. Die meisten Fledermausarten halten einen mehrmonatigen Winterschlaf. In dieser Zeit wird der Stoffwechsel stark reduziert: Die Körpertemperatur sinkt auf Umgebungsniveau, und sowohl Puls als auch Atmung werden stark verlangsamt. Während des Winterschlafs zehren die Tiere ausschließlich von ihren Körperfettvorräten. Da sie während des Schlafs nicht trinken können, halten sich Fledermäuse in Bereichen mit sehr hoher Luftfeuchtigkeit auf, um den Wasserverlust zu reduzieren. Optimale Überwinterungsbedingungen finden sie in unterirdischen Quartieren, wie Höhlen, Stollen, Eiskellern oder auch Felsspalten. Wenige angepasste Arten überwintern jedoch auch in anderen Strukturen, wie etwa Baumhöhlen, und sind auch im Winter in Wäldern präsent.

Da winterschlafende Tiere nicht in der Lage sind, bei Störungen oder Gefahr spontan zu flüchten, sind Fledermäuse auf sichere und störungsfreie Winterquartiere angewiesen. Jeder durch Störungen verursachte Aufwachprozess verbraucht Energiereserven, die den Tieren gegen Ende der Winterschlafzeit fehlen.

Wanderungen

In den Sommerlebensräumen der Fledermäuse finden sich oft keine geeigneten Überwinterungsquartiere. Viele Tiere müssen daher zweimal pro Jahr zum Teil erhebliche Entfernungen auf dem Weg von bzw. zu ihren Winterschlafplätzen zurücklegen. Arten wie Rauhautfledermaus (*Pipistrellus nathusii*), Abendsegler (*Nyctalus noctula*) und Kleinabendsegler (*Nyctalus leisleri*) führen dazu im Frühjahr und Herbst Wanderungen von jeweils weit über 1 000 km durch.

Das Wissen über den Zug der Fledermäuse stammt aus Markierungsprojekten. Anders als bei den Vögeln werden keine Ringe,

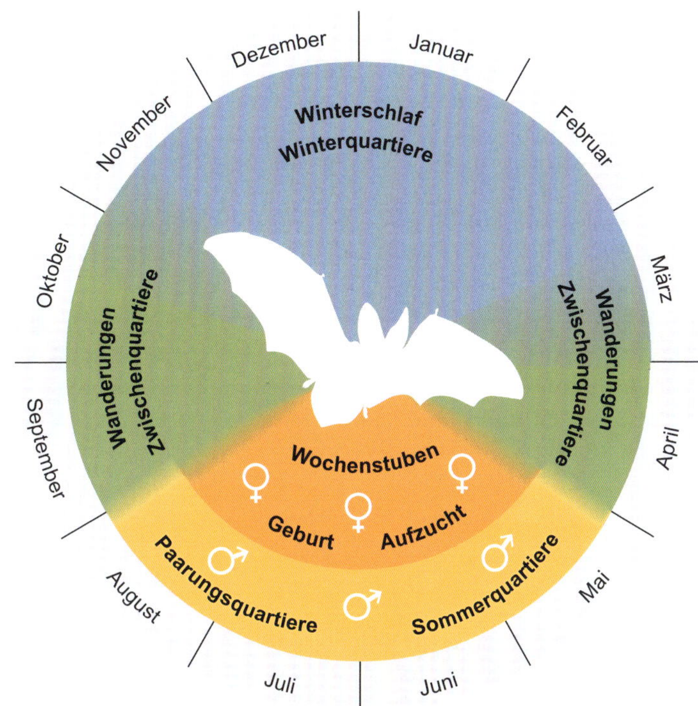

Abb. 25: Das „Fledermausjahr“ (nach DVL & BfN 2001).

sondern Armklammern aus Aluminium verwendet, die den Fledermäusen über den Unterarm gelegt werden. Die Klammern sind mit einer Nummern-Buchstaben-Kombination versehen. Aus den Meldungen von Beringungs- und Wiederfundorten, die bei den beiden bundesdeutschen Beringungszentralen in Dresden und Bonn zusammenlaufen, lassen sich Flugwege und Wanderdistanzen bestimmen (Hutterer et al. 2005).

Fortpflanzung

Auch die Fortpflanzung der Fledermäuse weist im Vergleich zu vielen anderen Säugetieren einige Besonderheiten auf. Die Paarungszeit einheimischer Fledermäuse beginnt im Spätsommer und kann bis in die Winterschlafphase hineinreichen. Die Weibchen speichern die bei der Paarung übertragenen Spermien allerdings zunächst in ihrem Genitaltrakt und erhalten sie dort während des Winterschlafs am Leben. Erst nach dem Aufwachen im Frühjahr erfolgen der Eisprung und die Befruchtung der Eizelle durch die gespeicherten Spermien.

Nach dem Ende des Winterschlafs wechseln Fledermäuse in ihre Sommerlebensräume zurück. Trächtige Weibchen derselben Art versammeln sich in dieser Zeit in Gruppen, die als Wochenstubenkolonien bezeichnet werden. In den Wochenstubenquartieren gebären sie gemeinsam ihre Jungen und ziehen sie über den Sommer hinweg auf. Nach dem Flüggewerden der Jungen lösen sich die Wochenstubengruppen auf.

Die meisten Fledermausarten haben pro Jahr lediglich ein Jungtier, nur wenige Arten gebären regelmäßig Zwillinge. Diese geringe Vermehrungsrate ist der Grund, warum sich die Bestände der einheimischen Fledermausarten nach den Populationseinbrüchen im 20. Jahrhundert nur sehr langsam erholen konnten. Als Ausgleich für die geringe Vermehrungsrate haben Fledermäuse eine überraschend hohe Lebenserwartung: Die nachweislich älteste Fledermaus erreichte ein Lebensalter von 41 Jahren (Podlutsky et al. 2005). In der Regel liegt das Höchstalter von Fledermäusen zwar deutlich darunter, ist aber immer noch viel höher als zum Beispiel bei einer Feldmaus mit vergleichbarer Körpergröße.

Die Fledermausmännchen verbringen die Sommermonate in der Regel als Einzelgänger. Wenn nach der Auflösung der Wochenstuben die Paarungszeit beginnt, locken die Männchen einiger Arten begattungswillige Weibchen in ihre Quartiere. Dabei verwenden sie artspezifische Balzrufe. In diesen Paarungsquartieren findet die Begattung statt, wodurch der Reproduktionszyklus geschlossen wird. Danach wandern die Fledermäuse in ihre Überwinterungsgebiete ab.

2.2.3 Was macht eine „Waldfledermaus" aus?

Lebensraumansprüche der Waldfledermäuse

Obwohl die Gründe, warum Fledermäuse Wälder aufsuchen, sehr vielfältig sein können, gibt es dort zwei wichtige Ressourcen, die für alle Fledermäuse überlebensnotwendig sind: Versteckmöglichkeiten (Quartiere) und Nahrung. Innerhalb der Wälder nutzen die verschiedenen Fledermausarten beide Ressourcen in ganz unterschiedlichem Ausmaß.

Einige Fledermausarten bewohnen als Tagesverstecke ausschließlich Strukturen an Bäumen, z. B. Specht- oder Fäulnishöhlen, Risse und Spalten. Für diese Fledermäuse stellt der Wald in der Regel auch das bevorzugte Jagdhabitat und grundsätzlich den wichtigsten Lebensraum dar. Dazu gehören unter anderem Bechsteinfledermaus, Fransenfledermaus (*Myotis nattereri*) oder Braunes Langohr (*Plecotus auritus*).

Andere waldbewohnende Fledermausarten haben zwar ihre Quartiere in Wäldern, auf der Jagd verlassen sie diese aber häufig. Ein Beispiel ist der Abendsegler, der zwar in Baumquartieren übertagt, aber nachts den Wald verlässt, um hoch im freien Luftraum und weit über den Bäumen zu jagen. Auch die baumbewohnende Wasserfledermaus (*Myotis daubentonii*) verlässt ihre Quartierwälder, weil sie über der Oberfläche großer Gewässer jagt, die weit außerhalb der Wälder liegen können.

Diesen Arten stehen die gebäudebewohnenden Fledermäuse gegenüber, deren Quartiere in Siedlungsgebieten liegen, die aber ihre Nahrung häufig in Wäldern suchen. Hier sind das Mausohr oder die Zwergfledermaus (*Pipistrellus pipistrellus*) zu nennen. Bei diesen beiden Fledermausarten befinden sich in Mitteleuropa die Wochenstubenquartiere der Weibchen obligatorisch in Gebäuden. Die Verstecke der einzeln lebenden Männchen sind dagegen vor allem in Wäldern. In dieser Hinsicht verhält sich der männliche Populationsteil dieser Arten wie typische Waldfledermäuse.

Raumnutzungsmuster des Mausohrs: In Wald und Dorf zu Hause!

Die teilweise sehr vielschichtigen Raumnutzungsmuster von Fledermäusen werden besonders gut am Beispiel des Mausohrs deutlich.

Die Weibchen dieser Fledermausart finden sich in Mitteleuropa fast ausnahmslos in geräumigen Dachstühlen zusammen (z. B. von Kirchen oder Schlössern), um dort gemeinsam ihre Jungen zu gebären und aufzuziehen. In dieser Beziehung kann das Mausohr als typische Siedlungsfledermaus bezeichnet werden. Bezüglich ihrer Jagdgebiete verhalten sich Mausohr-Weibchen jedoch wie ausgesprochene Waldfledermäuse, denn ihre bevorzugte Nahrung stellen Laufkäfer dar, die am Waldboden erbeutet werden. Die Käfer erkennt das Mausohr durch die Krabbelgeräusche, die die Beute in der Laubschicht verursacht. Ideale Jagdgebiete für das Mausohr stellen daher Wälder dar, die frei von Unterwuchs sind (z. B. Buchenhallenwälder) oder die große offene Laubflächen (Laubblänken) aufweisen. Um dorthin zu gelangen, fliegen die Mausohr-Weibchen aus den Siedlungsgebieten oft weite Strecken von bis zu 25 km.

Die Männchen des Mausohrs leben dagegen über die gesamte Sommersaison als Einzeltiere. Ihre Quartiere liegen bevorzugt in Wäldern, wo sie Baumhöhlen oder Vogel- bzw. Fledermauskästen bewohnen, in deren Umgebung sie auch jagen. Der männliche Populationsteil verhält sich also stets wie eine typische Waldfledermausart.

Nach dem Flüggewerden der Jungtiere lösen sich im Spätsommer die Wochenstubengruppen des Mausohrs auf. Die Tiere verlassen ihre Gebäudequartiere und ziehen in den Wald um. Die Weibchen quartieren sich bei den Männchen ein, um sich mit ihnen zu paaren. In diesem Zeitraum sind fast alle Mausohren zu Waldbewohnern geworden. Der Wald ist das zum Arterhalt zwingend erforderliche Paarungsgebiet.

Alle Fledermäuse nutzen also Wälder in irgendeiner Form als Lebensraum. Welche Fledermausart dabei als ausgesprochene Waldfledermaus bezeichnet werden kann, hängt letztlich von der Art und vom Ausmaß der jeweiligen Ressourcennutzung ab. Beides kann vom Geschlecht oder der Jahreszeit beeinflusst werden.

Von den in Wäldern vorkommenden Fledermausarten weisen elf eine besonders enge Bindung an Waldgebiete auf. Diese Einordnung basiert auf empirischen Einschätzungen der Nutzung des Waldes als Jagdhabitat bzw. Quartiergebiet. Nach der Bechsteinfledermaus, die an erster Stelle steht, sind dies Mopsfledermaus, Nymphenfledermaus (*Myotis alcathoe*), Fransenfledermaus, Brandtfledermaus (*Myotis brandtii*), Abendsegler, Kleinabendsegler, Rauhautfledermaus, Braunes Langohr, Wasserfledermaus und Mückenfledermaus (*Pipistrellus pygmaeus*). Für den Erhalt dieser Arten sind Wälder als Lebensraum von besonders hoher Bedeutung.

2.2.4 Quartiere der Waldfledermäuse

Wie bereits gezeigt wurde, kann das Quartiernutzungsmuster der Fledermäuse sehr komplex sein. Grundsätzlich schützen sich alle Fledermäuse vor Feinden und Witterungseinflüssen, indem sie sich in Verstecke zurückziehen und dort entweder als Gruppe oder als Einzeltier den Tag verbringen. Die einheimischen Fledermausarten sind nicht fähig, ihre Verstecke selbst anzulegen oder zu gestalten.

In Wäldern stellt vermutlich die Anzahl geeigneter Quartierbäume den begrenzenden Faktor für die erfolgreiche Ansiedlung individuen- und artenreicher Fledermausgemeinschaften dar. Dies gilt besonders für Wirtschaftswälder, in denen die Baumernte zu einem Zeitpunkt erfolgt, an dem die Holzqualität optimal und der Wert des Holzes maximal ist, da zu diesem Zeitpunkt noch kaum Spechtlöcher oder Faulstellen entstanden sind. Auch schwache und schadhafte Bäume, an denen sich Quartierstrukturen noch ausbilden könnten, werden dort bei Durchforstungsmaßnahmen früh entnommen, da sie am wenigsten für die Holzproduktion geeignet sind. Damit ergibt sich in bewirtschafteten Wäldern ein Spannungsfeld zwischen Holzertrag und dem Schutz von Waldfledermäusen.

Wie die tagtägliche Praxis beweist, schließen sich Fledermäuse und Waldbewirtschaftung jedoch nicht grundsätzlich aus.

Baumquartiere und Quartierbäume

Der von Waldfledermäusen am häufigsten genutzte Quartiertyp ist die Spechthöhle. Daneben werden aber noch viele andere Struktu-

Abb. 26: Quartierbäume von Bechsteinfledermaus (a, b), Braunem Langohr (c), Kleinabendsegler (d).

Abb. 26 (Fortsetzung): Quartierbäume der Bechsteinfledermaus (e–h).

ren an Bäumen besiedelt, wie Fäulnishöhlen, die durch Astabbrüche oder Stammverletzungen entstanden sind, Blitzspalten, Einfaulungen an Gabelungen oder an Zwieseln. Fledermäuse schlüpfen auch unter Stücke von Baumrinde, die von Stamm oder Ästen abstehen (Rindentaschen), oder verstecken sich in Spalten, die durch Abknicken an Ästen und Stämmen oder Frostriss entstanden sind. Grundsätzlich können alle denkbaren Hohlräume in Bäumen von Fledermäusen als Quartier genutzt werden. Dabei gilt prinzipiell: Wo ein Daumen hineinpasst, kann auch eine Fledermaus hineinschlüpfen.

Hinsichtlich der Baumarten sind Fledermäuse meist nicht wählerisch. Da Spechthöhlen sehr häufig als Quartiere genutzt werden, sind die meisten Fledermausquartiere in den Baumarten und Waldabteilungen zu finden, die Spechte zur Anlage ihrer Bruthöhlen bevorzugen. Und obwohl dies meist Laubbäume sind, können Fledermausquartiere auch in Nadelbäumen sein. Aufgrund des Harzflusses, der an verletzten Nadelbäumen einsetzt, werden viele dieser Strukturen jedoch schnell wieder unbrauchbar.

Position und Art von Baumquartieren

Entgegen der Meinung, dass Fledermausquartiere sehr weit oben an den Bäumen liegen müssten, ist die Höhe der Quartierstrukturen für die Eignung als Fledermausquartier von eher geringer Bedeutung. Hoch liegende Quartiere sind jedoch insofern günstig, als sich ausfliegende Fledermäuse aus der Quartieröffnung fallen lassen können, bevor sie ihre Flügel aufspannen. Auch bieten hoch gelegene Höhlen guten Schutz vor bodengebundenen Beutegreifern (Fuchs, Steinmarder). Dennoch beziehen gerade die gut manövrierfähigen Fledermausarten häufig auch Quartiere, deren Öffnungen am Baum sehr weit unten, ja sogar auf Bodenniveau liegen können. Da solche Bäume gut erkennbar sind, können sie bei Forstmaßnahmen als mögliches Fledermausquartier leicht erhalten werden. Aus Telemetriestudien ist jedoch bekannt, dass auch im hohen Kronenbereich Verstecke von Fledermäusen liegen können. Diese Strukturen sind vom Boden aus meist nicht zu sehen, wodurch es fast unmöglich ist, sie bei der Kennzeichnung zu fällender Bäume oder der Ausweisung von Habitatbaumgruppen als erhaltenswert zu berücksichtigen. Bei Forstmaßnahmen kommt es daher ungewollt häufig zum Verlust dieser Quartiere.

Große, starke Bäume, die gewaltige Höhlungen aufweisen, gelten vielen als die „typischen" Quartierbäume von Fledermäusen. Tatsächlich sind Fledermausquartiere jedoch bereits in mittelstarken oder sogar in schwachen Bäumen zu finden, sofern diese die passenden Versteckmöglichkeiten aufweisen. Ausschlaggebend ist dabei, welche Funktion die Verstecke für die Fledermäuse jeweils zu erfüllen haben.

Wochenstubenverbände, die bei Waldfledermäusen aus bis zu mehreren Dutzend Weibchen mit Jungen bestehen können, benötigen Verstecke, die einer entsprechenden Anzahl von Tieren Platz bieten. Da sich Fledermäuse aber gerne sehr eng zusammendrängen, findet selbst eine große Zahl Tiere schon in überraschend kleinen Baumhöhlen einen Unterschlupf. So kann eine Höhle von einem Liter Volumen spielend einen Wochen-

Abb. 27: Wochenstubenverband der Bechsteinfledermaus.

stubenverband aus mehreren Dutzend Fledermäusen fassen.

Höhlungen in Schwachbäumen sind naturgemäß eher klein. Sie kommen weniger als Wochenstubenquartier infrage, werden aber von Einzeltieren als Quartier genutzt. Diese Einzeltiere sind entweder Männchen oder Weibchen, die in dem Jahr nicht trächtig wurden und sich daher außerhalb der Wochenstubenkolonien aufhalten. Die Verstecke dieser Tiere müssen nicht besonders klimatisiert sein, denn in kühlen Quartieren kann tagsüber die Körpertemperatur abgesenkt werden, wodurch die Tiere Energie sparen.

Da schwache und hinfällige Bäume bei Durchforstungsmaßnahmen sehr früh entnommen werden, kann sich dieser Quartiertyp im Wirtschaftswald meist gar nicht erst entwickeln, oder entsprechende Bäume werden in späteren Phasen der Waldbewirtschaftung, ungeachtet ihrer möglichen Eignung als Fledermausquartier, unbeabsichtigt vernichtet.

Abb. 28: Rindentaschen, wie sie von Mopsfledermäusen als Quartier genutzt werden können.

Sonderfall Rindentasche

Eine von wenigen Waldfledermausarten genutzte Quartierstruktur, die stark vom gängigen Quartiertyp „Baumhöhle" abweicht, stellen Rindentaschen an Stamm und Ästen abgängiger Bäume dar.

Bevorzugt werden solche Rindentaschen von der Mopsfledermaus (Richter et al. 2019), wobei sowohl Einzeltiere als auch Wochenstuben diesen Quartiertyp in gleichem Maße besiedeln. Da sich Rindentaschen häufig an abgängigen Nadelbäumen (Fichten) entwickeln, sind die Quartiere der Mopsfledermaus verbreitet in Nadelholzbeständen zu finden. Auch die Brandtfledermaus versteckt sich häufig in Rindentaschen.

Die abstehende Rinde fällt durch Witterungseinflüsse leicht vom Baum ab, oder die hinfälligen Trägerbäume stürzen um. Deshalb ist dieser Quartiertyp vergleichsweise kurzlebig. Aufgrund von Pflegemaßnahmen in den Beständen finden sich solche Bäume im Wirtschaftswald von vornherein eher selten. Seit der Jahrtausendwende entstehen solche Habitatstrukturen allerdings verbreitet durch das großflächige Absterben von Waldbäumen aufgrund zunehmender Trockenheit.

Wo dieser Quartiertyp jedoch Mangelware ist, lässt er sich leicht durch Ringelung von Bäumen herstellen. Auf diese Weise lässt sich etwa in den Vorkommensgebieten der Mopsfledermaus die Quartiersituation gezielt fördern. Mopsfledermäuse im Nationalpark Bayerischer Wald bevorzugten Rindentaschen an Bäumen, die einen mittleren Brusthöhendurchmesser von 51 cm aufwiesen (Richter et al. 2019). Allerdings zeigt die Erfahrung, dass es nicht unbedingt notwendig ist, wertvolle Bäume zu opfern, denn Rindenschuppen können auch schon an schwächeren Bäumen angenommen werden.

Verteilung der Baumquartiere im Wald

Die Verteilung der von Fledermäusen genutzten Quartierbäume im Wald weist kein bestimmtes Muster auf. Relativ häufig stehen sie jedoch in der Nähe des Waldrands oder nahe an Weg- oder Lichtungsrändern. Dies kann zu Problemen mit der Verkehrssicherung führen. Trotzdem sollten zumindest Bäume mit bekannten Fledermausvorkommen auch dann nach Möglichkeit erhalten werden. Dies kann etwa bei Quartieren im Stamm durch einen Entlastungsschnitt der Baumkrone erfolgen, sodass die Funktion des übrig gebliebenen Torsos als Quartierbaum noch über viele Jahre erhalten bleiben kann, Wege und Straßen aber nicht durch abbrechende Äste gefährdet sind.

Die randständige Lage der Quartierbäume hat den Vorteil, dass diese Bäume einerseits leicht angeflogen werden können. Andererseits ist es gerade bei Wochenstubenquartieren wichtig, dass sich darin ein für die Entwicklung der Jungtiere notwendiges warmes Mikroklima einstellt. Dies ist bei randständigen Quartierbäumen, die zeitweilig von der Sonne beschienen werden, leichter als im Waldesinneren. Auch die Größe der Höhle ist dabei ausschlaggebend. Denn neben der Besonnung trägt insbesondere die Körperwärme der Muttertiere zur Einstellung des Mikroklimas bei. Kleinere Baumhöhlen werden durch die Tiere leichter beheizt als große Hohlräume. Sehr großvolumige Baumhöhlen, wie Schwarzspechthöhlen, sind daher gerade für kleine Fledermausarten keine optimalen Wochenstubenquartiere, da es dort für sie schwer ist, ein günstiges Mikroklima aufrechtzuerhalten.

Forstmaßnahmen, die Auswirkungen auf dieses Mikroklima haben, führen in den meisten Fällen dazu, dass Quartierbäume nicht mehr genutzt werden können. Daher sollte bei Maßnahmen, die Bestände stark auflichten, berücksichtigt werden, dass bekannte Quartierbäume nicht völlig freigestellt werden. Vielmehr sollte im Umfeld der Quartierbäume eine Schutzzone aus Begleitbäumen erhalten bleiben.

Quartiernutzungsmuster

Der langfristige Erhalt von Quartierbäumen ist wichtig, da Fledermäuse bei der Quartiernutzung sehr konservativ sind: Einmal als geeignet erkannte Verstecke werden immer wieder aufgesucht. Bei Wochenstuben können sich dabei generationenübergreifende Traditionen entwickeln, da die jungen Weibchen nach der Überwinterung immer wieder in ihre angestammten Quartierbäume zurückkehren. Dies gilt es bei der Waldbewirtschaftung zu berücksichtigen und bekannte Quartierbäume über Jahre hinweg, am besten bis zu ihrem natürlichen Zerfall, zu erhalten.

Ein einziger Quartierbaum ist für das Überleben einer Fledermausgruppe jedoch keinesfalls ausreichend. Denn schon Einzeltiere benötigen stets mehrere Quartierbäume, zwischen denen sie regelmäßig wechseln. Für die vielköpfigen Wochenstubenverbände gilt, dass jede Kolonie zahlreiche Baumquartiere im Wechsel nutzt. Solche Quartierverbünde können aus 30 und mehr Baumquartieren bestehen. Von diesen können durchaus mehrere gleichzeitig bewohnt werden, da sich die Wochenstuben häufig in kleinere Gruppen aufteilen. Die Quartiere werden oft schon nach einem oder wenigen Tagen gewechselt. Dabei werden die noch flugunfähigen Jungtiere mitgenommen und lernen die Lage der Quartierbäume im Wald kennen. Die Gründe für den häufigen Quartierwechsel sind nicht sicher bekannt. Als Ursachen werden unter anderem Feindvermeidung, Parasitendruck und sich veränderndes Mikroklima angenommen.

Durch das Quartierwechselverhalten benötigen Waldfledermäuse in ihren Lebensräumen eine große Zahl geeigneter Versteckmöglichkeiten. In Wäldern, die von mehreren

Waldfledermausarten bewohnt werden, herrscht so ein entsprechend hoher Quartierbedarf, da Fledermäuse in der Regel keine artübergreifend gemischten Kolonien bilden. So ist jede Art ausschließlich auf ihren eigenen Quartierverbund angewiesen.

Mit den Fledermäusen konkurrieren im Wald aber noch zahlreiche andere Höhlennutzer, allen voran die höhlenbrütenden Vogelarten. Fledermäuse sind Vögeln gegenüber konkurrenzschwächer: Von Vögeln genutzte Baumhöhlen können nicht zeitgleich auch von Fledermäusen bewohnt werden. Erst nach dem Ausflug der letzten Jahresbrut stehen diese Baumhöhlen auch Fledermäusen als Verstecke zur Verfügung. Bilche, Mäuse, Hornissen und Wespen stellen weitere Konkurrenten dar.

Sonderfall Bechsteinfledermaus

Bezüglich der als Lebensraum genutzten Waldtypen lässt sich bei der Bechsteinfledermaus eine deutliche Bevorzugung von Eichenbeständen feststellen (Dietz & Krannich 2019). Dabei gilt: Je höher der Eichenanteil und je älter die Bestände, desto besser ist die Eignung als Wochenstubengebiet für Bechsteinfledermäuse, und umso höher die Wahrscheinlichkeit, dass diese Fledermausart in entsprechenden Waldgebieten auch tatsächlich vorkommt. Dies ist besonders dort zu berücksichtigen, wo Eichenbestände in FFH-Gebieten liegen, in denen die Bechsteinfledermaus als Schutzgut aufgelistet wurde. Denn in FFH-Gebieten müssen alle Eingriffe, und daher auch die forstliche Bewirtschaftung, so ausgeführt werden, dass der Erhaltungszustand der betroffenen Populationen des Anhangs II nicht verschlechtert wird.

Geschlossene Eichen-Altbestände sind der ideale Lebensraum für Bechsteinfledermäuse. Doch können hier schon vergleichsweise geringfügige Eingriffe, wenn sie zum Beispiel Quartierzentren der sehr kleinräu-

Abb. 29: Porträt einer Bechsteinfledermaus, als Beispiel für eine typische Waldfledermausart.

mig lebenden Fledermausart betreffen (siehe Info-Kasten Telemetrie von Fledermäusen, Seite 61), unmittelbar den Fortbestand ganzer Wochenstubenkolonien gefährden. Dies führt im Wirtschaftswald zu einem starken Interessenkonflikt, denn einerseits ist die Eiche eine wirtschaftlich sehr lukrative Baumart, andererseits stellen Eichen-Altbestände die Kernlebensräume der Bechsteinfledermaus dar und sind somit für den Erhalt dieser Fledermausart von besonderer Bedeutung. Die fledermausfreundliche Bewirtschaftung solcher Eichenbestände stellt die Forstwirtschaft damit bei der Endnutzung vor außerordentliche Herausforderungen.

Dies gilt auch für die Verjüngung von Eichenbeständen. Denn die Eiche ist eine Lichtbaumart, deren natürliche Verjüngung nur gelingt, wenn ihre Altbestände ausreichend aufgelichtet werden. Dies ist ab einem Bestockungsgrad von 0,5 und darunter gegeben. In den Vorkommensgebieten der Bechsteinfledermaus gilt es dagegen, eine zu starke Auflichtung zu vermeiden, da ein Bestockungsgrad unter 0,7 bis 0,6 die Eignung als Lebensraum bereits stark verschlechtert (Dietz & Krannich 2019).

Es ist nicht möglich einen einfachen Lösungsweg aus diesem Konflikt aufzuzeigen. Ein sinnvoller Ansatz ist die Eichenverjüngung auf kleine Teilflächen zu beschränken, die in den Beständen verteilt liegen. Die Auflichtung sollte behutsam und dem Standort angepasst durchgeführt werden. Grundsätzlich sollte möglichst lang ein möglichst hoher Bestockungsgrad erhalten bleiben. Offensichtliche Habitatbäume gilt es auch auf diesen Flächen langfristig zu erhalten (etwa durch Ausweisung von Habitatbaumgruppen). Diese Bäume können als Saatbäume dienen. Situationsabhängig kann es notwendig sein, die Verjüngungsflächen durch einen Zaun vor Wildverbiss zu schützen. Wo Quartiergebiete von Bechsteinfledermäusen bekannt sind, sollten keine Eingriffe in den Waldbestand erfolgen. Hier bietet sich die Ausweisung von Prozessschutzflächen (Waldrefugium) an. Als Ausgleich könnten Waldbestände, die durch die Klimaveränderung betroffen sind, als Eichenverjüngungsflächen herangezogen werden.

Auch wenn geschlossene Eichenbestände die wichtigsten Lebensräume der Bechsteinfledermaus darstellen, können bereits einzelne solitäre Eichen für diese Fledermausart ergiebige Jagdgebiete sein. Daher stellt die langfristige Sicherung von solitären Alteichen über die gesamte Waldfläche hinweg einen weiteren wichtigen Punkt für den Schutz der Bechsteinfledermaus dar.

Die Bechsteinfledermaus wurde als besonders schützenswerte Waldfledermausart zwischenzeitlich intensiv erforscht. Umfassende Darstellungen ihrer Lebensraumansprüche sowie weitergehende Hinweise zum Schutz dieser Fledermausart in Wäldern findet man in Dietz & Krannich 2019 und Steck & Brinkmann 2015.

Baumquartiere im Winter

Baumquartiere haben nicht nur während des Sommers eine wichtige Funktion. Einige Fledermausarten überwintern auch im Schutz von Baumhöhlen. Besonders die Abendsegler können sich in Bäumen zu großen Winterschlafgruppen zusammenfinden und nutzen dazu großvolumige Höhlen. Aber auch sehr kleine Hohlräume finden im Winter ihre Nutzer unter den Fledermäusen. Die kleinste einheimische Fledermausart, die Mückenfledermaus, versteht es, der Winterkälte in den Fraßgängen des Heldbocks (*Cerambyx cerdo*) zu trotzen. Dort sind die Tiere nicht nur während des Winters zu finden. Vermutlich haben zumindest Einzeltiere dort auch im Sommer ihre Tagesverstecke.

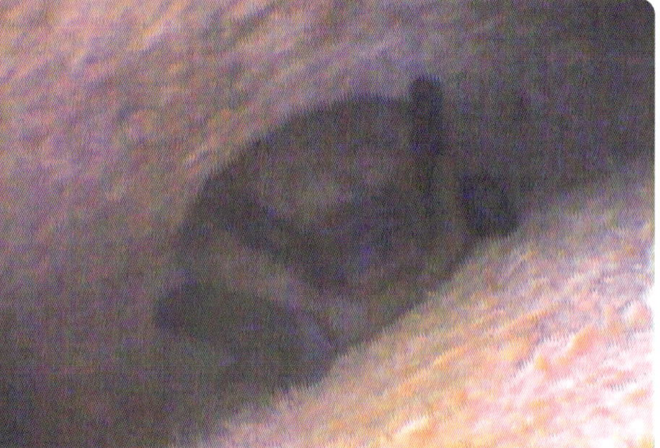

Abb. 30: Fraßgänge des Heldbocks (links) als Winterquartier für die Mückenfledermaus. Rechts: Endoskopbild einer darin winterschlafenden Mückenfledermaus.

Eine weitere kälteresistente Art ist die Rauhautfledermaus, die im Winter unter Rindentaschen versteckt sein kann, aber auch in aufgesetzten Brennholzstapeln den Winter verbringt.

In der Forstwirtschaft ist mit Fledermäusen in Bäumen also über das ganze Jahr hinweg zu rechnen. Allerdings ist die Wahrscheinlichkeit, sie dort anzutreffen, in den Monaten November bis Februar am geringsten. Deshalb sollte angestrebt werden, Holzeinschlagsmaßnahmen ausschließlich in diesem Zeitraum durchzuführen. Dessen ungeachtet gilt aber der Grundsatz: Höhlenbäume sollten bei der Holzernte grundsätzlich verschont bleiben.

Maßnahmen zur Sicherung und Förderung der Quartiersituation

Um Wirtschaftswälder zu Lebensräumen zu machen, die artenreichen Fledermausgemeinschaften das Überleben ermöglichen, hat die Forstwirtschaft verschiedene betriebliche Instrumente. Besonders wichtig sind Maßnahmen, die die Bildung neuer Baumhöhlen fördern und bestehende Höhlenbäume erhalten. Dies sind prinzipiell Bewirtschaftungsformen, die mit einer Erhöhung der Umtriebszeiten einhergehen. Dadurch werden die Bestände älter, und es stellen sich natürliche Zerfallserscheinungen ein, die zu einer deutlichen Zunahme von Versteckmöglichkeiten führen. Der unter Fledermaussachverständigen herrschende Konsens ist, dass in Wirtschaftswäldern, in denen eine natürlich zusammengesetzte Fledermausgemeinschaft dauerhaft leben kann, ständig mindestens 25 bis 30 Baumhöhlen pro Hektar zur Verfügung stehen sollten. Das entspricht einer durchschnittlichen Dichte von 7 bis 10 Höhlenbäumen pro Hektar (Meschede & Heller 2000), da in einem Baum mehrere Höhlen sein können. Diese Zahl gilt als durchschnittlicher Richtwert; der Quartierbedarf kann aber für bestimmte Fledermausarten noch deutlich darüber liegen. So sollten etwa innerhalb der Kernlebensräume der Bechsteinfledermaus, die oft nur wenige Hektar umfassen, 50 bis 100 Habitatbäume als Quartierzentrum zur Verfügung stehen (Steck & Brinkmann 2015).

Großen Schaden kann die Quartiersituation nehmen, wenn Bestände ihrer Endnutzung zugeführt werden, und ganz besonders, wenn Altersklassenwälder flächig abgeräumt werden. Diese Vorgehensweise führt nicht nur zum Verlust vieler Quartierbäume, sondern zerstört auch grundlegend die Lebensraumeignung des betroffenen Waldes für Fledermäuse. In Vorkommensgebieten von Waldfledermäusen sollten daher schonendere Nutzungsformen angewendet werden, wie Femelschlag oder Plenterbetrieb mit punktueller Baumentnahme, die den Wald als Lebensraum langfristig auf der gesamten Fläche erhält (Dauerwaldwirtschaft).

Maßnahmen zur Sicherung und Förderung der Quartiersituation

- Langfristige Sicherung des Verbundes bekannter Fledermausquartierbäume: Dazu sollten diese eindeutig und dauerhaft markiert werden. Sinnvoll ist die Einmessung der Standorte per GPS und die Dokumentation in der Forsteinrichtung.
- Kartierung und Schutz von als Quartier geeigneten Strukturen: Neben Spechthöhlen werden von Fledermäusen beispielsweise ausgefaulte Astabbrüche, Spalten, gezwieselte Bäume und abstehende Rindenschuppen als Quartiere genutzt. Auch solche Strukturen müssen bei einer Baumkartierung Berücksichtigung finden.

- Schutz von Strukturbäumen: Bäume, die potenzielle Fledermausquartiere aufweisen, müssen schon bei frühen Durchforstungsmaßnahmen als Anwärterbäume erhalten bleiben.
- Mindestdichte von Höhlenbäumen pro Hektar nicht unter 10 Bäumen: Empfohlen wird eine Höhlenbaumdichte, die am besten deutlich darüber liegt. Dazu zählen auch forstwirtschaftlich „wertlose" Bäume mit Höhlenstrukturen.
- Femelschlag in Altersklassenwäldern: Die Holznutzung sollte durch Femelschlag erfolgen, unter Schonung offensichtlicher Höhlenbäume. Besser wäre eine Einzelbaumnutzung bei großflächigem Erhalt der Waldstruktur.
- Grundsätzliche Erhöhung der Umtriebszeiten mit dem Ziel einer flächenhaften Plenterwald- oder Dauerwaldnutzung: Damit steigt das Angebot an natürlich entstehenden Baumhöhlen. Diese Maßnahme kann besonders dort angewendet werden, wo eine Waldbewirtschaftung etwa aus technischen Gründen schwierig oder betriebswirtschaftlich uneffektiv ist.
- Einrichtung von Schutzzonen: Für die Lage der Quartierbäume im Bestand sind kleinflächig wirkende Faktoren entscheidend. Forstmaßnahmen, die eine starke Veränderung der kleinklimatischen Bedingungen in der Quartierumgebung zur Folge haben, werden mittelfristig zu einer Aufgabe der Quartierbäume führen. Beim Holzeinschlag sollte deshalb eine Schutzzone aus Begleitbäumen um die Quartiere langfristig erhalten bleiben.
- Bannwald und weitere Prozessschutzflächen: Bereits bekannte Quartiergebiete kleinflächig lebender Fledermausarten können durch die Ausweisung von Prozessschutzflächen (Waldrefugien, Bannwald) nachhaltig geschützt werden. Diese Flächen sollten dann möglichst alle Quartierbäume der betroffenen Kolonie umfassen (Kartierung). Als Richtwert dient eine Flächengröße von mindestens 10 ha.
- Alte Wälder aus der Nutzung nehmen: Waldbereiche, die sich bereits durch ein besonders hohes Alter und/oder eine hohe Höhlenbaumdichte auszeichnen, stellen besonders wertvolle Lebensräume für Fledermäuse dar. Dies gilt insbesondere für Eichen- und Buchenbestände. Diese Bereiche sollten unter Prozessschutz gestellt oder zumindest in Teilen als Waldrefugien ausgewiesen werden. Der Verzicht auf die forstwirtschaftliche Nutzung ist mit finanziellen Verlusten verbunden, aus Sicht des Fledermaus- und Artenschutzes jedoch im höchsten Maße wertvoll.
- Umbau reiner Nadelholzbestände in Laub- oder Mischwälder: Spechte, als natürliche Höhlenbauer, bevorzugen Laubbäume zur Anlage ihrer Bruthöhlen, dadurch entstehen in Laubwäldern besonders hohe Baumhöhlendichten mit Quartierpotenzial. Höhlenstrukturen an Nadelbäumen werden dagegen durch Harzfluss als Fledermausquartiere schnell unbrauchbar.
- Eichenverjüngung: auf Kleinflächen, die mosaikartig im Hauptbestand liegen. Behutsame Auflichtung des Kronenschirms, wobei möglichst lange ein möglichst hoher Bestockungsgrad erhalten bleibt. Falls nötig Einsatz von Wildschutzzäunen gegen Verbiss.
- Ringelung von Bäumen: Der sehr kurzlebige Quartiertyp „Rindentasche" kann durch Ringelung gezielt gefördert werden. Dies ist eine Maßnahme, die insbesondere der Mopsfledermaus sowie weiteren Fledermausarten zugutekommen kann.
- Kronenrückschnitt und Stammerhalt: Zum Erhalt von Quartieren im Stamm

der Bäume kann in kritischen Situationen (Verkehrssicherungspflicht an Waldwegen und Waldrändern) ein Rückschnitt der Krone dazu beitragen, diese zu sichern (ZAHN et al. 2021).
- Ersatzquartiere bieten: In jüngeren Beständen kann das Aufhängen von Fledermauskästen ein mittelfristiges Quartierangebot darstellen, bis die Zahl natürlicher Versteckmöglichkeiten ausreichend hoch ist.
- Spechte fördern: Alle Forstmaßnahmen, die zur Stärkung der Spechtpopulationen dienen, stellen einen wichtigen Beitrag zur Förderung der Quartiersituation für Fledermäuse dar. So wirken sich Maßnahmen zur Förderung des Mittelspechts in Eichenaltbeständen unmittelbar auf die Populationen der Bechsteinfledermaus aus.

Waldnaturschutz-/Alt- und Totholzkonzepte
Alte Wälder und Waldbereiche mit hohem Bestandsalter sind besonders wertvolle Lebensräume für Fledermäuse, da hier eine hohe Dichte an geeigneten Quartieren und ein gutes Nahrungsangebot vorliegen. Wichtige Maßnahmen zum Fledermausschutz stellen also das „Älter-werden-Lassen" der Bestände und eine Erhöhung des Anteils stehenden Totholzes dar. Um dieses Ziel zu erreichen, wurden von den Forstverwaltungen der Länder unterschiedlichste Programme zum Waldnaturschutz erarbeitet, die wie etwa in Baden-Württemberg meist als „Alt- und Totholzkonzept" bezeichnet werden.

Diese Programme versuchen den Natur- und Artenschutz im Wald mit den verschiedenen Anforderungen der wirtschaftlichen Waldnutzung (Holzgewinnung, Arbeitsschutz), der Erholungsfunktion und damit der Verkehrssicherung sowie den rechtlichen Anforderungen in Einklang zu bringen. In ihnen kommen in der Regel drei Instrumentarien zum Einsatz, die auch für den Waldfledermausschutz sinnvoll eingesetzt werden können:
- Kennzeichnen und Belassen besonders geschützter Einzelbäume (Habitatbäume),
- Ausweisung von Habitatbaumgruppen,
- Ausweisung von Waldrefugien und Bannwäldern (Prozessschutzflächen).

Aufgrund der vielschichtigen Anforderungen erweisen sich diese Konzepte hinsichtlich des Waldfledermausschutzes in der Umsetzung jedoch häufig als nicht ausreichend (DIETZ et al. 2020, ZAHN et al. 2021).

Für Waldfledermäuse sind der Schutz ihrer Quartierbäume sowie die Förderung der Bildung neuer Baumquartiere von zentraler Bedeutung. Mit der Möglichkeit Habitatbäume (etwa Höhlenbäume) als Einzelbäume oder Gruppen in der Fläche dauerhaft zu erhalten, ist ein wichtiges Schutzelement gegeben. Für den Fledermausschutz sollte das Augenmerk aber nicht, wie es vielfach geschieht, nur auf Großhöhlen wie etwa Schwarzspechthöhlen liegen. Die Aufmerksamkeit sollte sich vielmehr besonders auf Kleinhöhlen richten, welche die wesentlich häufigeren und somit wichtigeren Fledermausverstecke darstellen. Dazu zählen die Bruthöhlen aller anderer Spechtarten sowie Fäulnis-, Aufriss- und sonstige Baumhöhlen.

Im Rahmen der meisten Waldnaturschutzkonzepte gelten als Habitatbäume jedoch nicht nur Bäume mit Versteckmöglichkeiten für Fledermäuse als erhaltenswert, sondern alle Bäume, die besondere Habitatstrukturen auch für andere Tier- und Pflanzenarten aufweisen. Dies können Bäume mit Großvogelhorsten, Bäume mit Moos- oder Efeubewuchs oder auch Bäume sein, die lediglich auffällige Pilzkonsolen aufweisen. Obwohl der Erhalt solcher Bäume sinnvoll für den Waldnaturschutz ist, haben die beschriebenen Strukturen für Fledermäuse keinerlei Bedeutung, sodass Habitatbaumgruppen, die nach diesen Gesichtspunkten ausgewiesen wurden, zumindest für den Fledermausschutz nicht relevant sind.

Die Vorgabe für die Flächendichte der Habitatbäume liegt bei den verschiedenen Waldnaturschutzkonzepten zwischen 2 und 10 Bäumen pro Hektar und damit meist deutlich niedriger als die für den Fledermausschutz geforderte durchschnittliche Dichte von mindestens 7 Höhlenbäumen pro Hektar. Hinzu kommt: Je geringer die Höhlenbaumdichte, desto weiter entfernt voneinander stehen die Habitatbäume oder -gruppen über die Waldfläche verstreut. Dadurch profitieren nur großräumig agierende Fledermausarten von dieser Schutzmaßnahme. Für die meist kleinflächig lebenden Waldfledermäuse ist die in vielen Schutzkonzepten ausgewiesene Höhlenbaumdichte viel zu gering. Für den Schutz dieser Fledermausarten müssen Maßnahmen angewendet werden, die sich gezielt auf ihre Vorkommensgebiete im Wald auswirken. Ein Beispiel sind Wochenstubenkolonien der Bechsteinfledermaus, für die sowohl der Quartierbaumverbund als auch umliegende essenzielle Jagdhabitate eingeschlossen werden müssen.

Eine viel bessere Schutzmaßnahme für diese Fledermausgruppe stellt daher die Ausweisung von Waldrefugien als Prozessschutzflächen dar. In den Waldrefugien, die eine Mindestgröße von einem Hektar aufweisen sollten, erfolgt zur Anreicherung von Alt- und Totholz keine weitere forstliche Nutzung mehr. Sinnvolle Auswahlkriterien zur Festlegung solcher Flächen für den Waldfledermausschutz wären zum Beispiel eine auffällige Häufung von Höhlenbäumen, ein hohes Bestandsalter oder bereits bekannte Vorkommen kleinräumig lebender Fledermausarten. Dabei ist zu berücksichtigen, dass der natürliche Zerfall der Bäume in den Waldrefugien langfristig auch zum Verlust von Fledermausquartieren führen wird. Im Sinne eines nachhaltigen Waldfledermausschutzes ist es daher wünschenswert, diesen Verlust rechtzeitig durch Ausweisung neuer Prozessschutzflächen auszugleichen, die in räumlichem und funktionellem Zusammenhang mit den Zerfallsflächen stehen sollten.

Ein Schwachpunkt aller Waldnaturschutzkonzepte ist, dass sie in der Regel nur im Staatswald greifen. Eine Verpflichtung zur Umsetzung in Körperschafts- und Privatwäldern besteht nicht. Allein in Baden-Württemberg liegt der Anteil des Staatswaldes aber bei unter einem Viertel der Landeswaldfläche. Damit wird deutlich, wie beschränkt die Wirksamkeit staatlicher Naturschutzkonzepte vielerorts ist. Sie gelten daher in Fachkreisen als alleinige Maßnahme nicht als ausreichend zum Schutz von Fledermäusen in Wäldern. Ein weiterer Kritikpunkt ist ihre Orientierung an der Quartiersituation, während die Bedeutung der Wälder als Jagdgebiet für Fledermäuse weitgehend ignoriert wird.

2.2.5 Jagdgebiete und Jagdstrategien der Waldfledermäuse

Wälder, mit ihrem hohen Reichtum an Insektenarten, bieten vielen Fledermausarten ein hohes Nahrungsangebot und stellen daher besonders attraktive Jagdhabitate dar. Innerhalb des Waldes wählen Fledermäuse ihre Jagdgebiete vor allem nach zwei Gesichtspunkten aus: der Verfügbarkeit von Nahrung und den Habitatstrukturen, an die ihre jeweilige Jagdstrategie optimal angepasst ist.

Bei der Beobachtung jagender Fledermäuse scheint es oft, als ob sie ohne festes Ziel umherfliegen. Tatsächlich kennt und nutzt jedes Tier jedoch feste Jagdgebiete, in denen es regelmäßig nach Beute sucht und die es auch gegen Nahrungskonkurrenten verteidigen kann. Wie bei den Quartieren scheint es auch bezüglich der Jagdgebiete eine Nutzungstreue zu geben, die über Jahre hinweg anhalten kann.

Die Aktivitätsmuster aller Fledermausarten richten sich zunächst jedoch danach, wo sich gerade geeignete Beutetiere aufhalten. Denn die räumliche Verteilung von Fluginsekten ist variabel und kann beispielsweise von der Witterung stark beeinflusst werden. Bei windigem Wetter halten sich Insekten eher an windgeschützten Stellen auf, was sich unmittelbar auf das Jagdverhalten auswirkt: Viele Fledermausarten, die sonst überwiegend im Offenland jagen, sind bei Regen oder starkem Wind bevorzugt in Wäldern zu finden.

Hinsichtlich ihrer Beute sind nur wenige der einheimischen Fledermausarten ausgesprochene Nahrungsspezialisten. Solche Ausnahmen sind das Mausohr als Laufkäferjäger oder die Mopsfledermaus, die bevorzugt Kleinschmetterlinge fängt. Die meisten anderen Fledermausarten handeln überwiegend opportunistisch und fangen Insekten, die in hoher Dichte im Jagdgebiet vorhanden sind und so mit geringem Energieaufwand in großer Zahl erbeutet werden können. Im Nahrungsspektrum dieser Fledermausarten finden sich daher oft schwarmbildende Insektengruppen. Einschränkungen in der Eignung als Jagdbeute gibt es lediglich durch die Größe der Beutetiere, denn für kleine Fledermausarten scheiden große und harte Insekten, wie etwa die meisten Käfer, als Nahrung aus. Treten dagegen sehr kleine Insekten (z. B. fliegende Blattläuse) in ausreichender Dichte auf, so können sie auch für große Fledermausarten eine ergiebige Nahrungsquelle darstellen.

Da unter optimalen Bedingungen in einem Wald bis zu 19 Fledermausarten nebeneinander leben können, entsteht somit unausweichlich eine Konkurrenz um die verfügbaren Nahrungsressourcen. Um dem Konkurrenzdruck auszuweichen, entwickelten waldbewohnende Fledermäuse zahlreiche Strategien für die Jagd in unterschiedlichen waldtypischen Habitaten. In der Fledermausgemeinschaft eines Waldes kommt es dadurch zu funktionellen Einnischungen der Arten: Man spricht von Fledermausgilden.

Abb. 31: Ideales Jagdhabitat des Großen Mausohrs in einem Buchen-Altbestand.

Die verschiedenen Gilden vermeiden Konkurrenz, indem sie in unterschiedlichen Waldstrukturen oder Flughöhen sowie mit unterschiedlichen Strategien jagen. In diesem Zusammenhang haben unterschiedliche Fledermausarten der gleichen Gilde sogar ähnlich aussehende Körpermerkmale und Fähigkeiten herausgebildet. Hier einige Beispiele für Fledermausgilden:

Das Mausohr, das sich überwiegend von flugunfähigen Laufkäfern ernährt, erbeutet seine Nahrung am Waldboden. Es fliegt dazu in geringer Höhe durch den Wald und findet seine Nahrung passiv-akustisch, d. h. anhand der Krabbelgeräusche in der Laubstreu. Ideale Jagdgebiete für diese Fledermausart sind daher Waldbereiche, die weitgehend frei von Krautschicht und Unterwuchs sind, wie Buchen-Hallenwälder oder Wälder, die große laubbedeckte Freiflächen (Laubblänken) am Boden aufweisen.

Braunes Langohr, Bechstein- und Fransenfledermaus ernähren sich von Insekten, die sich in der Belaubung von Gebüschen und Baumkronen aufhalten. Sie bevorzugen als Jagdraum vertikal mehrschichtig strukturierte Waldgebiete. Durch eine entsprechend angepasste Form der Echoortung sind diese Fledermausarten in der Lage, die zwischen den Laubblättern lebenden Insekten aufzuspüren. Ihre spezialisierte Wahrnehmung erlaubt ihnen sogar, auf den Blättern ruhende Insekten als Beute zu erkennen und von dort abzusammeln. Da sie beim Flug meist nur über kurze Distanzen orten müssen, sind ihre Rufe eher leise. Als Anpassung haben Braunes Langohr und Bechsteinfledermaus auffallend große Ohren entwickelt, mit denen sie die leisen Echos ihrer Rufe besonders gut hören können. Bei dieser Form der Beutejagd müssen die Tiere in der Lage sein, auf engstem Raum zu fliegen und zu manövrieren. Dazu haben die Fledermäuse dieser Gilde besonders breite Flügel entwickelt, die einen sehr langsamen und wendigen Flug ermöglichen.

Fledermäuse der Gattung *Pipistrellus* (Zwerg-, Rauhaut- und Mückenfledermaus) sowie die Mopsfledermaus erbeuten ihre Nahrung als Patrouillenjäger im freien Luftraum. Sie fliegen entlang von Waldkulissen (Waldrändern, Waldwegen, Lichtungsrändern etc.) oder in offenen, aber strukturierten Waldbereichen (z. B. Windwurfflächen) in mittleren Höhen (5 bis 10 m) hin und her und fangen in raschem Flug die dort fliegenden Beuteinsekten.

Auch die beiden Abendsegler-Arten sind Luftraumjäger, deren weittragenden niederfrequenten Rufe es ihnen sogar ermöglichen, auch im strukturfreien Raum nach Beute zu suchen.

Große Hufeisennasen (*Rhinolophus ferrumequinum*) schließlich jagen häufig von Ansitzwarten aus. Die Tiere hängen kopfunter an einem Horchposten und hören die Umgebung nach fliegender Beute ab. Größere vorbeifliegende Insekten werden fliegenschnäpperartig erbeutet und am Hangplatz verzehrt.

Die Größe individueller Jagdgebiete kann sehr stark variieren. Bei den Fledermausarten, die in der Kronenschicht der Bäume jagen, sind individuelle Teiljagdgebiete oft überraschend klein und liegen in kurzer Distanz (wenige hundert Meter) zu ihren Tagesquartieren. Weil sie so kleinräumig jagen, kann diesen Fledermäusen schon die Krone eines einzelnen mächtigen Baums als Jagdgebiet ausreichen. Der langfristige Erhalt solcher Strukturbäume, die auch für holzbewohnende Käfer wertvolle Lebensräume darstellen, trägt nachhaltig zur Sicherung einer für Waldfledermäuse wichtigen Habitatstruktur bei.

Sehr mobile Arten legen dagegen weitaus größere Strecken zu ihren Nahrungshabitaten zurück. So können die Waldjagdgebiete der Mausohren bis 25 km von den Wochenstubenquartieren entfernt liegen. Auch von der Wasserfledermaus ist bekannt, dass sie über 10 km weit aus den Wäldern, in denen ihre Tagesverstecke liegen, herausfliegen kann, um an ihre typischen Jagdgebiete zu gelangen. Diese Fledermausart erbeutet ihre Nahrung im flachen Flug über der Wasseroberfläche von Seen, Altarmen und ruhig dahinfließenden Gewässern.

Lediglich die im hohen Luftraum agierenden Fledermausarten sind räumlich nicht an bestimmte Jagdgebiete gebunden, sondern suchen ihre Beute im strukturfreien Bereich bis in mehr als 100 m Höhe über den Baumkronen.

Grundsätzlich gilt: Reich strukturierte Laubwaldbereiche stellen bessere Jagdhabitate dar als reine Nadelholzbestände, Forstplantagen oder Monokulturen. Daher hängt die Eignung eines Wirtschaftswaldes als Jagdhabitat unmittelbar von seiner Bewirtschaftungsform ab. Die forstliche Nutzung hat eine direkte Auswirkung auf die Güte eines Waldes als Jagdhabitat, deshalb eröffnet sich auch hier wiederum die Möglichkeit, waldbaulich auf die Eignung des Waldes als Fledermauslebensraum einzuwirken. Abhängig von den angewandten Waldbauverfahren

Maßnahmen zur Verbesserung des Lebensraums und der Jagdgebietsstrukturen von Waldfledermäusen

- Entwicklung mehrschichtiger Laubbaumbestände: Fledermausarten, die in der Belaubung jagen, bevorzugen Waldbereiche mit gut strukturierter Kronenschicht. Diese lassen sich durch Einrichtung größerer Femel- und Dauerwaldbestände herstellen.
- Sicherung und Förderung von Eichenbeständen: Diese weisen eine große und vielfältige Insektenbiomasse auf und stellen für kleinflächig jagende Fledermausarten, wie etwa die Bechsteinfledermaus, wichtige Jagdhabitate dar. Darüber hinaus sind Eichen sehr langlebig und bieten langfristiges Quartierpotenzial.
- Sicherung von Strukturbäumen: Für diese Fledermausarten ist auch eine Sicherung von Strukturbäumen (mächtige, vitale Bäume mit ausladender Krone) als Jagdgebietsstrukturen im Waldinneren wertvoll.
- Bereichsweise Entwicklung unterwuchsfreier Waldbereiche: Buchen-Altersklassenwälder sind durch den einstufigen Bestandsaufbau bevorzugtes Jagdhabitat in den Vorkommensgebieten des bodenjagenden Mausohrs.
- Auflichtung sehr dichter Jungbestände: Dies schafft Strukturen in Bereichen, die sonst nur schlecht von Fledermäusen beflogen werden können.
- Anlage von Saumstrukturen und Freiflächen/Blößen im Waldesinneren: Breite Waldwege und Freiflächen bis 1 ha Größe schaffen Jagdraum für Fledermäuse, die bevorzugt entlang von linearen Strukturen und im freien Luftraum jagen.
- Anlage von Streuobstwiesen angrenzend bzw. angebunden an Waldgebiete: Die Streuobstwiesen stellen für Fledermäuse „savannenartig“ lichte Waldbereiche dar, die in Zeiten hohen Insektenaufkommens (Fallobst) zur Jagd aufgesucht werden. Die Bechsteinfledermaus kann dort sogar Quartiere beziehen.
- Anlage von Leitstrukturen für Fledermäuse: Durch lineare Leitstrukturen wie Feldhecken oder gehölzbestandene Gewässersäume lassen sich Waldgebiete an das umliegende Offenland anbinden oder mit isoliert liegenden Waldparzellen vernetzen.

lassen sich gezielt Lebensräume entwickeln, die an den Bedürfnissen der verschiedenen Fledermausgilden ausgerichtet sind. Daneben können auch kleinflächig wirkende Maßnahmen zur Anwendung kommen, die sich auf eine Verbesserung des Nahrungsangebots auswirken.

Die räumliche Verfügbarkeit von Beuteinsekten verändert sich im Laufe des Jahres. Daher suchen waldbewohnende Arten zeitweise auch Jagdgebiete außerhalb des Waldes auf. So ist im Spätsommer und Herbst zu beobachten, dass Waldfledermäuse in angrenzenden Streuobstgebieten jagen, da es dort am Fallobst ein hohes Insektenangebot gibt.

In diesem Zusammenhang ist die räumliche Anbindung solcher Landschaftselemente mit dem Wald durch lineare Leitstrukturen wie Baumreihen, Heckenzüge oder gehölzbestandene Bachläufe sehr wichtig. Aufgrund der begrenzten Reichweite ihrer Ortungsrufe fliegen viele Fledermausarten sehr strukturgebunden und orientieren sich bei ihren Flügen im Offenland entlang dieser Leitstrukturen. Durch die Anlage entsprechender Elemente ist es möglich, eine für Fledermäuse nutzbare Verbindung zwischen isoliert liegenden Teillebensräumen herzustellen, die aufgrund ihrer Lage sonst nicht als Jagdgebiete genutzt werden könnten.

Maßnahmen zur Förderung des Nahrungsangebots

- Umbau reiner Nadelholzbestände in Laub- oder Mischwälder: Laubholzbestände weisen eine höhere Insektendichte als Nadelwälder auf und sind daher als Jagdhabitate qualitativ überlegen. Dabei sollten Laubbaumarten, die von Insekten bevorzugt werden (Eiche, Buche, Hainbuche, Linde), gefördert werden.
- Anlage von Blühsäumen innerhalb des Waldes: Entlang breiter Säume an Waldwegen und Lichtungsrändern können sich bei rücksichtsvoller Pflege Futterpflanzenarten für Insekten ansiedeln, die Fledermäusen als Nahrung dienen.
- (Wieder-)Vernässung von Waldbereichen, zum Beispiel durch Aufstau von Dränagen: Feuchtgebiete stellen besonders produktive Lebensräume für Insekten dar. Hilfreich kann in diesem Zusammenhang die Aktivität von Bibern sein.
- Anlage von (Klein-)Gewässern von mindestens 100 m^2 Fläche als Quelle für Insektennahrung und als Trinkstelle für Fledermäuse: Bei Gewässern, die als Trinkstelle dienen sollen, ist darauf zu achten, dass die Wasseroberfläche dauerhaft frei von Pflanzenbewuchs und Treibgut bleibt, da sie sonst von den Fledermäusen per Ultraschallortung nicht als Wasserfläche erkannt wird.
- Anlage von Waldweiden: Diese nur locker bewaldeten Bereiche stellen gute Jagdgebiete dar, und der Mist der Weidetiere sorgt für ein hohes Insektenangebot. Durch die Anlage von natürlichen Trinkstellen für das Vieh wird der Insektenreichtum zusätzlich gefördert.
- Auch wenn es nicht mehr zur gängigen forstlichen Praxis gehört: Auf den Einsatz von Bioziden im Wald sollte grundsätzlich verzichtet werden.

2.2.6 Waldfledermäuse finden: Suche nach Baumquartieren

Allen Schutzkonzepten ist gemeinsam, dass sie dort am sinnvollsten angewendet werden können, wo ein Vorkommen von Zielarten bereits bekannt ist.

Allerdings sind Fledermäuse im Wald nur schwer zu finden. Sofern Fledermausvorkommen in den Forstrevieren bekannt sind, beruht dies in den meisten Fällen auf Zufallsbeobachtungen und nur selten auf systematischen Erfassungen. Es gibt jedoch verschiedene Möglichkeiten, die Verstecke von Waldfledermäusen aufzuspüren bzw. ihre Verbreitung im Wald zu ermitteln, um dort zielgerichtet geeignete waldbauliche Methoden zu ihrer Förderung anzuwenden.

Recherche bekannter Vorkommen

Als erster Schritt ist eine Recherche nach bereits bekannten Fledermausvorkommen sinnvoll. Solche Verbreitungsdaten werden zum Beispiel bei Eingriffsplanungen oder der Ausweisung von Schutzgebieten erhoben. Auch im Rahmen von Offenlegungsverfahren sind solche Daten öffentlich einsehbar oder auf der Basis des Umweltinformationsgesetzes einforderbar. In manchen Fällen werden Erhebungsdaten in Datenbanken eingepflegt, auf die Naturschutz- oder Forstbehörden Zugriff haben. Auch die Ergebnisse von Erhebungen, die zur Erstellung von Managementplänen für FFH-Gebiete durchgeführt wurden, werden vollständig offengelegt. Da immerhin etwa ein Sechstel der Bundeswaldfläche als FFH-Gebiet ausgewiesen ist, besteht hier gute Aussicht, auf entsprechende Daten zu stoßen.

Schließlich liegt bei ehrenamtlich tätigen Spezialisten und Naturschutzverbänden oft ein umfangreiches Wissen zu lokalen Fledermausvorkommen vor. Wird dieses Wissen angefragt bzw. mit der Forstverwaltung geteilt, können durch den gegenseitigen Austausch sehr zielgerichtete Schutzmaßnahmen konzipiert werden.

Sind keine Informationen zu Fledermausvorkommen im Forstrevier bekannt, bietet es sich an, eigene Erhebungen durchzuführen. Wegen des hohen zeitlichen und apparativen Aufwands bleiben systematische Fledermauserfassungen eher professionellen Fledermausexperten vorbehalten. Dennoch gibt es einige einfache Methoden, die jedermann mit vertretbarem Aufwand für die Suche nach Fledermäusen anwenden kann.

Baumhöhlenkartierung

In der forstlichen Praxis ist eine systematische flächendeckende Kartierung von Höhlenbäumen eine sinnvolle Grundlage für die Suche nach Fledermausquartieren. So lassen sich Waldbereiche identifizieren, die besonders hohe Höhlendichten aufweisen und in denen dann gezielt nach Fledermausvorkommen gesucht werden sollte.

Da die Baumhöhlendichte in alten Laubholzbeständen besonders groß ist, bietet es sich an, dort mit der Kartierung zu beginnen. Dort ist auch die Wahrscheinlichkeit, auf besetzte Fledermausquartiere zu treffen, besonders hoch. Der ideale Zeitraum für eine Höhlenbaumkartierung ist die laubfreie Jahreszeit. Die in dieser Zeit gefundenen Höhlenbäume sollten für die spätere Überprüfung markiert und am besten per GPS erfasst werden. Dadurch ist auch eine langfristige Dokumentation in forstlichen GIS-Systemen möglich.

Die tatsächlich von Fledermäusen besetzten Baumhöhlen lassen sich dann mit mehreren Methoden identifizieren. Generell lassen sich Quartiere von Wochenstubengesellschaften mit vielen Tieren leichter finden als die von Einzeltieren.

Quartierfindung durch Ausflugbeobachtung

Der Verdacht, dass eine Baumhöhle von Fledermäusen besetzt sein könnte, lässt sich bei einer abendlichen Ausflugbeobachtung überprüfen. Dabei kann gleich auch die Anzahl der ausfliegenden Tiere gezählt werden. Da sich die Ausflüge aber oft bis in die tiefe Dunkelheit ziehen, ist der Einsatz bildgebender Verfahren (Nachtsichtgeräte, Infrarot-Wärmebildkameras) empfehlenswert oder sogar notwendig. Ausflugbeobachtungen auf gut Glück und ohne konkrete Hinweise auf einen Fledermausbesatz an Baumhöhlen führen dagegen nicht zu einer systematischen Erfassung von Quartieren und sollten vermieden werden. Insbesondere, wenn im Wald eine hohe Baumhöhlendichte herrscht, ist die Wahrscheinlichkeit, so auf ein besetztes Quartier zu stoßen, sehr gering.

Quartierfindung durch Soziallaute

In den Wochenstubenquartieren versorgen die Weibchen tagsüber ihre Jungen. Dabei geben die Tiere Soziallaute von sich, die noch im für Menschen hörbaren Frequenzbereich liegen. Besetzte Quartiere lassen sich anhand der Lautäußerungen ihrer Bewohner erkennen. Das Gezeter, das aus den Wochenstuben der beiden Abendsegler-Arten dringt, ist besonders an warmen Tagen bis zum Waldboden hinab zu hören und verrät die Lage des Quartierbaums.

Die Lautäußerungen kleinerer Fledermausarten sind erheblich leiser. Zum Hörbarmachen ihrer Soziallaute, deren Frequenzspektrum bis in den Ultraschallbereich reicht, kann bei der Quartiersuche der Einsatz eines Fledermausdetektors helfen, der diese Rufe verstärkt. Er sollte auf den niederen Ultraschallbereich (20 kHz) eingestellt sein.

Allerdings lassen sich mit dieser Methode nicht alle Quartiere sicher finden. Besonders die hoch im Baum gelegenen Verstecke kleinerer Fledermausarten sind zu weit vom Boden entfernt, um die Tiere anhand ihrer Lautgebung zu orten.

Quartierfindung durch Schwärmbeobachtung

Eine effektivere Alternative, um Fledermausquartiere zu finden, stellt die Beobachtung des morgendlichen Schwärmverhaltens dar. Denn Fledermäuse, die morgens zu ihren Tagesverstecken zurückkehren, schlüpfen nicht sofort hinein, sondern umkreisen den Quartierbaum über längere Zeit und zeigen so seinen Standort an. An Quartieren, die von vielen Tieren genutzt werden, sind ab etwa einer Stunde vor Sonnenaufgang Wolken schwärmender Fledermäuse zu beobachten. Dieses Schwärmverhalten an den Wochenstubenquartieren ist sehr auffällig, und es zieht sich bis zum Sonnenaufgang hin. Daher können die Quartierbäume auch ohne optische Hilfsmittel bis in den Morgen hinein gefunden werden. Da die Fledermäuse während des Schwärmens

Abb. 32: Quartierbaum einer Wasserfledermaus-Wochenstube mit auffälliger Verfärbung des Stamms unterhalb der Quartieröffnung.

Kot und Urin abgeben, kann Fledermauskot, der auf dem Waldboden oder der Vegetation unterhalb des Baumes liegt, einen indirekten Hinweis auf eine Quartiernutzung geben.

Auch Verfärbungen unterhalb von Höhlenöffnungen durch herauslaufenden Urin können ein Indiz für eine Besiedelung durch Fledermäuse sein. Allerdings haben solche Verfärbungen auch verschiedene andere Ursachen, sie stellen daher kein sicheres Zeichen für Fledermäuse dar.

Zwar schwärmen auch Einzeltiere an ihren Quartieren, hier ist dieses Verhalten aber viel unauffälliger und die Quartierbäume sind daher deutlich schwerer zu identifizieren.

Auch diese Methode zur Quartierfindung hat Einschränkungen: Fledermäuse wechseln häufig ihre Quartiere. Eine heute vermeintlich ungenutzte Baumhöhle kann daher morgen bereits (wieder) von Fledermäusen besiedelt sein. Auf der Suche nach Fledermausquartieren sollten Höhlenbäume darum in zeitlichen Abständen wiederholt überprüft werden.

Quartierfindung durch Telemetrie

Eine aufwendigere, aber effektive Methode zum Aufspüren von Baumquartieren ist die Telemetrie. Die im Jagdgebiet gefangenen Fledermäuse werden mit einem kleinen Sender ausgestattet. Mit Hilfe einer Richtantenne kann das Signal des Senders tagsüber eingepeilt und so der Quartierbaum identifiziert werden. Durch die Telemetrie laktierender Weibchen, also säugender Muttertiere, findet man die wertgebenden und besonders schützenswerten Wochenstubenquartiere. Aufgrund des Quartierwechselverhaltens ist es innerhalb der Batterielaufzeit eines Telemetriesenders oft möglich, mehrere Quartierbäume eines Wochenstubenverbands zu finden und so sein Quartierzentrum innerhalb des Waldes zu identifizieren.

Fang und Telemetrie von Fledermäusen bedürfen einer behördlichen Ausnahmegenehmigung und dürfen nur von entsprechend Sachkundigen durchgeführt werden.

Telemetrie von Fledermäusen

Mit Hilfe der Telemetrie lassen sich Quartierstandorte und Jagdgebiete von Fledermäusen rasch, genau und effektiv bestimmen. Dazu muss zunächst ein spezieller Telemetriesender an einer Fledermaus befestigt werden. Aktuell eingesetzte Sender haben bei einem Gewicht von rund 0,3 g eine Laufzeit von ein bis zwei Wochen. Sie funken im Radiofrequenzband von 150 MHz, welches behördlich für den Telemetrieeinsatz freigegeben wurde. Der Sender wird dem ausgewählten Tier ins Rückenfell auf Höhe der Schulterblätter eingeklebt.

Nach einer Regel, wonach das Sendergewicht 5 % des Körpergewichts des Tiers nicht überschreiten darf, lassen sich so theoretisch Fledermäuse bis zu einem Minimalgewicht von 6 g Gewicht telemetrieren. Die mit Hautklebern ins Fell geklebten Sender fallen gewöhnlich nach etwa einer Woche vom Tier ab.

Vor der Besenderung muss man jedoch erst einmal einer Fledermaus habhaft werden. In der Regel geschieht dies durch Netzfänge in den Jagdgebieten. Geeignete Netze werden aus hauchdünnen Fäden hergestellt. Trotzdem sind die meisten Fledermäuse leicht in der Lage, sie mit ihrem hoch entwickelten Ortungssinn aufzuspüren und zu umfliegen. Am besten funktionieren Netze, die auf regelmäßig genutzten Flugwegen stehen. Auf diesen Strecken sind die Tiere nicht so aufmerksam wie bei der Suche nach fliegender Beute und gehen dadurch leichter ins Netz. Auch der Einsatz von Lockeinrichtungen, die Sozialrufe von Fledermäusen abspielen, kann den Fangerfolg deutlich erhöhen.

Nach der Besenderung freigesetzte Tiere nehmen schnell ihre Jagdaktivität wieder auf und steuern am Morgen zuverlässig einen ihrer Quartierbäume an.

Die Lage der Jagdgebiete und die Standorte der Quartierbäume lassen sich mit Hilfe eines Empfängers und einer Richtantenne bestimmen. Der Peilerfolg ist von verschiedenen Einflüssen abhängig. So ist die Reichweite des Senders begrenzt und zudem von der Geländetopografie abhängig. Sie kann zwischen wenigen Metern und mehreren Kilometern liegen. Auch dicke Wandungen von Quartierbäumen können das Signal stark dämpfen. Reflexionen des Signals können dazu führen, dass es zu falschen Richtungseinschätzungen kommt. Besonders, wenn nach Regenfällen die Waldbäume nass sind, kommt es oft zu Reflexionen, die es unmöglich machen, den Quartierbaum des Sendertiers genau zu bestimmen. Auch können Störsignale, wie sie etwa von elektrischen Weidezäunen produziert werden, einen vermeintlichen Signalkontakt vortäuschen.

Diese Einschränkungen machen es oft notwendig, auf der Suche nach dem Peilsignal weite Geh- und auch Fahrstrecken zurückzulegen. Bei großräumig aktiven Arten können die Quartierbäume so weit auseinanderliegen, dass es notwendig sein kann, die Tiere bereits während der Nacht im Jagdgebiet einzupeilen und möglichst

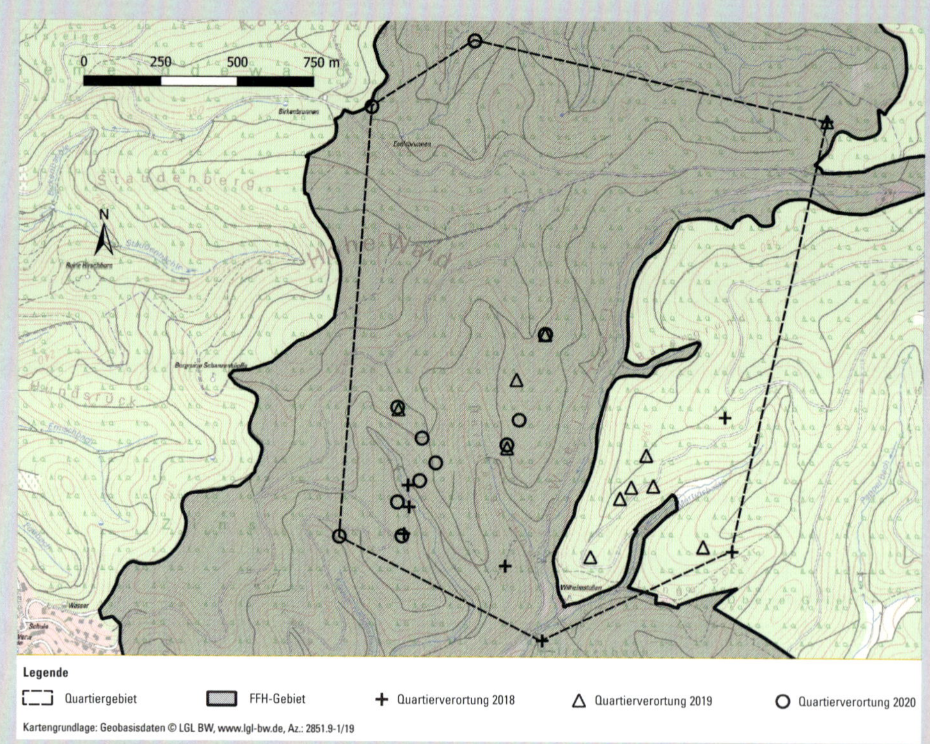

Abb. 33: Ergebnisse einer Quartierfindungs-Telemetrie bei Bechsteinfledermäusen im Stadtwald Schriesheim (aus ARNOLD & KUTZSCHE 2021).

bis zum Quartiereinflug am Morgen zu verfolgen. Möchte man neben den Quartieren auch die Jagdhabitate identifizieren, ergibt sich diese Vorgehensweise von selbst.

Während für die Quartiersuche eine Empfänger-Antennen-Einheit ausreicht, sollten zur Abgrenzung der Jagdgebiete zwei Einheiten eingesetzt werden. Mit Hilfe der zeitgleichen Kreuzpeilung zweier Stationen kann der Aufenthaltsbereich des Sendertiers bestimmt werden. Durch wiederholte Kreuzpeilungen lassen sich auf einer Karte die beflogenen Waldgebiete darstellen. Über eine statistische Auswertung können Bereiche gleicher Aufenthaltswahrscheinlichkeiten (Isoplethen) und somit die Kernjagdgebiete sichtbar gemacht werden.

Als Beispiel für eine Quartierfindungs-Telemetrie sei hier eine Karte mit den Ergebnissen einer Untersuchung an einem Wochenstubenverband der Bechsteinfledermaus im Stadtwald von Schriesheim (Baden-Württemberg) dargestellt.

Bei diesem Forschungsprojekt wurden in den Sommermonaten 2018 bis 2020 15 laktierende Weibchen im Jagdhabitat gefangen. Durch Telemetrie wurde die Position von 35 Quartierbäumen bestimmt, die von dem Verband über mehrere Untersuchungsjahre hinweg genutzt wurden. Das Quartiergebiet, also die Fläche, über die die Bäume verteilt stehen, beträgt 327 ha. Dabei konzentrieren sich die Quartierbäume in Laubwaldbereichen, die sich durch besonders hohe Bestandsalter auszeichnen (Arnold & Kutzsche 2021).

2.2.7 Waldfledermäuse finden: Suche nach anderen Quartiertypen im Wald

Neben Bäumen können Fledermäuse im Wald noch zahlreiche weitere Strukturen als Quartiere nutzen. Auch in und an Jagdkanzeln, Forsthütten, Bunkern und anderen Errichtungen im Wald können Verstecke von Fledermäusen sein, die leicht zu überprüfen sind. Fledermäuse verstecken sich gern unter den Dächern von Jagdkanzeln, die mit Platten aus Wellmaterial gedeckt wurden. Dort schlüpfen sie in den Hohlraum zwischen Dachfläche und Wellenberg. Ein anderes typisches Fledermausquartier an Jagdkanzeln stellt der Raum zwischen der Außenwand der Kanzel und innen angebrachten Wandauskleidungen dar. Sofern Dachböden von Forsthütten von außen zugänglich sind, ist es Fledermäusen möglich, dort hineinzuschlüpfen, um sich zu verstecken.

Da Fledermäuse in den Gebäudequartieren gern in enge Spalten, Ritzen oder Fugen schlüpfen, sind sie meist nicht ohne Weiteres sichtbar. Auch hier können Kotanhäufungen unterhalb der Hangplätze auf die Anwesenheit von Fledermäusen hindeuten.

Weitere Hinweise auf die Anwesenheit von Fledermäusen geben Kotanhäufungen oder Beutefraßreste an wiederholt genutzten Hangplätzen. So verzehren Braune Langohren ihre Beute oft an nächtlichen Fraßplätzen, die sich in offenen Waldhütten oder

Abb. 34: Ein Braunes Langohr versteckt sich unter dem Dach einer Forsthütte.

Abb. 35: Mückenfledermaus in der Stülpschalung an der Außenwand einer Waldscheune.

Pavillons befinden. Anhäufungen abgebissener Flügel von Nachtschmetterlingen weisen dort auf das Vorhandensein dieser Fledermausart hin.

Weitere Strukturen im Wald, die Fledermäusen als Verstecke dienen können, sind Spalten an der Unterseite von Brückenbauwerken. Besonders Brückenbögen aus Natursteinen, die zwischen den Mauersteinen tiefe Fugen aufweisen, werden gerne von Fledermäusen als Tagesquartier genutzt. Eine Art, die diesen Quartiertyp häufig besiedelt, ist die Wasserfledermaus. Ganze Wochenstubenverbände können in solchen Fugen versteckt sein. Dies muss unbedingt bei notwendigen Sanierungsmaßnahmen berücksichtigt werden.

2.2.8 Waldfledermäuse finden: Suche nach Jagdgebieten

Waldbereiche zu identifizieren, die von Fledermäusen als Jagdgebiete genutzt werden, erweist sich in der forstlichen Praxis meist als schwierig. Früh am Abend zur Jagd ausfliegende Fledermausarten wie Abendsegler oder Mückenfledermaus lassen sich meist noch gut im letzten Abendlicht beobachten. Aber in welchen Waldbereichen die Fledermäuse dann im Verlauf der Nacht jagen, ist durch direkte Beobachtung in der Regel nicht mehr zu ermitteln. Dazu bedarf es den Einsatz spezieller Techniken.

Zwar stellt die Telemetrie auch zur Identifizierung der Jagdgebiete individueller Fledermäuse eine sehr wirkungsvolle Methode dar, ist jedoch mit gewissem Aufwand verbunden (siehe Info-Kasten Telemetrie von Fledermäusen, Seite 61). Als einfachere Methoden, um jagende Fledermäuse im Wald aufzuspüren, eignen sich sogenannte Fledermausdetektoren. Fledermäuse orientieren sich im Flug durch Ultraschallrufe. Diese lassen sich zur Erfassung aktiver Tiere nutzen. Fledermausdetektoren sind Ultraschallwandler. Sie übersetzen die für den Menschen unhörbaren Fledermausrufe in einen niedrigeren Frequenzbereich. Bei nächtlichen Waldbegehungen lassen sich mit diesen Geräten Bereiche identifizieren, in denen Fledermäuse aktiv sind. Folgende Einschränkungen sollte man kennen: Manche Waldfledermäuse rufen sehr leise, sodass sie trotz Detektors leicht überhört werden.

Zudem produziert neben Fledermäusen noch eine Vielzahl anderer nachtaktiver Tiere Ultraschall, allen voran die Laubheuschrecken, deren Gesänge bis in den höheren Ultraschallbereich vordringen. Auch wenn sich diese Geräusche von den Fledermausrufen unterscheiden, benötigt man Erfahrung, um die verschiedenen Schallquellen zu erkennen.

Prinzipiell lassen sich auch die verschiedenen Fledermausarten anhand ihrer Ultraschallrufe unterscheiden. Dies benötigt aber ebenfalls sehr viel Erfahrung. Dennoch ist der Fledermausdetektor ein gutes Instrument, um einen Eindruck davon zu bekommen, welche Waldbereiche besonders intensiv von Fledermäusen zur Jagd genutzt werden, und welche als Jagdlebensraum eher unattraktiv sind.

Fledermausdetektoren

Die Entwicklung der Fledermausdetektoren hat in der Vergangenheit große Fortschritte gemacht. Dennoch gibt es erhebliche Unterschiede in der Leistungsfähigkeit. Entscheidend sind vor allem die Empfindlichkeit des Ultraschall-Mikrofons und das technische Schaltprinzip, nach dem der Ultraschall hörbar gemacht wird. Beides drückt sich besonders im Anschaffungspreis aus: Teure Geräte sind in der Regel leistungsfähiger als die günstigen Lösungen.

Für den Einstieg können Geräte verwendet werden, die nach dem Frequenzteiler-Prinzip arbeiten. Diese Geräte machen jeden Ultraschallton hörbar, und außer der Lautstärke brauchen keine weiteren Einstellungen vorgenommen zu werden. Dadurch ist es aber auch kaum möglich, Rückschlüsse auf die gehörten Fledermausarten zu ziehen. Dazu ist es notwendig die genauen Ruffrequenzen zu kennen, die sich nur mit einem Frequenzmischerdetektor (Heterodyne-Detektor) ermitteln lassen. Bei diesem Gerätetyp muss die Frequenzeinstellung so lange verändert werden, bis der jeweilige Fledermausruf am deutlichsten zu hören ist. Diese Frequenz wird als Bestfrequenz bezeichnet und kann auf einer Skala abgelesen werden. Zusammen mit anderen Parametern, wie dem Klang des Rufes im Lautsprecher oder der Geschwindigkeit, mit der ein Ortungslaut auf den anderen folgt, lassen sich erste Aussagen zur Art der gehörten Fledermaus machen.

Fliegt die Fledermaus allerdings zu schnell vorbei, ist eine so genaue Einstellung nicht möglich. Auch können fliegende Fledermäuse überhört werden, wenn die gerade eingestellte Frequenz außerhalb ihres Rufbereiches liegt.

Trotz dieser technischen Einschränkungen ist der Einsatz von Teiler- oder Frequenzmischerdetektoren bereits völlig ausreichend, um ohne große technische Vorkenntnisse einen ersten Eindruck über die Fledermausaktivität im Revier zu bekommen.

Bei der aufwendigsten technischen Lösung werden die Fledermausrufe in Echtzeit gespeichert und können in Form eines Sonagramms grafisch auf einem Display dargestellt werden. Diese Form der Darstellung ermöglicht es bei ausreichender Erfahrung, die tatsächlichen Frequenzverläufe der Rufe visuell zu ermitteln und bestimmten Fledermausarten zuzuordnen.

Eine automatisierte Erfassung und sogar eine Artbestimmung von Fledermäusen sind mit aufwendigeren Systemen möglich. Diese Geräte werden in den Lebensräumen der Fledermäuse ausgebracht und können dort ihre Ortungsrufe, abhängig von Energieversorgung und Speicherkapazität, über Tage oder Wochen autonom aufzeichnen. Die gespeicherten Rufaufnahmen werden im Nachgang mit entsprechender Software analysiert, wobei ihnen automatisch ein Artbezug zugewiesen wird. Bei diesen Systemen ist aber Vorsicht geboten: Je nach Qualität der Rufaufzeichnung und Güte der Analyse-Software sind die automatisch generierten Ergebnisse mit erheblichen Ungenauigkeiten behaftet. Für die Nutzung dieser Aufzeichnungssysteme und die zwingend erforderliche Plausibilitätsprüfung der aufgezeichneten Daten bedarf es daher fachlicher Erfahrung und entsprechender Ausbildung.

2.2.9 Weitere Maßnahmen zum Schutz von Fledermäusen in Wäldern

Anlage von Kastenrevieren

Eine häufig angewandte, aber nicht unumstrittene Maßnahme im Waldnaturschutz stellt der Einsatz von Ansiedlungshilfen dar, insbesondere von Vogelnist- und Fledermauskästen. Viele waldbewohnende Fledermausarten akzeptieren neben natürlichen Baumhöhlen auch künstliche Ansiedlungshilfen als Versteckmöglichkeiten. Darunter finden sich Arten wie das Braune Langohr, die Bechsteinfledermaus, Fransen- und Wasserfledermaus, das Mausohr, die beiden Abendseglerarten sowie Rauhaut- und Mückenfledermaus.

Gegenüber natürlichen Baumhöhlen, von denen jede einzelne in Größe, Höhe, Ausrichtung, Mikroklima etc. einzigartig ist, sind Vogel- und Fledermauskästen lediglich uniforme „Baumhöhlen-Prothesen". Auch wenn sie in manchen Revieren häufig von Fledermäusen besiedelt werden, stellen Ansiedlungshilfen nur einen ungenügenden Ersatz für Baumhöhlen dar. Bezüglich des wichtigen Mikroklimas sind natürliche Baumhöhlen den Kästen weit überlegen. So kann man beobachten, dass besonders in trockenen Hitzeperioden Fledermäuse Kästen als Tagesverstecke meiden. Bei Kästen besteht auch die Gefahr, dass sie zur Falle für Fledermäuse werden. Verschiedentlich wurde berichtet, dass es zur Blockade der Kastenöffnungen durch anfallende Kotmengen oder verendete Tiere kam, wodurch die Fledermäuse im Kasten eingeschlossen wurden und starben. Während in Baumhöhlen die natürliche Besiedlung durch kotfressende und zersetzende Insekten für eine Reinigung der Höhlen sorgt, müssen künstliche Ansiedlungshilfen unbedingt regelmäßig kontrolliert und gereinigt werden.

Kästen können jedoch dazu beitragen, die Lebensraumqualität für Fledermäuse dort zu verbessern wo, wie in jüngeren Beständen, noch keine ausreichende natürliche Höhlenbildung eingesetzt hat. Dabei unterliegt die Kastennutzung durch Fledermäuse genau wie die Nutzung von Baumhöhlen lokalen „Fledermaus-Traditionen". In Forstrevieren, in denen schon länger Vogel- oder Fledermauskästen hängen, nehmen die Tiere neue Kästen schneller an als in Waldbereichen, in denen es bislang noch keine Ansiedlungshilfen gab. Offensichtlich existiert in solchen

Abb. 36: Paarungsgruppe der Mückenfledermaus in einem Vogelkasten.

Fledermauspopulationen bereits das Suchbild „Kasten“, das ihnen das schnelle Finden solcher sich neu bietender Tagesverstecke erleichtert (ZAHN & HAMMER 2017).

Ansiedlungshilfen bieten noch einen weiteren Vorteil: Dort, wo Fledermäuse traditionell bereits Ansiedlungshilfen nutzen, lässt sich durch die regelmäßige Kontrolle ein Monitoring-Programm aufbauen. Es ermöglicht, lokale Populationen zu erfassen und wichtige Daten zu Artenspektrum, Phänologie und Lebensraumnutzung von Fledermäusen im Revier zu sammeln, auch wenn dadurch nicht alle im Wald vorkommenden Arten erfasst werden können.

Fledermauskästen und Kastenreviere

Beim Aufbau von Kastenrevieren für Fledermäuse ist zu beachten, dass auch Vögel gerne in Fledermauskästen nisten. Die von Vögeln besetzten Kästen sind wegen der Störung durch das Brutgeschäft und das eingetragene Nistmaterial für Fledermäuse meistens nur noch eingeschränkt oder gar nicht nutzbar. Eine Besiedlung durch Vögel lässt sich verringern, indem Fledermauskästen in Gruppen aufgehängt und durch Vogelkästen ergänzt werden. Da Vögel leichter in Vogelkästen nisten und ihre Brutreviere darüber hinaus gegen Artgenossen verteidigen, bleiben die benachbarten Fledermauskästen in der Regel frei von gefiederten Konkurrenten.

Günstig ist die Wahl von nach unten offenen Flachkästen, da Vögel in ihnen nur sehr schwer Nester anlegen können und die Kästen darüber hinaus nicht regelmäßig gereinigt werden müssen. Allerdings werden Flachkästen nicht von allen Fledermausarten angenommen. Im Gegenzug besiedeln Fledermäuse nach dem Auszug der Vogelbrut aber häufig die verlassenen Vogelkästen, sodass das Aufhängen von Vogelkästen prinzipiell auch der Fledermauspopulation zugutekommen kann.

Zur Erhöhung der Quartierdiversität sollten in einem Kastenrevier grundsätzlich unterschiedliche Kastentypen und möglichst viele Kästen zum Einsatz kommen, denn Kastenreviere, die aus vielen Kästen bestehen, werden von Fledermäusen eher angenommen als kleine Kastengruppen.

Fledermauskästen müssen nicht zwingend in großer Höhe am Baum aufgehängt werden. Um die Kontrolle und Reinigung zu erleichtern, ist es ausreichend, die Kästen in 2,5 bis 3 m Höhe anzubringen, sodass sie noch mit einer einfachen Leiter zu erreichen sind. Zwar werden auch Kästen in Augenhöhe von Fledermäusen besiedelt, durch eine höhere Aufhängung kann aber zum Beispiel die Ansiedlung von Abendseglern begünstigt werden, die einen freien Abflug nach unten bevorzugen. Außerdem fallen hoch hängende Kästen weniger häufig Diebstahl und Vandalismus zum Opfer.

Bei der Planung von Kastenrevieren ist der Aufwand für Pflege und Monitoring zu berücksichtigen. Dazu gehören die regelmäßige Reinigung der Kästen mindestens einmal im Jahr sowie der Ersatz fehlender Kästen. Zum anderen sollte die Wirksamkeit dieser Hilfsmaßnahme durch regelmäßige Kontrollen der Kastennutzung überprüft werden.

Aus Gründen des Artenschutzes dürfen in der Wochenstubenzeit (Mai bis Mitte Juli) die Kästen nicht geöffnet werden. In dieser Zeit sind die Tiere sehr störanfällig, und ein unbedachtes Öffnen könnte dazu führen, dass die Weibchen ihre Jungen verlassen. Günstiger ist eine Überprüfung zwischen Ende Juli und Ende September. In diesem Zeitraum sind viele Kästen noch von Fledermäusen belegt. Es brüten keine Vögel mehr, sodass Fledermäuse dann auch in reinen Vogelkasten-Revieren zu finden sind. Von Fledermäusen besetzte Vogelkästen lassen sich relativ störungsfrei und einfach kontrollieren, indem man tagsüber am Boden stehend mit einer starken Lampe in die Einflugöffnung leuchtet. Da Fledermäuse in der Regel im oberen Kastenbereich hängen sind sie meist schon aus größerer Entfernung beim Blick durch das Einflugloch sichtbar. Sofern bei den Kontrollen keine Fledermäuse angetroffen werden, können diese Kästen gleich gereinigt werden. Beim Fund von Fledermäusen sollte versucht werden, die jeweilige Art zu bestimmen und die Zahl der vorhandenen Tiere zu erfassen. Ein einfacher Bestimmungsschlüssel, der besonders die Waldfledermausarten berücksichtigt, ist im Internet zu finden; siehe dazu im Literaturverzeichnis unter Zahn (o. J.).

Sind Tiere anwesend, sollte eine Reinigung der Kästen zunächst ganz unterbleiben. Das Entfernen von Fledermaus- und Vogelkot, alten Vogel-, Wespen- oder Hornissennestern lässt sich im Winter nachholen. Speziell konstruierte Überwinterungskästen sollten in dieser Zeit hingegen nicht geöffnet werden, da eine Störung winterschlafender Fledermäuse unbedingt zu vermeiden ist.

Eine Nutzung von Kästen durch Fledermäuse lässt sich direkt durch den Fund von Tieren, aber auch indirekt, etwa durch charakteristische Kotfunde, nachweisen. Entweder liegen die Kotpellets am Boden des Kastens angehäuft oder, im Fall von Vogelkästen, in den Mulden der verlassenen Nester. Große Kotmengen in einem regelmäßig gereinigten Kasten lassen darauf schließen, dass sich hier ein Wochenstubenverband aufgehalten hat.

Fledermäuse putzen sich sehr intensiv und verschlucken dabei regelmäßig Körperhaare, die sich dann im Kot wiederfinden. Da die Haarstruktur artspezifisch ist, lassen sich anhand von Kotproben, deren Haare entnommen wurden, Rückschlüsse darauf ziehen, von welcher Fledermausart er stammte.

Neben Kotansammlungen im Kasten geben auch Verfärbungen im oberen Bereich der Kasteninnenwände einen weiteren indirekten Hinweis auf eine regelmäßige Nutzung durch Fledermäuse. Diese Verfärbungen werden durch Körpersekrete verursacht, die die Fledermäuse in Drüsen

Abb. 37: Aus einem Vogelkasten entnommenes Nest mit Fledermauskot in der Nestmulde.

Abb. 38: Wochenstubenkolonie der Fransenfledermaus: An der Innenseite des häufig genutzten Kastens finden sich typische Verfärbungen auf Höhe des Hangplatzes.

an der Schnauze bilden und die zur Pflege der Flughäute verwendet werden. Je nach Dauer und Intensität der Kastennutzung variiert die Verfärbung über gelblich, braun bis fast schwarz.

Darüber hinaus geben die Reste von Entwicklungsformen fledermausspezifischer Parasiten an den Innenwänden der Kästen und das Vorkommen parasitischer Bettwanzen ebenfalls Hinweise auf eine vorherige Nutzung durch Fledermäuse.

Bohren künstlicher Baumhöhlen

Unter bestimmten Umständen, etwa als Ausgleichsmaßnahme bei nicht forstlichen Eingriffen in den Wald, die zu einem Verlust von Baumquartieren führen, können durch Fräsung in gesunde Bäume künstliche Baumhöhlen angelegt werden. Die Erfahrungen mit dieser recht neuen Methode der Quartierschaffung zeigen, dass Fledermäuse solche Versteckmöglichkeiten relativ gut annehmen; auch dort wo Fledermauskästen nicht akzeptiert werden (Zahn et al. 2021). Dabei ist jedoch zu berücksichtigen, dass vitale Bäume solche Verletzungen schnell überwallen und die Höhlenöffnungen daher regelmäßig freigeschnitten werden müssen. Angesichts des großen technischen Aufwands ist die Höhlenfräsung für Fledermäuse in Wäldern nur bedingt als nachhaltige Schutzmaßnahme anzusehen.

Ertüchtigung von Gebäuden und Hochsitzen

Neben dem Aufbau von Kastenrevieren lässt sich noch auf andere, nicht waldbauliche Weisen die Quartiersituation im Forstrevier verbessern. Wie bereits gezeigt wurde, stellen auch Gebäude im Wald für Fledermäuse attraktive Quartiermöglichkeiten dar. Mit geringem Aufwand lässt sich ihre Eignung als Quartier aufwerten.

So können Dachböden von Forsthütten geöffnet werden, was Fledermäusen ermöglicht, dort Unterschlupf zu finden. Dazu genügt schon ein fingerbreiter Schlitz, durch den die Tiere schlüpfen können. Durch eine ausreichend schmale Öffnung wird auch sichergestellt, dass keine Marder oder Eulen in das Gebäude eindringen und dort Schaden verursachen.

Auch Fledermausbretter, die auf die Außenwände von Forsthütten, Scheunen oder Jagdkanzeln angebracht werden und so Spaltenquartiere mit einer lichten Weite von etwa 2,5 cm schaffen, stellen für spaltenbewohnende Fledermausarten attraktive Quartiere dar. Aus vielen Berichten geht hervor, dass Fledermäuse die im Wald stehenden Jagdkanzeln als Versteckmöglichkeiten erkannt haben. Daher ist es sinnvoll, gezielt dort Fledermausquartiere als „Großkästen" anzubieten. In den Wäldern der Oberrheinauen konnten durch den Bau von solchen Spaltenquartieren an Jagdkanzeln zahlreiche Wochenstuben der Mückenfledermaus angesiedelt werden. Doch auch Rauhautfledermäuse und beide Abendseglerarten nutzen diese als Tagesquartier.

Bauanleitung für Großkästen an Jagdkanzeln

Vielfach wird über Fledermäuse berichtet, die trotz anhaltenden Jagdbetriebs in und an Jagdkanzeln oder Hochsitzen ein geeignetes Quartier gefunden haben. Insbesondere für die Mückenfledermaus scheinen Hochsitze, besonders, wenn sie in Auwäldern oder in Feuchtgebieten stehen, einen häufigen Quartiertyp darzustellen. An Hochsitzen wurden aber auch noch andere Fledermausarten gefunden, besonders die Arten der Bartfledermäuse, die zwei heimischen Abendseglerarten, Rauhautfledermäuse und Braune Langohren nutzen Versteckmöglichkeiten an Hochsitzen. Die Fledermäuse besiedeln dabei oft enge Spaltenräume, wie sie etwa zwischen der Außenwand und einer textilen Innenverkleidung (Teppichboden) entstehen.

Abb. 39: Als Fledermausquartier genutzte Innenverkleidung an der Wand einer Jagdkanzel.

Die Quartiermöglichkeiten an einer Jagdkanzel sind vom Umfang her nicht zu vergleichen mit den oft recht kleinen Fledermauskästen. Daher bieten Hochsitzquartiere einer viel größeren Individuenzahl, oft mehreren hundert Tieren, einen Unterschlupf.

Da Jagdkanzeln einerseits für viele Fledermäuse attraktiv und andererseits in größerer Zahl in den Wäldern vorhanden sind, wäre es von großem Wert für den Natur- und Artenschutz, wenn diese Bauwerke derart hergerichtet würden, dass sie nicht nur jagdlichen Zwecken dienten.

Möglich ist dies mit geringem finanziellen und Arbeitsaufwand, indem großvolumige Fledermauskästen (nach unten offene Wandduplikaturen) an die Außenwände der Kanzeln angebracht werden.

Als Untergrund der Konstruktion dient die Außenwand der Jagdkanzel. Die Kästen können in allen Himmelsrichtungen aufgebracht werden. Es sollte jedoch auf einen freien An- und Abflugraum für die Fledermäuse geachtet werden. Kästen auf verschiedenen Seiten der Jagdkanzel bieten den Tieren unterschiedliche Mikroklimate an und erhöhen damit die Attraktivität.

Ideal als Träger der Kästen sind Außenwände aus unbehandelten, sägerauen Brettern oder Platten. Gehobeltes Holz

Abb. 40: Jagdkanzel mit Fledermauskästen an zwei Seitenwänden.

bzw. andere glatte Materialien sind ungeeignet, da sie den Krallen der Fledermäuse zu wenig Halt bieten. Hölzer, die frisch mit Holzschutzmitteln behandelt wurden, dürfen beim Bau der Kästen auf keinen Fall eingesetzt werden, weil es beim engen Kontakt der Fledermäuse mit dem Holz zu Vergiftungen kommen kann.

Auf den rauen Holzuntergrund werden zunächst Holzleisten von 2 bis maximal 2,5 cm Stärke aufgeschraubt. Sie stellen den oberen und seitlichen Abschluss des Kastens dar und dienen als Abstandshalter zur Deckplatte, wodurch sie die lichte Weite der Kastenkonstruktion bestimmen. Ideal geeignet sind dafür unbehandelte Dachlatten.

Abb. 41: Dachlattenkonstruktion auf der Seitenwand einer Jagdkanzel.

Auf die Lattenkonstruktion wird eine zurechtgeschnittene Deckplatte aus Seekiefer (wetterfest verleimte Mehrschichtenplatte, Dicke mindestens 20 mm) geschraubt. Beim Zusammenbau ist darauf zu achten, dass zwischen Untergrund, Latten und Deckplatte keine Spalten verbleiben, durch die Regenwasser ins Innere des Kastens dringen könnte bzw. Zugluft entsteht. Unterhalb der Einflugöffnung sollte der Untergrund noch 20 bis 30 cm hervorragen. Diese Fläche dient den Fledermäusen als Landefläche beim Anflug an das Quartier.

Abb. 42: Die Seekieferplatte wird fest aufgeschraubt. Unterhalb der Einflugöffnung verbleibt eine Landefläche.

Die zunächst hellen Seekieferplatten dunkeln im Lauf der Zeit sehr schnell nach, sodass die Konstruktion weniger auffällig wird. Die Kästen sind wartungsfrei, da entstehender Kot nach unten aus dem Kasten fällt. Dadurch kann auch keine Geruchsbelästigung entstehen, wie es bei einer Ansiedlung von Fledermäusen im Inneren des Hochsitzes passieren könnte.

Eine Kontrolle, ob die Kästen von den Fledermäusen angenommen wurden, kann sehr leicht vom Boden aus durch Einleuchten mit einer starken Taschenlampe erfolgen. Dies sollte jedoch während der Wochenstubenzeit zwischen Mai und Juli vermieden werden, da die Fledermäuse dann besonders störungsempfindlich sind. Eine Ausflugzählung in der Abenddämmerung vom Boden aus ist dagegen störungsfrei. Die fortdauernde jagdliche Nutzung der Hochsitze stellt für die Tiere dagegen keine außergewöhnliche Störung dar und ist daher unproblematisch.

Baufällige Jagdkanzeln müssen aus Gründen der Verkehrssicherung wieder abgebaut werden, und damit verschwinden auch viele dieser optimalen Quartiere wieder. Wird nur die Leiter abgesägt, kann die Kanzel nicht mehr bestiegen werden. Damit ist der Verkehrssicherungspflicht Genüge getan, und das Vorkommen der Fledermäuse kann erhalten bleiben. Muss die Kanzel komplett entfernt werden, sollte dies nicht im Sommer geschehen, um keine Wochenstuben zu gefährden.

Herrichten von Winterquartieren

In vielen Wäldern finden sich heute noch Reste verschiedener Bunkeranlagen wie ehemalige Schützenstellungen oder ausgediente Munitionsbunker. In Regionen, die arm an natürlichen unterirdischen Strukturen sind, können entsprechend ausgestattete Bunker Fledermäusen als Überwinterungsmöglichkeit dienen.

Wichtig für die Eignung als Winterquartier sind eine durchgehend hohe Luftfeuchtigkeit und eine ausreichende Belüftung (Bewetterung), damit sich im Inneren möglichst nied-

Munitionsbunker als Winterquartier

Ein Beispiel für eine erfolgreich umgesetzte Maßnahme in der Oberrheinebene ist die Umgestaltung eines ehemaligen Munitionsbunkers zum Winterquartier. In den oberirdischen Bunker wurde eine Bodenschüttung aus Sand eingebracht. Über die ehemalige Entlüftungsöffnung wird Regenwasser eingeleitet, das von der Bodenschüttung aufgenommen wird und über das Jahr hinweg für eine hohe Luftfeuchte sorgt. Das ehemals große Tor wurde auf zwei Öffnungen verkleinert: Sie sorgen für eine ausreichende Luftzirkulation, trotzdem ist die Anlage gegen Vandalismus gesichert. Hohlblocksteine an Decke und Wänden sowie Löcher von Kernbohrungen in den Seitenwänden bieten ein reiches Angebot an Hangplätzen und Versteckmöglichkeiten.

Schon im ersten Winter nach dem Umbau wurde der Bunker zunächst von Braunen Langohren und später auch von Zwergfledermäusen zur Überwinterung genutzt. Beide Arten überwintern dort mittlerweile regelmäßig. Einzelne Braune Langohren halten sich aber auch im Sommer in diesem Versteck auf.

Abb. 43: Außenansicht des ehemaligen Munitionsbunkers. Die Toreinfahrt wurde verkleinert, gegen Vandalismus gesichert und mit einer Belüftungsöffnung versehen.

Abb. 44: Innenansicht des Munitionsbunkers mit Hohlblocksteinen als Versteckmöglichkeiten für Fledermäuse.

rige Temperaturen einstellen können. In Bunkern, die innen nicht oder nur wenig strukturiert sind, lassen sich Hangplätze schaffen, indem Hohlblocksteine an Decke und Wänden angebracht werden. In ihren Hohlräumen bildet sich ein frostfreies Mikroklima, in das sich die winterschlafenden Fledermäuse zurückziehen können.

Höhlen, Bergwerke und Felsbildungen mit Spalten und Löchern stellen weitere wichtige Überwinterungsstrukturen dar. Auch wenn sich hier außer dem Entfernen von Gehölzaufwuchs meist wenige Möglichkeiten ergeben, die Qualität durch forstliche Maßnahmen zu beeinflussen, kann sich die Forstverwaltung oder der Waldbesitzer dafür einsetzen, dass Höhlen- und Stolleneingänge dauerhaft gegen unbefugtes Eindringen und Störungen gesichert werden. Dabei ist darauf zu achten, dass die Quartiere für Fledermäuse zugänglich bleiben und unbedingt die natürliche Bewetterung erhalten wird. Stahltüren mit schmalen Einflugschlitzen, wie man sie oft verbaut sehen kann, sind dafür die denkbar schlechteste Lösung, da hier kein ausreichender Luftaustausch mit der Umgebung mehr stattfinden kann. Dadurch wird das Innere zu warm und das Quartier ist für Fledermäuse, auch wenn sie freien Zuflug haben, als Winterschlafmöglichkeit verloren.

2.2.10 Brauchen Waldfledermäuse überhaupt (noch) Schutz?

Zum Abschluss dieses Kapitels soll noch einmal kritisch hinterfragt werden, ob vor dem Hintergrund eines überall ständig zunehmenden Umweltbewusstseins der Schutz von Waldfledermäusen überhaupt noch ausdrücklich thematisiert werden muss.

Dem Wunsch nach alten Laubwäldern als optimalem Lebensraum artenreicher Fledermausgemeinschaften kommt das Ziel der nationalen Strategie zur biologischen Vielfalt entgegen: Danach sollen bis zum Jahr 2020 5 % der bundesdeutschen Waldfläche (bzw. 10 % der öffentlichen Wälder) einer natürlichen Entwicklung überlassen werden. Ob dieses Ziel mittlerweile erreicht werden konnte, ist jedoch noch sehr umstritten (Engel et al. 2016).

Wie das Ergebnis der dritten Bundeswaldinventur 2011/2012 zeigt, ist bundesweit ein Viertel des Waldes älter als 100 Jahre. Immerhin stieg der Flächenanteil dieser Altersklasse gegenüber der Vorgängerinventur an. Allerdings sind nur 14 % der Wälder älter als 120 Jahre und haben damit ein Alter, in dem ihr Wert als Fledermauslebensraum deutlich ansteigt. Der Anteil noch älterer Waldbestände, die für Fledermäuse besonders wertvoll sind, wird nicht gesondert ausgewiesen (ForstBW 2022a).

Günstig für Fledermäuse könnten sich der bundesweite Anstieg des Laubwaldanteils sowie die Zunahme des Totholzanteils auswirken. Dabei liegt der Vorrat des für Fledermäuse relevanten stehenden Totholzes bei nur rund 1,4 % des lebenden Holzvorrats und bleibt damit unter der Empfehlung von 2 % Totholzanteil für Fledermäuse im Wirtschaftswald (BMEL 2018).

Dem gegenüber steht ein anhaltender und wahrscheinlich weiterhin deutlich zunehmender Nutzungsdruck. Holz gewinnt als nachwachsender Rohstoff zunehmend an Attraktivität, und seine Verwendung als Bau- und Heizmaterial wird immer stärker nachgefragt. Steigende Energie- und Holzpreise auf dem internationalen Markt tun ein Übriges, um den Wald zum immer wichtigeren Wirtschaftsfaktor zu machen. Unter diesen Vorzeichen wird es zunehmend schwerer werden, die Waldnaturschutzkonzepte der Landesforstverwaltungen in der Fläche umzusetzen. Dies gilt besonders für Privat- und Körperschaftswälder, in denen wirtschaftliche Gesichtspunkte oft eine übergeordnete Rolle vor dem Natur- und Artenschutz spielen, und in denen die Vorgaben der Forstverwaltungen nicht verpflichtend sind. In Deutschland befinden sich 33 % des Waldes in Besitz des Bundes und der Länder, der Rest ist Kommunal- und Privatwald. Somit liegt der Fledermausschutz auf zwei Dritteln der Waldfläche allein im Ermessen der Besitzenden.

Eine ganz neue Art der Gefährdung entsteht durch den Bau von Windenergieanlagen (WEA) in Wäldern. Eine Studie im Auftrag des Bundesamtes für Naturschutz zeigte, dass jedes Jahr eine hohe Anzahl von Fledermäusen durch Kollisionen mit diesen Anlagen zu Tode kommt.

Mit den WEA, deren Rotorblätter sich im hohen Luftraum bewegen, hat der Mensch bewegliche Flughindernisse geschaffen, die es für Fledermäuse in ihrer Entwicklungsgeschichte so noch nie gegeben hat und an die sie evolutiv nicht angepasst sind. Zu den Unfällen führt nämlich die räumliche Beschränkung der Ultraschallortung. Das Ortungssystem der Fledermäuse ist darauf ausgelegt, Hindernisse und Objekte zu erkennen, die sich vor den Tieren befinden. Bereits zu den Seiten hin ist die Wahrnehmung der Fledermäuse sehr begrenzt. Daher können Fledermäuse sich bewegende Rotorblätter, die sich seitlich oder von hinten nähern, nicht oder nicht rechtzeitig wahrnehmen, um ihnen auszuweichen. Um zu Tode zu kommen, reicht es bereits aus, dass die Tiere nur in den Bereich des Unterdrucks geraten, der sich auf der Rückseite der Rotorblätter bildet. Sie sterben dann durch die erlittenen Barotraumen, ohne äußerliche Verletzungen aufzuweisen.

Besonders häufig kollidieren mit WEA die wandernden Fledermausarten Abendsegler, Kleinabendsegler und Rauhautfledermaus. Als Waldfledermäuse suchen diese auch während des Zuges Waldgebiete zur Übertagung auf und geraten dadurch in den tödlichen Einflussbereich der dort zunehmend häufiger errichteten Windenergieanlagen.

Nach einer Studie des Bundesamtes für Naturschutz (Hurst et al. 2016) finden im Durchschnitt an jeder Windkraftanlage, die auf dem deutschen Festland errichtet wurde, pro Jahr 12,3 Fledermäuse den Tod. Das macht aktuell bundesweit in jeder Saison rechnerisch rund 350 000 Tiere (Stand: 2022).

Die Errichtung von Windenergieanlagen in Wäldern ist aber noch aus anderen Gründen kritisch zu sehen. Denn gerade die kleinräumig lebenden Arten, wie Bechsteinfledermaus oder Braunes Langohr, können betroffen werden, wenn ihre Quartiergebiete und essenziellen Jagdhabitate durch den Bau und die damit verbundenen Eingriffe (Abräumung der Standflächen, Verbreiterung von Forstwegen, Bau von Stromleitungen) vernichtet werden. Eine neue Studie belegt darüber hinaus, dass Waldfledermäuse im Umkreis von Windenergieanlagen ein aktives Vermeidungsverhalten entwickeln und so aus ihren Waldlebensräumen verdrängt werden (Ellerbrok et al. 2022).

Mittlerweile wird zwar versucht, durch nächtliche Abschaltzeiten das Kollisionsrisiko für wandernde Fledermäuse zu verringern und so die Zahl der Tierverluste sowie die negativen Auswirkungen auf den Erhaltungszustand der Fledermauspopulationen zu reduzieren, tatsächlich wird aber aktuell noch der Großteil der Anlagen völlig ohne Abschaltzeiten betrieben. Es ist daher zu befürchten, dass die großen Fledermausverluste an WEA schon mittelfristig Auswirkungen auf die Fledermauspopulationen haben werden. In Südwestdeutschland sind in klassischen Durchzugsregionen der Rauhautfledermaus bereits drastische Rückgänge dieser Arten dokumentiert (König & König 2011, Arnold et al. 2016, Bernd 2021).

Noch völlig unbekannt ist der mögliche Einfluss der Klimaveränderung auf die Fledermauspopulationen. So wird beobachtet, dass sich nördlich der Alpen neue Fledermausarten ausbreiten, die ursprünglich nur im Mittelmeerraum heimisch waren. Die Weißrandfledermaus (*Pipistrellus kuhlii*) hat sich mittlerweile in Bayern und Baden-Württemberg fest angesiedelt und erweitert ihr Areal zunehmend nach Norden. Doch auch bodenständige Arten erweitern ihr Verbreitungsgebiet, wie die wärmeliebende Wimperfledermaus (*Myotis emarginatus*), die ursprünglich nur in Süddeutschland heimisch war und nun ebenfalls weiter nach Norden vordringt.

Da Fledermäuse generell wärmeliebend sind, könnte sich eine Klimaerwärmung positiv auf die Artenvielfalt dieser Tiergruppe auswirken. Andererseits ist denkbar, dass es zu Problemen bei der Überwinterung kommen könnte, da die unterirdischen Quartiere wärmer werden und überwinternde Tiere dort die zur Energieeinsparung notwendigen niedrigen Temperaturen nicht mehr finden (Röse et al. 2021).

Durch Bäume, die bei Trockenheit absterben, wird der Totholzanteil in Wäldern erhöht, was mittelfristig zu einer Erhöhung der Zahl von Baumhöhlen führen könnte, sofern das Totholz auf der Fläche belassen wird. Um die Ausbreitung von Forstschädlingen zu verhindern, werden diese Flächen jedoch in vielen Forstrevieren schnell geräumt, auch um Raum für die Anpflanzung neuer, trockenresistenter Baumarten zu schaffen. In Buchenhallenwäldern kann es durch die Trockenheit zur Auflichtung der Bestände und durch die daraufhin aufwachsende Naturverjüngung zu einem Verlust von Bodenjagdhabitaten kommen, wie sie etwa das Große Mausohr bevorzugt.

Diese Beispiele machen deutlich, dass die Bestände der einheimischen Waldfledermäuse weiterhin bedroht sind und tatsächlich noch ein erheblicher Schutzbedarf besteht. Denn obwohl der Wald wie ein natürlicher Lebensraum erscheint, stellen die meisten Waldgebiete tatsächlich einen von menschlichem Eingreifen geprägten Wirtschaftsraum dar. Dort sind die Fledermausbestände für ihr Fortbestehen in höchstem Maße auf das Wohlwollen und die Rücksichtnahme des Menschen angewiesen. Mit der Wahl der Waldbewirtschaftung werden die Weichen für die Zukunft der Waldfledermäuse gestellt.

2.3 Spechte

J. MÜLLER

Spechte bewohnen mit neun heimischen Arten die unterschiedlichsten Waldlebensräume. Während einige Arten totholzreiche Althölzer bevorzugen, sind andere auf lichte Wälder und Freiflächen angewiesen. Es gibt auf den Laubwald wie auf den Nadelwald spezialisierte Arten, und manche fühlen sich im Mischwald besonders wohl. Mit ihrem Vorkommen zeigen sie die ganze Vielfalt des Waldes auf. Sie sind auch Kulturfolger in typischen Strukturen des Wirtschaftswaldes. Freiflächen und Wege bringen Licht und Insektenvielfalt in den geschlossenen Wald. Nadelbäume bieten mit Samen, Borkenkäfern und hügelbauenden Waldameisen eine zusätzliche Nahrungsquelle. In alten Eichenwäldern brüten mit Bunt-, Mittel-, Klein-, Grün- und Grauspecht bis zu fünf Arten und profitieren von der Förderung dieser Baumart. In der Kulturlandschaft außerhalb des Waldes sind sie vor allem in Obstwiesen zu finden, die eine optimale Kombination aus ameisenreichem Grünland und Brutbäumen bieten. Die beiden auf große Totholzmengen angewiesenen Arten Weißrücken- und Dreizehenspecht finden aktuell allerdings fast keinen Lebensraum mehr. Wichtig für alle Spechte sind der Erhalt ihrer Höhlenbäume und das Belassen von Totholz.

Abb. 45: Spechthöhlen und Beispiele für Nachmieter (jeweils von links nach rechts).
Oben: a) Grün- oder Grauspecht (große, runde Höhle, Durchmesser ca. 6 cm),
Nachmieter: b) Star (*Sturnus vulgaris*), c) Kleiber (*Sitta europaea*), d) Siebenschläfer (*Glis glis*);
Mitte: e) Bunt- oder Mittelspecht (kleine, runde Höhle, Durchmesser ca. 4,5 cm),
Nachmieter: f) Kohlmeise (*Parus major*), g) Sperlingskauz (*Glaucidium passerinum*), h) Fledermäuse;
unten: i) Schwarzspecht (sehr große, ovale Höhle, ca. 8,5 × 13 cm),
Nachmieter: j) Hohltaube (*Columba oenas*), k) Raufußkauz (*Aegolius funereus*), l) Hornisse (*Vespa crabo*).
Die Höhlen sind aber nicht „genormt“ und variieren in der Größe des Einflugloches. Manchmal handelt es sich nur um angefangene Höhlenbauten, die noch nicht die endgültigen Ausmaße erreicht haben, oder Hackspuren von der Nahrungssuche. Die Löcher rechts neben der Schwarzspechthöhle könnten vom Kleinspecht stammen, der allerdings eher an trockenem und weichem Holz zu finden ist. Außerdem zimmern auch Hauben- und Weidenmeisen eigene, ebenso kleine Bruthöhlen.

Einheimische Spechte und ihre Lebensräume

Art	Lebensraum
Schwarzspecht (*Dryocopus martius*)	Mischwälder
Grünspecht (*Picus viridis*)	Obstwiesen, lichte Laubwälder
Grauspecht (*Picus canus*)	lichte Laubwälder, Obstwiesen
Buntspecht (*Dendrocopos major*)	Wälder aller Art
Mittelspecht (*Dendrocopus medius*)	alte Laubwälder, vor allem Eichenwälder, Obstwiesen
Kleinspecht (*Dendrocopus minor*)	Weichholzauen, Obstwiesen, Eichenwälder
Weißrückenspecht (*Dendrocopus leucotos*)	totholzreiche Laub- und Mischwälder
Dreizehenspecht (*Picoides tridactylus*)	totholzreicher Nadelwald
Wendehals (*Jynx torquilla*)	Obstwiesen, Magerrasen, Kahlschläge

Die Spechte sind am besten an den ersten wärmeren, sonnigen und windstillen Tagen im Februar und März zu beobachten, wenn sie mit Trommeln und Balzgesang ihre Reviere abgrenzen. Bei günstigen Witterungsverhältnissen sind auf einmal wieder alle Arten aktiv. Trotzdem sind sie wie alle Waldvögel in ihrem undurchsichtigen Lebensraum nicht leicht zu entdecken. Vor allem die größeren Arten verstecken sich gern auf der Stammrückseite, wenn sie merken, dass sie beobachtet werden. Somit sind sie ohne Kenntnis der Stimmen nur schwierig nachzuweisen. Die Rufe können aber mit etwas Übung gut unterschieden und die meisten Arten auch am Trommeln erkannt werden. Prägt man sich ein paar typische Waldstimmen wie den kurzen Trommelwirbel des Buntspechtes, das giftige Keckern des Mittelspechtes oder die Balzstrophen von Schwarz- und Grauspecht ein, wird man schnell viel Neues über das Vorkommen der Spechte im eigenen Revier erfahren.

Im Folgenden werden Schwarz-, Mittel- und Grauspecht als typische Bewohner von unterschiedlichen, naturschutzrelevanten Waldlebensräumen vorgestellt. In den Höhlenzentren des Schwarzspechtes konzentriert sich die Artenvielfalt in alten Buchenwäldern. Der Mittelspecht ist die Leitart für die Erhaltung und Pflege der Eichenwälder. Der Grauspecht steht für lichte Wälder und Waldwiesen. Alle drei sind in der Europäischen Vogelschutzrichtlinie aufgeführt.

2.3.1 Schwarzspecht

Der Schwarzspecht ist durch seine Größe und die lauten Rufe einer der bekanntesten Waldvögel. Er ist aber nicht nur eine eindrucksvolle Erscheinung, sondern durch seinen Höhlenbau auch eine wichtige Art für den Waldnaturschutz. Schwarzspechte sind zwar überall im Wald zu sehen, haben aber große Reviere mit einer Ausdehnung von zumeist über 150 ha. Einen optimalen Lebensraum mit hohen Siedlungsdichten finden sie im Mischwald, wenn Buchenalthölzer für die Anlage der Bruthöhlen und Nadelbaumbestände zur Nahrungssuche eng benachbart sind. Der Schwarzspecht ist aber sehr flexibel und bewohnt auch reine Laubwälder, diese allerdings vermutlich in geringerer Siedlungsdichte. Sein Bestand weist einen langfristig positiven Trend auf und ist nicht gefährdet (Gedeon et al. 2014).

Abb. 46: Schwarzspecht im Anflug an die Bruthöhle.

Abb. 47: „Spechtflöte" in typischem Brutbaum mit langem, astfreiem Schaft und freiem Anflug.

Höhlenzentren in alten Buchenwäldern

Die Höhlen des Schwarzspechtes sind meistens in Buchenalthölzern ab einem Alter von 100 Jahren zu finden. Sie sind durch ihre Größe und die ovale Form unverwechselbar und damit leicht von anderen Spechthöhlen zu unterscheiden. Oft werden mehrere Höhlen übereinander in demselben Baum angelegt und bilden eine „Spechtflöte". Mit etwas Übung kann man beim Auszeichnen einen zuverlässigen Blick dafür entwickeln, welche Bäume potenzielle Höhlenbäume sein könnten. Ausgewählt werden fast immer die schönsten „Zukunftsbäume" mit glatten, astfreien Schäften, die außerdem einen freien Anflug bieten müssen. Dort werden die Höhlen so hoch wie möglich unterhalb des Kronenansatzes angelegt. Allerdings ist der Höhlenbau immer auch ein Hinweis auf Fäule (Zahner & Wimmer 2019). Buchen, die auf ganzer Länge astig sind, werden nicht genutzt. Somit sind die bei der Durchforstung bevorzugt entnommenen Bäume zumeist auch keine Höhlenbäume. Meistens befinden sich mehrere Höhlenbäume in räumlicher Nähe zueinander im gleichen Bestand und bilden ein Höhlenzentrum.

Jedes Schwarzspechtpaar besitzt mehrere Höhlen, die auch noch regelmäßig „renoviert" werden. Dabei wird der Eingang nachgearbeitet, damit er nicht vom Baum überwallt wird und bei Starkregen kein Wasser hereinläuft (Sikora 2008). Auf diese Weise pflegt und erhält jedes Schwarzspechtpaar einen Bestand von circa zehn großen Höhlen, die sich auf mehrere Höhlenzentren verteilen können. Damit stellt er auch zahlreichen anderen Arten geeignete Brutplätze zur Verfügung und wird zu einer Schlüsselart im Ökosystem des Buchenwaldes.

Die Neubaurate ist relativ gering, es wird nur circa alle fünf Jahre eine neue Höhle fertiggestellt (Zahner & Wimmer 2019). Der Neubau beginnt mit einer „Probebohrung" an

Abb. 48: Beginnender Höhlenbau, der glatte, forstliche „Zukunftsbaum“ rechts wird gegenüber der Buche mit den Astnarben bevorzugt.

Abb. 49: Die Hohltaube ist der häufigste Nachmieter in Schwarzspechthöhlen. Auf dem Bild ist die frische „Renovierungsarbeit“ des Spechtes am Höhleneingang zu sehen.

typischen Stellen langschäftiger Rotbuchen, an denen im Laufe der Jahre immer wieder weitergearbeitet wird. Erweisen sich der Platz und der Baum als geeignet, wird die Höhle fertiggestellt.

Hohltaube, Raufußkauz, Dohle (*Corvus monedula*) und Schellente (*Bucephala clangula*) können aufgrund ihrer Größe nur in Schwarzspechthöhlen brüten und sind somit zwingend auf sie angewiesen. Aber auch Säugetiere wie Baummarder (*Martes martes*), Eichhörnchen (*Sciurus vulgaris*), Fledermäuse und Bilche sind hier zu finden. Hornissen nutzen die geräumigen Höhlen als geschützten Platz für ihr Nest. Vor allem das Vorkommen der Hohltauben lockt Beutegreifer wie Habicht (*Accipiter gentilis*) und Waldkauz (*Strix aluco*) an, die regelmäßig an den Höhlenbäumen patrouillieren (Zahner 2018).

In Wirtschaftswäldern sind meistens nicht viele große Faulhöhlen vorhanden und somit sind Schwarzspechthöhlen die einzigen ver-

Abb. 50: Hornissennest in einer Schwarzspechthöhle.

fügbaren Brutplätze für die genannten Arten. In den Höhlenzentren konzentriert sich ihr Vorkommen und es bilden sich lokale, kleinräumige Schwerpunkte der Artenvielfalt in den Buchenwäldern. Dohlen können hier in Kolonien brüten und Hohltauben sind oft mit mehr als einem Paar vertreten. Auch der zukünftige Höhlenneubau des Schwarzspechtes findet vielfach in diesen Bereichen statt. Der Erhalt der Höhlenzentren ist eine zentrale Aufgabe im Waldnaturschutz.

Nahrungssuche im Nadelwald

Seine Nahrung sucht der Schwarzspecht größtenteils im Nadelwald und dort vielfach an totem Holz. Der Mischwald mit seiner Baumartenvielfalt bietet dem Schwarzspecht immer eine ausreichende Nahrungsgrundlage. Typische Spuren seiner Anwesenheit sind zerlegte Wurzelstöcke, in denen er nach Bockkäfer- und Holzwespenlarven sucht (Zahner & Wimmer 2019). Nach der Holzernte im Fichtenwald findet er hier mehrere Jahre einen reich gedeckten Tisch.

Um an die Nester von Rossameisen zu gelangen, hackt er große, längliche Löcher in faule Fichten. Diese Nahrungsbäume sind wegen der Fäule ohnehin nicht mehr wirtschaftlich nutzbar und sollten erhalten werden. Auch die Hochköpfung mit dem Harvester ist eine Option.

Abb. 51: Hackspuren von Schwarzspecht an einem Wurzelstock.

Schutz

Bäume mit Schwarzspechthöhlen als seltene Habitatstrukturen sind gesetzlich geschützt und dürfen nicht gefällt werden. Eine starke Freistellung durch die Entnahme mehrerer Nachbarbäume leitet aber auch das vorzeitige Ende des Höhlenbaumes ein. Mit der Auflichtung beginnt die Naturverjüngung zu wachsen. Sobald sie eine gewisse Höhe erreicht hat, werden die Höhlen nicht mehr vom Schwarzspecht genutzt – möglicherweise, weil sie dem Baummarder das unbemerkte Erklettern des Baumes erleichtert (Zahner 2018). Spätestens wenn die Naturverjüngung den Höhleneingang erreicht hat, versperrt sie auch der Hohltaube den freien Anflug. Der Eingang wird vom Schwarzspecht nicht mehr nachgearbeitet, die Höhle kann sogar vom Baum wieder überwallt werden und verschwinden (Sikora 2008).

Im Freistand ist die Buche bekanntermaßen empfindlich gegen Sonnenbrand, durch den das Absterben des Baumes eingeleitet wird. Je mehr beschattende und stabilisierende Bäume um den Höhlenbaum stehen bleiben, umso wahrscheinlicher verlängert sich seine Lebensdauer. Außerdem ist die Spechthöhle immer eine Schwachstelle im Baum. Genau dort bricht er vielfach bei starkem Wind ab. Verliert der Baum den Schutz der Nachbarbäume, erhöht sich diese Gefahr.

Die Höhlenzentren in alten Buchenwäldern mit ihrer großen Artenvielfalt auf engem Raum bieten optimale Voraussetzungen für kleine, nutzungsfreie Altholzinseln im Wirtschaftswald. Ihren langfristigen Erhalt kann man am besten durch einen Verzicht auf die Holznutzung gewährleisten. Mit einer Waldfläche von 1 bis 2 ha hat man in der Regel das Höhlenzentrum ausreichend abgegrenzt. Diese Fläche ist groß genug, um eine gewisse Stabilität gegen Sonne und Wind zu haben, aber auch klein genug, um den Nutzungsausfall in überschaubaren Grenzen zu halten. Will man nicht auf die wirtschaftliche

Abb. 52: Typische Hacklöcher an einer faulen Fichte mit Rossameisennest.

Abb. 53: Naturverjüngung wächst an dem freistehenden Höhlenbaum hoch.

Nutzung des Bestandes verzichten, empfiehlt sich ein nur mäßiges Eingreifen, um den Altholzbestand möglichst lange erhalten zu können. Da es sich bei den Höhlenbäumen zumeist um vitale Buchen handelt, können sie jahrzehntelang stehen bleiben.

Beginnend mit dem Trockensommer 2018 hat der beschleunigte Klimawandel allerdings in einigen nutzungsfreien Buchenalthölzern unerwartet schnell die Zerfallsphase eingeleitet und damit verschwanden auch Höhlenzentren, die man eigentlich durch den Verzicht auf Bewirtschaftung langfristig erhalten wollte. Je älter der Wald, je trockener der Standort und je mehr aufgelichtete Ränder vorhanden sind, umso schneller können die Buchenwälder zusammenbrechen. Damit steht auch die Frage im Raum, ob nicht stillgelegte Waldflächen wieder in die Bewirtschaftung zurückgenommen werden sollten, wenn alle Alt- und Totholzstrukturen vollständig verschwunden und nur noch nachgewachsener Jungwald vorhanden ist.

Einzelne Höhlenbäume bieten sich immer als Ausgangspunkt für nutzungsfreie Habitatbaumgruppen an, auch wenn durch die Holzernte in der Umgebung die Verjüngung von den Seiten hereinlaufen und den Generationswechsel im Wald beschleunigen wird.

Abb. 54: Nach der Freistellung ist die Buche in Höhe der Schwarzspechthöhle gebrochen.

Arten suchen sich ihre Schutzgebiete selbst aus

Im Revier Gaggenau in Baden-Württemberg wurden auf 1 100 ha Waldfläche bei einer gezielten Kartierung 75 Bäume mit Schwarzspechthöhlen gefunden. Dabei handelte es sich ausschließlich um Rotbuchen. Das ergibt eine durchschnittliche Anzahl von 6,8 Höhlenbäumen je 100 ha Waldfläche und damit einen der höchsten deutschlandweit bekannten Werte (Sikora 2010). Über das Alt- und Totholzkonzept soll diese große Höhlenbaumdichte erhalten werden. Neun Höhlenzentren in Buchenalthölzern wurden als Waldrefugien mit einer Gesamtfläche von 17 ha ausgewiesen und somit dauerhaft aus der forstlichen Nutzung genommen. Damit konnten nicht nur die Höhlenzentren erhalten werden, sondern es sind kleine Schutzgebiete für alle in alten Buchenwäldern lebenden Organismen entstanden. Bekanntermaßen entwickelt sich ein Großteil der Biodiversität an der Buche erst im höheren Alter jenseits des forstlichen Nutzungszeitraumes (Flade et al. 2007). An 19 weiteren Waldorten standen einzelne oder Kleingruppen von 2 bis 3 Höhlenbäumen. Diese wurden in Habitatbaumgruppen von jeweils ca. 10 Bäumen integriert, die ebenfalls nicht mehr genutzt werden. Wenn man einer Habitatbaumgruppe eine geschätzte Fläche von 0,05 ha zuweist, sind das nochmals 1 ha Stilllegungsfläche. Insgesamt wurden somit 18 ha Buchenwald, das sind 1,6 % der Gesamtfläche des Forstrevieres, speziell für den Schwarzspecht und seine Nachmieter aus der Nutzung genommen. Dieser Nutzungsverzicht reicht also selbst bei einer außergewöhnlich hohen Höhlenbaumdichte aus und unter durchschnittlichen Verhältnissen dürfte es ein deutlich geringerer Flächenbedarf sein. Die Trefferquote für den Schutz der Zielarten ist hoch und der wirtschaftliche Verlust gering, wenn man sich an den vorhandenen Habitatstrukturen orientiert (Mergner 2018). Der Schwarzspecht hat sozusagen die Flächen selbst ausgesucht. Eine Orientierung an tatsächlichen Artvorkommen ist immer effektiver als eine möglichst regelmäßige Verteilung von Schutzgebieten über die Fläche aus Gründen einer theoretischen Vernetzung.

Abb. 55: Blick in das größte Höhlenzentrum in Gaggenau, in der Mitte ein Höhlenbaum. 150-jähriges Buchenaltholz mit 2,6 ha Größe und 9 Höhlenbäumen, als Waldrefugium dauerhaft aus der forstlichen Nutzung herausgenommen. Der Hallenbestand mit wenig Zwischenstand ist auch typischer Lebensraum des Waldlaubsängers (*Phylloscopus sibilatrix*) und ein geeignetes Jagdgebiet für das Große Mausohr (*Myotis myotis*), das hier freien Zugang zu am Boden lebenden Laufkäfern findet. Diese Arten meiden die Naturverjüngung und benötigen bodenkahle Waldflächen. Ohne Auflichtung durch die Holzernte lässt sich dieser Lebensraum länger erhalten.

Abb. 56: Zusammenbruch eines Buchenaltholzes im Klimawandel.

Bei allen ökologischen Vorteilen, die nutzungsfreie Altholzinseln bieten, darf man nicht vergessen, dass Flächenstilllegungen im Kommunalwald in der Regel als Ausgleich für die Realisierung von Bauvorhaben verwendet werden. Für eine Naturzerstörung an anderer Stelle sollte im Wald dann auch ein echter Mehrwert für den Naturschutz entstehen. Bei den Waldrefugien sollte es sich um hochwertige Lebensräume handeln, allein der schwammige Begriff des „Prozessschutzes" ist zumindest auf kleinen Flächen keine überzeugende naturschutzfachliche Begründung. Insofern macht es auch wenig Sinn, eine vorgegebene Prozentzahl der Waldfläche aus der Nutzung zu nehmen. In der freien Landschaft werden auch nur hochwertige Biotope unter Schutz gestellt und nicht um ökologisch weniger interessante Flächen ergänzt, damit eine bestimmte Prozentzahl erreicht wird. Unabhängig davon, wie wichtig nutzungsfreie Altholzinseln für den Naturschutz sind, sollte ihre Gesamtfläche auch nicht zu groß werden. Man darf den nachfolgenden Generationen keine zugebaute Landschaft und als „Ausgleich" dafür einen Wald, den sie nicht mehr nutzen dürfen, hinterlassen.

2.3.2 Mittelspecht

Der unauffällige und oft übersehene Mittelspecht ist aus mehreren Gründen eine der wichtigsten Arten für den europäischen Vogelschutz. Er hat ein relativ kleines Verbreitungsgebiet, in Deutschland brüten über 15 % des gesamten Weltbestandes (Gedeon

Abb. 57: Mittelspecht mit roter Kopfkappe, hellerem Gesicht und anderer Bauchzeichnung als der Buntspecht auf der rechten Seite.

et al. 2014). Somit besitzen wir eine große Verantwortung für seine Erhaltung. Und er ist immer ein sicherer Anzeiger für eine hohe Artenvielfalt, da seine Brutreviere in totholzreichen, alten Laubwäldern zu finden sind. Mit seinem schwachen Schnabel stochert er bei der Nahrungssuche an Bäumen mit grober Rinde und findet deshalb an der Eiche optimale Bedingungen. Mehrere Hektar große Eichenwälder ab dem Alter von 100 Jahren sind in der Regel von ihm besiedelt. Selbst kleine Bestände ab 1 ha beherbergen regelmäßig Mittelspechtreviere, sofern sie in größere Waldflächen eingebettet sind.

Er brütet ebenso in Beständen anderer grobborkiger Baumarten wie Erlen, Eschen, Pappeln, Silberweiden, Ulmen und Esskastanien. Die Buche mit ihrer glatten Rinde bietet ihm bei den im Wirtschaftswald üblichen Umtriebszeiten von 120 bis 140 Jahren keinen Lebensraum – wenn sie aber in die Zerfallsphase kommt und ihre Oberfläche rauer wird, brüten auch im Buchenwald Mittelspechte (Zahner & Wimmer 2019). Er ist somit eine Art, die in allen alten Laubwäldern vorkommen kann. Auch in Streuobstwiesen mit alten Bäumen ist der Mittelspecht zu finden.

In den letzten 30 Jahren haben seine Bestände in Deutschland zugenommen und er konnte sein Verbreitungsgebiet erweitern (Gedeon et al. 2014). Das ist ein deutliches Indiz für eine ökologische Forstwirtschaft und deckt sich mit dem durch die Bundeswaldinventuren belegten höheren Alter der Wälder und dem gestiegenen Tot- und Laubholzanteil (BMEL 2018). Die starke Zunahme in einem relativ kurzen Zeitraum kann aber vermutlich nicht allein in Lebensraumverbesserungen begründet sein, die im älter werdenden Wald nur sehr langsam ablaufen. Möglicherweise begünstigen ihn die milderen, schneearmen

Abb. 58: Alte Eichen, optimaler Lebensraum des Mittelspechtes.

Abb. 59: Jenseits der wirtschaftlichen Nutzbarkeit bekommt auch die Buche eine für den für den Mittelspecht geeignete Rindenstruktur.

Winter, in denen der die Oberfläche absuchende Mittelspecht weniger Schwierigkeiten bei der Nahrungssuche hat (Mollet et al. 2009). Auch eine durch die Klimaentwicklung bedingte Zunahme von Waldinsekten könnte eine Rolle spielen und ganz aktuell profitiert er, zumindest kurzfristig, von stark ansteigenden Totholzmengen in absterbenden Laubwäldern.

Nachhaltige Eichenwirtschaft

Die Eiche spielt die zentrale Rolle bei der Erhaltung des Mittelspechtes im Wirtschaftswald. Ihre Bedeutung ist in den letzten Jahren weiter gestiegen, nachdem mit Ulme, Esche und Esskastanie weitere für ihn wichtige Baumarten durch Pilzkrankheiten verschwinden. Ab dem Alter von ca. 100 Jahren beginnen die Mittelspechte in den Eichenwäldern zu brüten. Je langsamer die Nutzung erfolgt, umso länger bleiben seine Habitate erhalten. Lässt man die Eichen 200 Jahre alt werden, bieten sie dem Mittelspecht 100 Jahre lang einen geeigneten Lebensraum. Damit ist der Mittelspecht eine Art, die gut in die Waldwirtschaft integriert werden kann. Er profitiert ohnehin von der Bewirtschaftung, weil die Eiche dadurch gefördert wird. Ohne ein regelmäßiges Freistellen könnte sie sich auf den meisten Standorten vor allem in der Jugend nicht gegen die Konkurrenz der Buche behaupten. In älteren Eichenwäldern sind die üblichen Pflegeeingriffe und die Entnahme von Wertholz kein Problem, sofern der Bestand als solcher erhalten bleibt. Es gibt viele Beispiele für eine schonende Bewirtschaftung von Eichenalthölzern über Jahrzehnte mit nicht zu starken Eingriffen, der Erhaltung von Habitatbäumen und konstant hohen Zahlen von Mittelspechten.

Waldbaukonzepte mit einer frühen, starken Freistellung der Zukunftsbäume und relativ geringem Zieldurchmesser lassen die Eichen allerdings nicht mehr so alt werden. Dadurch verkürzt sich die Zeitspanne, in der der Mittelspecht den Wirtschaftswald besiedeln kann. Die schnellere Nutzung jüngerer Bäume dürfte auch eine insgesamt deutlich geringere Strukturvielfalt und Biodiversität in den Eichenwäldern bedeuten.

Genauso wichtig wie die möglichst lange Erhaltung der Althölzer ist der Blick in die

Abb. 60: Kleinkahlschlag mit Eichennaturverjüngung. Von der Lichtung profitieren der Grauspecht und verschiedene Waldschmetterlinge, von den jungen Eichen spätere Generationen des Mittelspechtes.

Abb. 61: 160-jähriger, nutzungsfreier Eichenwald von geringem wirtschaftlichem und hohem ökologischem Wert, Brutrevier des Mittelspechtes.

Abb. 62: Das gleiche Bild 10 Jahre später – lokal kann sich in kurzer Zeit Totholz anreichern. Ist der ganze Bestand zusammengebrochen, verschwindet aber auch der Mittelspecht.

Zukunft auf den Eichennachwuchs. Irgendwann werden die alten Eichen geerntet sein oder auch von allein absterben. Weil die Eiche als Lichtbaumart Freiflächen benötigt, muss sie mit Kleinkahlschlägen verjüngt werden. Soll sie über Naturverjüngung vermehrt werden, bedeutet eine Sicherung der zukünftigen Mittelspechthabitate gleichzeitig eine Beeinträchtigung der aktuellen Vorkommen, weil die vorhandenen Althölzer dafür stark aufgelichtet werden müssen. Obwohl gefällte Alteichen immer einen konkreten Lebensraumverlust bedeuten, ist dieser Kreislauf auch im Sinne der langfristigen Erhaltung des Mittelspechtes. Wird die Eichenwirtschaft auf großer Fläche betrieben, fällt der Verlust eines Altholzes nicht so sehr ins Gewicht. Sind nur wenige Eichenalthölzer vorhanden, sollte man durch die Streckung des Nutzungszeitraumes versuchen, die Zeit zu überbrücken, bis wieder andere Flächen in ein für den Mittelspecht geeignetes Alter hineingewachsen sind.

Nutzungsverzicht

Vor allem mattwüchsige und grobastige Eichenalthölzer auf mageren Standorten bieten sich als nutzungsfreie Altholzinseln an. Hier ist auch die Buche zumeist nicht so konkurrenzstark, dass sie die Eiche in absehbarer Zeit verdrängen könnte. Wenn die Eiche eine gewisse Größe erreicht hat, kann sie sich vermutlich aufgrund ihrer längeren Lebensdauer und geringeren Empfindlichkeit bei Trockenheit gegen die Konkurrenz durch die Buche behaupten. Aber auch die Buche selbst wird, wie oben geschildert, im hohen Alter jenseits der wirtschaftlichen Nutzung zum Lebensraum des Mittelspechtes.

Auch einzelne Habitatbaumgruppen können wichtige Bestandteile seines Lebensraumes sein. Einige Alteichen am Waldrand, benachbart zu Obstwiesen mit grobborkigen Birnbäumen, können in der Summe für ein Mittelspechtrevier ausreichen. Qualitativ schlechte Alteichen sollte man aufgrund ihrer hohen Bedeutung für den Artenschutz bei gleichzeitig geringem wirtschaftlichem Nutzen immer stehen lassen und durch Freistellung fördern.

Kleinhöhlen

Im Gegensatz zur Schwarzspechthöhle wird die Bedeutung der Höhlen der kleineren Arten Bunt- und Mittelspecht für den Artenschutz zumeist geringer bewertet. Einerseits sind sie um ein Vielfaches häufiger vorhanden, andererseits werden sie von Kleinvögeln offensichtlich gar nicht so oft als Brutplatz gewählt. Schmale Spalten, in die sie gerade so hineinkommen, scheinen ihnen mehr Sicherheit vor Fressfeinden zu versprechen (Günther & Hellmann 1997). Auch die Prädation durch den Buntspecht selbst, der in seinen alten Höhlen die Jungvögel kleinerer Singvögel findet, könnte ein Grund dafür sein (Zahner & Wimmer 2019, Gatter & Mattes 2018).

Abb. 63: Wulsthöhle in Eiche.

Abb. 64: „Holzkopf“.

Für Fledermäuse sind sie allerdings offensichtlich wichtiger als die Großhöhlen, wie im Kapitel über diese Artengruppe beschrieben wird.

Auch Buntspechte arbeiten an ihren Höhlen in lebendigen Bäumen den Eingang nach, um ein Überwallen zu verhindern. Im Laufe der Zeit können dabei auffällige Wülste entstehen, die ein Hinweis auf eine schon lange bestehende, alte Höhle sind (Abb. 63). Die Wulstbildung könnte aber auch mit Astabbrüchen oder einer individuellen Reaktion des Baumes zusammenhängen. Im Harz konnte festgestellt werden, dass sie durch ihr Alter häufig im Innenraum ausgefault und wegen ihrer Größe für die dort noch vorhandenen baumbrütenden Mauersegler (*Apus apus*) besonders attraktiv sind (Günther & Hellmann 2004). Andere Beobachtungen (C. Wurst 2023, mündl.) lassen keinen Zusammenhang zwischen der Wulstbildung und der Höhlengröße erkennen. Auch mehrere Eingänge weisen auf einen besonders geräumigen Innenraum hin und bilden manchmal bizarre Formen (Abb. 64).

Abb. 65: Großer Goldkäfer.

Alte Kleinhöhlen können einen Mulmkörper aufweisen und bieten damit ein geeignetes Substrat für den Nachwuchs des Großen Goldkäfers (*Protaetia aeruginosa*), einen Verwandten des bekannten Rosenkäfers. Der ausgewachsene Käfer ist selten zu sehen, aber seine Larven sind in Baumhöhlen regelmäßig anzutreffen. Der wirtschaftliche Nutzen solcher Bäume ist durch die tiefgehende Fäule ohnehin stark eingeschränkt und man sollte sie aufgrund ihrer Lebensgemeinschaften erhalten.

Abb. 66: Im Mulmkörper von ausgefaulten Spechthöhlen leben seine Larven (mit 1-Euro-Münze zum Größenvergleich). Setzt man sie zurück, stellt den Stammabschnitt vor Ort auf und deckt das Loch gegen Regen ab (mit Ausflugmöglichkeit), können sie vielleicht noch ihre Entwicklung beenden.

2.3.3 Grauspecht

An den ersten sonnigen Tagen im Februar ist im noch winterkahlen Laubwald wieder das melancholische Pfeifen des Grauspechtes zu hören. Es ist leicht vom hellen „Lachen" des Grünspechtes zu unterscheiden, der ihm beim flüchtigen Abfliegen von der Wegböschung sehr ähnlich ist. Während der Grünspecht am häufigsten in Streuobstwiesen und am Waldrand zu finden ist, befinden sich die Reviere des Grauspechtes auch tiefer im Waldesinneren. In lichten Laubwäldern können die Zwillingsarten zusammen im gleichen Lebensraum vorkommen und scheinen dabei in Konkurrenz zueinander zu stehen.

Abb. 67: Grauspecht, Männchen mit roter Stirn.

Der Grauspecht besitzt ähnlich weitläufige Reviere wie der Schwarzspecht von über 100 ha Größe. Sein optimaler Lebensraum sind totholzreiche Althölzer in Nachbarschaft zu offenen Waldflächen mit Schneisen, Wegen, Kulturen und Waldwiesen. Ähnlich wie der Grünspecht sucht er auch gerne die Nähe des Waldrandes. Auf lichten Waldflächen und im Grünland findet er bodenbewohnende Ameisen, welche im Sommer über 90 % seiner Nahrung ausmachen (Grendelmeier & Pasinelli 2020). Er bearbeitet aber auch Totholz und grobe Borke auf der Suche nach Insekten und kann auf vegetarische Nahrung wie Samen und Obst ausweichen, im Winter besucht er sogar Futterstellen und verzehrt dort tierische Fette (Südbeck & Brandt 2004). Diese Vielseitigkeit ist vermutlich der Grund dafür, dass sein Bestand im Gegensatz zu dem stärker auf Ameisen spezialisierten Grünspecht nicht wesentlich durch Kältewinter beeinflusst wird. Der Grünspecht ist immer auf einen freien Zugang zu seiner Ameisennahrung angewiesen und sein Bestand sinkt in kalten, schneereichen Wintern deutlich ab. Der flexiblere Grauspecht kann dagegen bei hoher Schneelage auf andere Nahrungsquellen ausweichen.

Abb. 68: Grünspecht mit roter Kopfkappe und schwarzer „Räubermaske".

Abb. 69: Mit seiner graugrünen Farbe ist der Grauspecht nicht nur bei der Suche nach Ameisen im Gras, sondern auch auf der Buchenrinde getarnt.

Zur Balzzeit trifft man den Grauspecht auffallend oft in den ältesten Laubholzbeständen an. Hier zimmert er seine Bruthöhle gerne in alte Buchen. Ein Nutzungsverzicht in alten Laubwäldern kommt somit auch ihm zu Gute. Er hätte eigentlich davon profitieren müssen, dass die Totholzvorräte in den letzten Jahrzehnten gestiegen sind. Der Grauspecht ist aber trotzdem deutlich seltener geworden und wird aktuell in der Roten Liste sogar als „stark gefährdet" eingestuft (KRAMER et. al 2022). Die Ursache dafür liegt möglicherweise in dunkler und schattiger gewordenen Wäldern. Die Böden konnten sich von der jahrhundertelang praktizierten Waldweide, Streunutzung und intensiven Brennholzentnahme erholen und dadurch hat sich das Vegetationswachstum gesteigert. Zusätzlich trägt die Eutrophierung durch Stickstoffeinträge aus der Luft zu einer Zunahme von bodenbedeckenden Pflanzen wie der Brombeere bei. Kahlflächen schließen sich schneller und offene Bodenstellen bleiben nicht lange erhalten. Höhere Holzvorräte und naturnaher Waldbau mit flächendeckender Naturverjüngung führen zu dichteren und dunkleren Waldbeständen (GATTER 2000). Lichte und magere Standorte sind seltener geworden und damit haben sich vermutlich auch die Bedingungen für bodenbewohnende Ameisen als Nahrungsgrundlage für den Grauspecht verschlechtert. Die gegenläufige Bestandsentwicklung des Grünspechtes, der aktuell vom Klimawandel mit schneearmen Wintern profitiert und zunimmt, deutet allerdings auch auf Konkurrenz zwischen zwei nah verwandten Arten mit sehr ähnlichen Lebensraumansprüchen hin (MÜLLER 2011).

Waldwiesen

Wald- und Wildwiesen sind ameisenreiche Nahrungsflächen der beiden grünen „Erdspechte", für deren Erhalt und Pflege vielfach die Förster zuständig sind. Optimal zur Förderung von mageren, insektenreichen Wiesenflächen ist eine Mahd mit Abtransport des Mähgutes oder Beweidung. Das größte Problem ist es, einen interessierten Landwirt für die Nutzung und Pflege des Grünlandes zu finden. Für eine abgelegene Waldwiese ist er in der Regel nicht zu begeistern. Somit bleibt als einzig praktikable Lösung oft nur

Abb. 70: Kleine Waldwiese in einem Grauspechtrevier.

ein einmaliges Mulchen im Sommer. Trotz der Nachteile durch die Nährstoffanreicherung in der Mulchauflage und des Tötens von Kleintieren können aber auch auf diese Weise durchaus Orchideenwiesen und Insekten langfristig erhalten werden. Wird im Sommer, z. B. nach der Orchideenblüte gemulcht, zersetzt sich das Mulchgut noch und es entsteht keine oder nur eine geringe Streuauflage. Durch die Wahl des Zeitpunktes können gewünschte Pflanzenarten gezielt gefördert werden. Ein abschnittsweises Vorgehen im jahrweisen Wechsel erhöht die Überlebensrate der Insekten und ermöglicht ihnen eine rasche Wiederbesiedlung der gemulchten Flächen. Mulchen ist zwar die schlechteste Form der Pflege, aber entscheidend ist, dass überhaupt eine Pflege stattfindet, um die Verbuschung zu verhindern. Für die fachgerechte Behandlung des Grünlandes im Revier sind Förster aber nicht ausgebildet, doch vielleicht findet sich jemand mit Spezialkenntnissen vor Ort, bei dem man sich Rat einholen kann.

Waldwege

Die Böschungen der Waldwege und Polterplätze mit ihren lichten Waldinnenrändern sind einer der wichtigsten Insektenlebensräume im Wald. Ein geschotterter Waldweg mit blühenden Säumen lässt sich durchaus mit der natürlichen Struktur eines im Sommer ausgetrockneten Bachbettes vergleichen und dient beispielsweise Libellen als Wanderlinie. Feuersalamander, Erdkröten und Blindschleichen halten sich hier zur Nahrungssuche oder zum Sonnen auf, was allerdings häufig zu Verlusten durch den Autoverkehr im Wald führt. Auch die hügelbauenden Waldameisen sind hier oft anzutreffen und dienen den Spechten vor allem als Winternahrung. Grau- und Grünspechte sind neben den Waldwiesen fast nur entlang der Wege bei der Nahrungssuche zu sehen. Näheres zur Pflege und Erhaltung dieser Säume findet sich im Kapitel zu den Tagfaltern und Widderchen.

Lichtbaumarten

Eiche und Kiefer benötigen vor allem in der Jugendphase volle Sonneneinstrahlung zum Wachstum. Ihre Verjüngung erfordert eine

Abb. 71: Hügelbauende Waldameisen profitieren vom Licht an den Waldwegen.

Abb. 72: Kiefernnaturverjüngung nach starker Auflichtung.

starke Öffnung des Waldes und begünstigt dadurch auch den Grauspecht. Selbst wenn die Freiflächen nach ein paar Jahren wieder zugewachsen sind, fällt an den Rändern immer noch Licht in die benachbarten Bestände. Ebenso wie an den Waldwegen sind dies bevorzugte Standorte von Ameisenhaufen.

Lichte Wälder auf mageren Standorten

Zur Erhaltung von lichten Wäldern denkt man zunächst an Holzeinschlag und die Entnahme von Schattbaumarten wie der Buche. Nach dem Hieb wächst allerdings durch die Helligkeit und Bodenverwundung beim Holzrücken oft umso schneller die Naturverjüngung hoch und beschattet den Waldboden. Dadurch geht der Lebensraum

Abb. 73: Lichter Kiefernwald mit Heidekraut. Durch das Heraussägen von aufkommender Naturverjüngung kann man das Bild erhalten.

für lichtliebende Arten verloren. Diesen Prozess kann man durch einen Verzicht auf die Holzernte verlangsamen und somit solche „historischen“ Waldbilder noch etwas länger erhalten. Um den lichten Wald zu konservieren, bleibt ansonsten nur das Zurückdrängen der Naturverjüngung mit Motorsäge oder Freischneider. Auf großer Fläche wird das niemand ernsthaft betreiben wollen, aber punktuell lassen sich so durchaus artenreiche und malerische Waldbilder erhalten.

2.4 Eulen im Wald

A. KÜHNHÖFER

In den Wäldern Süddeutschlands kommen folgende Eulen in unterschiedlicher Verbreitung und Häufigkeit vor: Waldkauz, Uhu, Raufußkauz, Sperlingskauz und Waldohreule. Allen Eulen ist gemeinsam, dass sie selbst aktiv keine Nester bauen, sondern auf die Nester anderer Vogelarten angewiesen sind oder ihre Eier einfach direkt auf den Felsen, Boden oder in Baumhöhlen legen.

2.4.1 Waldkauz

Die mit Abstand häufigste Eulenart in unseren Wäldern ist der Waldkauz (*Strix aluco*). Seine Siedlungsdichte dürfte an die des Mäusebussards herankommen. Er bewohnt Nadel- und Laubwälder und ist bei der Wahl der Brutplätze flexibel: sowohl Gebäude- als auch Baumbruten finden statt. In Bäumen werden große Höhlen natürlichen Ursprungs und verlassene Schwarzspechthöhlen genutzt. Die Brutplätze befinden sich vorwiegend im Wald, aber auch in angrenzenden Gebäuden, einzeln stehenden Bäumen oder Streuobstbeständen. Der Waldkauz ist die Eulenart, die am häufigsten künstliche Nisthilfen annimmt.

Die Hauptnahrung des Waldkauzes sind Mäuse. Jedoch werden auch kleinere Vögel einschließlich der kleineren Eulenarten Sperlingskauz und Raufußkauz, die im gleichen Habitat leben, gejagt. In vielen Gebieten Süddeutschlands war lange Zeit der Waldkauz die größte Eule und nahm unter ihnen die Rolle des Spitzenprädators ein, der Uhu war damals ausgestorben. Dies hatte möglicherweise negative Auswirkung auf die Population der kleineren Eulenarten, vor allem auf den Sperlingskauz. Die Kleineulen wurden eventuell durch die Dominanz des Waldkauzes als Prädator in ihrem Bestand reduziert.

Durch die Rückkehr des Uhus ab Mitte des 20. Jahrhunderts trat dieser wieder an die

Abb. 74: Waldkauz vor seiner Bruthöhle.

Abb. 75: Brutplatz bzw. Tageseinstand an einem ehemaligen Forsthaus im Kamin. Auch in den Kaminen von Waldhütten finden Bruten statt, vor allem, wenn diese nicht regelmäßig genutzt werden.

Spitze der Nahrungskette unter den Eulen. In Gebieten, in den die Reviere der Uhus eng aneinanderliegen, betragen die Abstände der Brutplätze nur 2 bis 3 Kilometer voneinander. Hier scheinen die Uhus die Population der Waldkäuze zu reduzieren. Dadurch konnte sich möglicherweise der Sperlingskauz wieder erholen und sein Verbreitungsgebiet erweitern.

Abhängig von der Mäusepopulation schreitet der Waldkauz zur Brut. Bereits im Herbst beginnt eine intensive Balz, Bruten ab Anfang März sind möglich. Auffallend ist, dass die noch flugunfähigen jungen Eulen bereits im Alter von ca. 4 Wochen als sogenannte „Ästlinge“ den Brutplatz verlassen und dann scheinbar verlassen auf dem Boden, oft neben dem Waldweg, sitzen. Hier fragen immer wieder besorgte Waldbesucher und Wanderer nach Hilfsmaßnahmen. Bester Rat: Die Altvögel versorgen die Jungen bei Nacht – einfach nichts unternehmen.

Der Waldkauz erscheint derzeit nicht gefährdet und benötigt keine besonderen forstlichen Schutz- oder Hilfsmaßnahmen! Wichtig ist aber der Erhalt aller Bäume mit Großhöhlen. Besondere Vorsicht ist bei Verkehrssicherungsmaßnahmen geboten, wenn solche Bäume an Straßen oder Gebäuden aus Sicherheitsgründen gefällt werden müssen. Im zeitigen Frühjahr können in großen Höhlen bereits junge Waldkauze zu finden sein. Die Höhlungen können sich auch unter abgebrochenen Starkästen gebildet haben und sind von außen schlecht erkennbar. Diese Maßnahmen sollte man auf den Herbst und damit außerhalb der Brutzeit des Waldkauzes und anderer Vogelarten verschieben. Große Mulmhöhlen können auch ganzjährig von anderen Artengruppen wie Käfern bewohnt sein, deswegen sollte im Rahmen der artenschutzrechtlichen Prüfung immer die Möglichkeit einer Kappung des Baumes oberhalb der Höhle in Erwägung gezogen werden.

2.4.2 Uhu

Anfang des 20. Jahrhunderts war der Uhu (*Bubo bubo*) durch mehrere Ursachen ausgestorben. Alle Vögel mit krummen Schnäbeln wurden verfolgt, die Uhus wurden als Lockvögel für die „Hüttenjagd“ ausgehorstet und Störungen an den Brutplätzen führten zur Aufgabe der Bruten. Aufgrund gezielter Schutzmaßnahmen und Unterschutzstellung wurde in den 1950er-Jahren zuerst die obere Donau wieder besiedelt. Wahrscheinlich waren dies Uhus aus der angrenzenden schweizerischen Population. Wiederansiedlungsmaßnahmen waren zu dieser Zeit nicht besonders erfolgreich. In den 1970er- und 1980er-Jahren wurden von der Schwäbischen Alb aus die Gebiete im Norden Baden-Württembergs und nach und nach auch der Schwarzwald wieder besiedelt. Der Uhu ist keine reine Waldart, sondern besiedelt sowohl Offenland- als auch Waldlebensräume. Natürliche Brutplätze sind überwiegend freistehende Felsen im Wald und Offenland. Komplett zugewachsene Felsen werden gemieden, ein gewisser freier Anflug ist nötig.

Steinbrüche ähneln den natürlichen Felsen, mittlerweile werden zahlreiche aktive und aufgelassene Steinbrüche als Brutplätze genutzt. Dabei können Abbauwände bereits nach wenigen Jahren besiedelt werden. Abbaulärm und regelmäßig arbeitende Werke werden dabei toleriert. In Bezug auf die Wahl der Brutplätze ist der Uhu flexibel: Aufgelassene Großvogelhorste in Bäumen, z. B. vom Mäusebussard oder von Milanen, wurden ebenso wie Gebäudebruten in Ruinen und Kirchtürmen nachgewiesen, auch reine Bodenbruten beim Fehlen von Felsen sind bekannt. Dies erschwert natürlich die Brutplatzsuche und -kontrolle. Die perfekte Tarnung durch die braune Färbung tut ein Übriges.

Uhus sind Standvögel, bereits im Herbst findet eine Herbstbalz statt. Der Brutbeginn kann dann an sonnigen Plätzen bereits Mitte Februar starten. Vor allem in der ersten Zeit sind die Bruten gegen Störungen sehr empfindlich. Hier sollten in einem Umkreis von ca. 300 bis 500 m um die Brutplätze keine störenden Forstarbeiten, insbesondere Holzernte, stattfinden. Bei Flächenloskunden ist der Hinweis, dass von Mitte Februar bis Mitte Juni die Arbeit zu unterbrechen ist, sinnvoll.

Auch bei den Uhus sind die Jungvögel schon früh vor dem Flüggewerden bereits zu Fuß unterwegs und verlassen auf diese Art die Brutplätze. Hieran schließt sich eine lange Versorgungsphase an, bis in den Herbst hinein werden die Jungvögel gefüttert. Die Tageseinstände der Altvögel befinden sich vielfach in alten Bäumen in Sicht- oder Rufweite der Brutplätze, oft im Gegenhang des Brutplatzes. Am Fuß dieser Bäume sind die Gewölle der Uhus zu finden, da die Altvögel während der Ruhephasen die unverdaulichen Teile der Nahrung ausstoßen. Die abendliche Balz des Uhu-Männchens beginnt oft an diesen Ruhebäumen und somit in gewisser Entfernung zum eigentlichen Brutplatz.

Abb. 76: Freistellung eines Felsen – komplett zugewachsene Felsen werden als Brutplatz gemieden. Die Mindesthöhe kann gering sein, ab 6–10 m freier Wand kann diese als Brutplatz dienen. Auch Reptilien wie Eidechsen oder die Schlingnatter profitieren von Felsfreistellungen, Schmetterlinge können sie für die Gipfelbalz (hilltopping) nutzen und finden hier Eiablagepflanzen in thermisch begünstigter Lage.

Abb. 77: Seit mindestens 40 Jahren aufgelassener Steinbruch auf der Schwäbischen Alb, seit vielen Jahren regelmäßiger Brutplatz des Uhus. Spätestens wenn die aufkommenden Weiden die Brutwand komplett bewachsen haben, sollten diese entfernt werden.

Abb. 78: Auch in aktiven Steinbrüchen finden die Uhus Brutplätze: Bereits nach wenigen Jahren können neu entstandene Felswände besiedelt werden. Regelmäßiger, gleichbleibender Abbruchlärm stört dabei nicht.

Abb. 79: Circa 4 Wochen alte Junguhus an einem natürlichen Felsbrutplatz. Nach Ausfliegen des Uhus kann an den Rupfungen die erfolgte Brut nachgewiesen werden. Ein wichtiger Hinweis auf die Anwesenheit des Uhus sind Reste von Igelhäuten, er kann die stacheligen Igel „öffnen" und als Beute nutzen.

Interaktion zwischen Uhu, Wanderfalke und Kolkrabe

An natürlichen Felsstandorten konnten sich die Wanderfalken auf der Schwäbischen Alb auch in den Kriegs- und Nachkriegsjahren mit wenigen Brutpaaren halten. Konkurrenz durch den Uhu gab es nicht, da er zu dieser Zeit ausgestorben war. Durch das Verbot des Insektizids DDT und gezielten Artenschutz konnte sich der Bestand des Wanderfalken wieder erholen und eine natürliche Wiederbesiedlung Süddeutschlands war möglich. Seit der Wiederkehr des Uhus hat dieser zunehmend die Felslandschaften besiedelt und Zug um Zug die Wanderfalken aus diesem Bruthabitat gedrängt. Vor allem die jungen Wanderfalken werden kurz vor dem Ausfliegen vom Uhu in den Horstmulden geschlagen, es fallen jedoch auch adulte Wanderfal-

Abb. 80: Natürlicher Felsbrutplatz von Wanderfalke und Uhu auf der Schwäbischen Alb. Jahrzehntelang vom Wanderfalken genutzt, mittlerweile brütet dort der Uhu. Die Wanderfalken besetzen das Habitat weiterhin, allerdings können sie nur noch selten erfolgreich brüten.

ken in das Beutespektrum der Uhus und werden erbeutet. An vielen natürlichen Felsstandorten finden daher keine erfolgreichen Bruten der Wanderfalken mehr statt. Trotzdem haben sich die Bestände der Wanderfalken weiter erhöht – Bruten an Gebäuden, Masten und in letzter Zeit auch einzelne Baumbruten können die Verluste an Felsen kompensieren.

An natürlichen Felsbrutstandorten kann das Anbringen von Schutzgittern durch Experten eine Artenschutzhilfsmaßnahme für den Wanderfalken darstellen. Sie verhindern, dass die größeren Uhus in die Brutnischen des Wanderfalken eindringen können. Der Kolkrabe als vermeintlich „intelligentere" Vogelart bemerkt die Anwesenheit des Uhus zügig und vermeidet Bruten im gleichen Gebiet bzw. bricht die Brut ab und wechselt den Standort. Kolkraben und Wanderfalken können im gleichen Gebiet erfolgreich brüten. Kolkraben starten meistens mit der Brut bereits früher, die jungen Kolkraben können noch im kahlen Frühlingswald ausfliegen.

Abb. 81: Am natürlichen Felsstandort konnten ca. 3 Wochen alte Wanderfalken mit roten Ringen beringt werden.

2.4.3 Raufußkauz

Der etwa drosselgroße Raufußkauz (*Aegolius funereus*) ist ein typischer Bewohner montaner Wälder mit enger Bindung an Nadelholzbestände. Als Brutplatz dienen fast ausnahmslos verlassene Höhlen des Schwarzspechts. In den buchendominierten Gegenden Süddeutschlands sind dies überwiegend Höhlen in starken, alten Buchen. In Wäldern, in denen weniger alte Buchen vorkommen, wie z. B. Schwarzwald und Schwäbischer Wald, wählt der Schwarzspecht auch andere Baumarten wie die Weißtanne. Der Raufußkauz ist zwingend auf den Schwarzspecht als Höhlenbauer angewiesen. Nistkästen werden, wenn genügend Schwarzspechthöhlen vorhanden sind, nur sehr selten angenommen. In Wäldern, in denen sich nur wenige oder keine Schwarzspechthöhlen befinden, z. B. in reinen Nadelwäldern, können aber mit dem Anbringen von künstlichen Nisthöhlen die Bestände des Raufußkauzes deutlich gestützt werden. Selbstgefertigte Nisthöhlen aus ausgehöhlten Fichtenhölzern weisen die besten Reproduktionsraten auf. Wichtig ist das An-

Abb. 82: Raufußkauz an künstlichem Nistkasten aus ausgehöhlter Fichte mit Marderschutzblech.

Abb. 83: Beringung von Hohltaube und Raufußkauz in luftiger Höhe an Schwarzspechthöhlen liefert wichtige Aussagen über das Zuggeschehen.

bringen eines Schutzes gegen das Eindringen des Baummarders als Fressfeind.

Als Nahrung werden waldbewohnende Mäuse gefangen. Hier besteht eine enge Bindung an die Mäusepopulation, in Jahren mit hoher Dichte beginnen die Raufußkäuze mit der Balz im Winter und es folgt eine Brut ab März. Der Bestand der Waldmäuse wiederum ist von der Mast der Waldbäume, vor allem der Buche, abhängig. In Jahren mit geringem Mäusebesatz sind kaum bzw. keine Balzrufe des Raufußkauzes zu hören, Bruten finden nicht statt und ein Teil der Raufußkauzpopulation wandert in Gebiete mit höherer Mäusedichte ab.

Derzeit liegt der Verbreitungsschwerpunkt des Raufußkauzes in der montanen Stufe ab ca. 600 m Höhenlage. Diese Wälder sind aktuell noch nadelholzdominiert. Ob eine Erwärmung und damit verstärkter Laubholzanbau Auswirkungen auf die Population des Raufußkauzes haben wird, lässt sich derzeit nicht absehen. Aufgrund der sehr engen Bindung kommt dem Schutz der Schwarzspechthöhlen eine zentrale Bedeutung zu.

Abb. 84: Von der Ausweisung von Waldschutzgebieten wie Bann-, Schonwäldern und Waldrefugien mit alten Buchen profitiert der Raufußkauz, weil dadurch die Schwarzspechthöhlen gut geschützt sind.

2.4.4 Sperlingskauz

Die kleinste heimische Eule ist der Sperlingskauz (*Glaudicum passerinum*). Er war in der Zeit nach dem Zweiten Weltkrieg in Süddeutschland ausgestorben. Mittlerweile hat der Sperlingskauz die waldgeprägten Teile Baden-Württembergs zu großen Teilen wiederbesiedelt. Er hat mehrere Besonderheiten und weicht daher von den anderen Arten ab. Diese Kleineule ist auch tagaktiv und ruft gemeinsam mit anderen Singvögeln ihren nicht gerade eulentypischen Ruf. Meistens bemerkt man ihn durch den Herbstgesang, eine etwas schräg gepfiffene Tonleiter, die in der Morgendämmerung im ansonsten stillen Herbstwald auffällt. Die Nahrung besteht überwiegend aus Kleinvögeln wie Meisen und Buchfinken.

Als Brutplatz nutzt er verlassene Buntspechthöhlen als Nachmieter. Dies macht aus forstlicher Sicht die Suche und den Schutz der Nisthöhlen sehr schwierig, da es zahlreiche Buntspechthöhlen im stehenden Totholz und auch in lebenden Bäumen gibt. Erkennbar sind die besetzten Höhlen oft an den Federn der geschlagenen Singvögel, die zur Fütterung in die Höhle eingetragen werden. Am Höhleneingang verbleiben einige kleine

Abb. 86: Brutplatz des Sperlingskauzes in einer Buntspechthöhle in einer Fichte. Gut erkennbar ist das verschmutzte Umfeld des Höhleneingangs. Trotzdem sind diese Brutplätze extrem schwer zu finden.

Abb. 85: In einem Waldrefugium befindet sich eine abgebrochene Buche mit Buntspechthöhlen, diese dienen dem Sperlingskauz als Brutplatz.

Abb. 87: Sperlingskauz.

Federn, die auf eine Besiedelung durch den Sperlingskauz hinweisen.

Der Schutz der Buntspechthöhlen hat für den Sperlingskauz eine zentrale Bedeutung. Allerdings ist dies in der Praxis manchmal schwierig, so kann gelegentlich ein Konflikt zwischen Höhlenschutz und Forstschutz beim Befall von Borkenkäfern an Fichten entstehen.

2.4.5 Waldohreule

Nicht so häufig wie der Waldkauz, aber weit verbreitet, kommt als mittelgroße Eule die Waldohreule (*Asio otus*) vor. Sie ist nicht in geschlossenen Wäldern, sondern vielmehr in halboffenen Landschaften, Feldgehölzen und am Waldrand zu finden. In den höheren Lagen verlässt sie während der Wintermonate die Brutreviere und kehrt mit dem Einzug des Frühlings zurück. Ihre Brutplätze sucht sie in aufgelassenen Krähennestern. Diese finden sich im Wald oft hoch oben in älteren Fichten- oder Tannenbeständen und sind vom Boden aus nur schwer einsehbar. Daher besteht hier die Gefahr, dass die Nestbäume bei Erntearbeiten von Käferholz, aber auch bei planmäßigen Hieben versehentlich gefällt werden.

Abb. 88: Waldohreule am Nest.

2.5 Schwarzstorch – Horstschutz

M. HANDSCHUH
unter Mitarbeit von G. HEINE,
G. MALUCK und J. MÜLLER

In den letzten Jahrzehnten ist beim Schwarzstorch (*Ciconia nigra*) in Deutschland eine positive Bestandsentwicklung zu verzeichnen und er hat viele Gebiete wiederbesiedelt. Seit ungefähr der Jahrtausendwende brütet die Art auch wieder in Baden-Württemberg (HANDSCHUH et al. 2022). Der heimliche und störungsempfindliche Vogel ist in besonderem Maße auf einen ruhigen Brutplatz im Wald angewiesen. Eine Störung kann vor allem in der Zeit der Horstbesetzung im Februar und März zur Aufgabe des Nestes führen. Umso wichtiger ist es, die Horststandorte im eigenen Revier zu kennen, damit sie nicht durch forstliche Maßnahmen beeinträchtigt werden.

Die systematische Horstsuche ist eine zeitraubende, schwierige Angelegenheit und macht nur Sinn in Waldbereichen, in

Abb. 89: Schwarzstorch auf dem Ruhebaum in Horstnähe in einem oberschwäbischen Moorwald.

Abb. 90: Schwarzstorchhorst in altem Stammbruch einer Kiefer. Charakteristisch ist die Lage unterhalb des Kronendaches.

Abb. 91: Horst auf starkem Seitenast.

denen Brutzeitbeobachtungen von Störchen, die wiederholt in den Wald einfliegen, auf einen konkreten Brutplatz hinweisen. Dabei ist zu beachten, dass die Vögel schon einige hundert Meter entfernt vom Horst in den Wald „eintauchen" können und zwischen den Bäumen anfliegen. Die Horste sollten wegen besserer Entdeckbarkeit im Winter im unbelaubten Zustand und aus Gründen der Störungsvermeidung keinesfalls während der Brutzeit gesucht werden. Auf Wiesen und an Waldbächen nahrungssuchende Schwarzstörche entfernen sich regelmäßig viele Kilometer vom Horst und liefern somit keinen konkreten Hinweis auf den Brutplatz. Auch Durchzügler oder übersommernde Nichtbrüter können Einschätzungen erschweren.

Für die Horstanlage wählt der Schwarzstorch abgelegene und ruhige Waldbereiche, in denen ein ungestörtes Brüten möglich ist. Die Horste werden zumeist in wenig erschlossenen, wenig begangenen und forstwirtschaftlich kaum genutzten Flächen gebaut. In Baden-Württemberg sind das meist stufig aufgebaute und häufig feuchte oder anmoorige Wälder. Die Horste befinden sich zumeist in nadelholzdominierten Beständen, bevorzugter Horstbaum ist die Kiefer (Handschuh et al. 2020). Horste können sich in der Nähe von Wegen befinden, sind von dort aus aber in der Regel nicht einsehbar. Trotz ihrer Größe sieht man Schwarzstorchhorste oft erst, wenn man in unmittelbarer Nähe oder direkt unter dem Horstbaum steht, da ihre Lage so gewählt ist, dass Unterstand und Nachbarbäume Sichtschutz bieten.

Es gibt charakteristische Merkmale, anhand derer man einen Großhorst dem Schwarzstorch zuordnen kann. Allerdings gibt es keine Regel ohne Ausnahmen. Außerdem kann der Schwarzstorch auch Horste von Greifvögeln übernehmen, was andersherum genauso vorkommt und die Zuordnung erschwert. Ein wichtiger Hinweis ist die Lage des Horstes im Baum unter dem umgebenden Kronendach, meist auf zwei Drittel der Baumhöhe. Horste des Schwarzstorchs befinden sich nicht frei auf Überhältern über dem Kronendach. Allerdings werden im Freistand oder unter Licht aufgewachsene und entsprechend großkronige und starkastige Bäume („Protzen", vgl. Kap. 2.1) zur Horstanlage bevorzugt. In jüngeren Waldbeständen stammen solche Bäume oft noch aus der Vorbestockung.

Abb. 92: Schwarzstorchhorst mit arttypischer Moosauspolsterung in Bayern.

Abb. 93: Junge Schwarzstörche in einem viele Jahre alten Horst auf einer Nistplattform in einem oberschwäbischen Moorwald.

Das Nest wird gerne auf starken Seitenästen erbaut, regelmäßig nicht direkt am Stamm. Über dem Horst dürfen sich keine störenden Äste befinden, damit die Störche ungehindert auf dem Horst stehen können und ausreichend Platz für die Kopulation haben. Zumindest von einer Seite muss ein freier Anflug gewährleistet sein.

Der Horst ist oft relativ flach und rund wie ein Wagenrad. Neu oder hastig erbaute Horste können einen Durchmesser von nur 50 bis 60 cm aufweisen, ältere Horste sind oft weit über 1 m breit. Als Unterlage werden lange, fingerdicke Äste verbaut. Typisch für den Schwarzstorch ist eine Moosauspolsterung der Horstmulde, die mit dem Spektiv manchmal von unten erkennbar ist. Nach der Brutzeit kann das Moospolster zu einem auffälligen Grasbewuchs auf dem Horst führen. Unter dem Horst liegt oft heruntergefallenes Nistmaterial.

Ältere Horste können sehr groß und entsprechend schwer sein, wodurch sie je nach Baumbeschaffenheit absturzgefährdet sein können. In solchen Fällen kann eine Unterstützung durch eine Plattform eine Sicherungsmaßnahme sein. Veränderungen am Horst und in seinem Umfeld können allerdings zur Horstaufgabe führen. Daher ist die Schonung und Erziehung von dicken, starkastigen und großkronigen Bäumen eine wichtige Schutzmaßnahme für den Schwarzstorch.

Was ist zu tun, wenn ein Horst gefunden wurde? Abgesehen vom Forstrevierleiter, im Privatwald dem Waldbesitzer, dem Jagdausübungsberechtigten und der AG Schwarzstorch der Ornithologischen Gesellschaft Baden-Württemberg sollte keine weitere Person den Standort kennen. Je weniger Leute Bescheid wissen, umso sicherer ist es für die Störche. Im Januar sollte der Horst kontrolliert werden: Ist er stabil oder absturzgefährdet? Unbedingt vermieden werden sollte eine Störung der Altvögel am Brutplatz. Daher sollte der Horstbereich ab Februar bis Mitte Juni nicht mehr aufgesucht werden, um die aus dem Winterquartier ankommenden und sofort ihr Nest besetzenden oder später Eier ausbrütenden oder ihre kleinen Jungen bewachenden Vögel nicht zu stören. Mitte Juni sollte der Bruterfolg durch vorsichtige, zügige Beobachtung mit Spektiv oder Fernglas aus möglichst großer Entfernung kontrolliert werden. Dann sind die Jungen so groß, dass sie im Horst gut sichtbar und bis zu ihrem Ausfliegen meist keine wesentlichen Verluste mehr zu erwarten sind. Außerdem werden die Jungstörche zu dieser Zeit nicht mehr ständig von einem Altvogel bewacht, sondern oft stundenlang allein gelassen, während beide Elternvögel auf Nahrungssuche sind. Sollte während der Bruterfolgskontrolle ein Altvogel auftauchen, ist ein sofortiger Rückzug erforderlich. Sind die Jungen Mitte Juni noch zu klein, um sie zu zählen, sollte zu einem späteren Zeitpunkt eine weitere vorsichtige Horstkontrolle erfolgen.

In einer Horstschutzzone sollte die Bewirtschaftung auf den Schwarzstorch ausgerichtet werden. Dabei darf im engeren Umkreis von 100 m um den Brutplatz der Gebietscharakter nicht verändert werden. Im Bereich bis 300 m sollten keine forstlichen oder jagdlichen Aktivitäten in der Brutzeit von Mitte Februar bis Ende August stattfinden. Ab dem 15. Februar können die Schwarzstörche bereits am Brutplatz angekommen sein und ausgeflogene Jungvögel können bis Ende August noch eine Bindung an den Horst haben.

Wo eine reale Gefährdung besteht, kann gegen Waschbären und Baummarder um den Stamm des Brutbaumes auf Brusthöhe eine ca. 1 m hohe, unauffällig gefärbte Blech- oder Plastikmanschette als Kletterschutz angebracht werden. Der Waschbär ist mittlerweile nicht nur für Amphibien eine Gefährdung, sondern tritt auch als Nesträuber von Großvögeln wie Rotmilan, Graureiher, Kormoran oder auch dem Schwarzstorch auf. Manschetten am Brutbaum sollten nach Brutverlusten durch Waschbär oder Baummarder installiert werden und nur, wenn kein Überklettern von umgebenden Bäumen möglich ist, weil Veränderungen am Brutplatz möglichst zu vermeiden sind und man durch eine Manschette unter Umständen auf den Brutbaum aufmerksam macht. Daher sollte derzeit nicht „ohne Not“ eine Manschette angebracht werden.

Der Horstschutz beim Schwarzstorch kann exemplarisch auch für andere Großvögel wie Greifvögel, Kolkrabe oder Graureiherkolonien gesehen werden. In der Regel sind diese Arten nicht so störungsanfällig wie der Schwarzstorch. Dennoch sollte neben Rücksichtnahme auf ihre Brutzeit und dem Erhalt der Horstbäume immer auch darauf geachtet werden, den umliegenden Waldbestand nicht zu stark zu verändern.

Zur Nahrungssuche fischt der Schwarzstorch vor allem in Waldbächen, erbeutet aber auch kleine Wirbeltiere und Wirbellose in Tümpeln, Sümpfen, Weiden, Feuchtwiesen und Waldwiesen. Daher lässt sich mit der systematischen Anlage von Tümpeln im Wald, mit extensiver Waldweide sowie mit einer ökologischen Pflege von Waldwiesen der Lebensraum für den Schwarzstorch verbessern.

2.6 Tagfalter und Widderchen

H. HINNEBERG

184 Tagfalter- und 24 Widderchenarten kommen in Deutschland vor (REINHARDT et al. 2020). Die ursprünglichen Lebensräume vieler Arten dürften in lichten Waldgesellschaften gelegen haben, welche durch die Aktivität großer Pflanzenfresser geprägt waren. Beide Artengruppen haben einen vergleichsweise hohen Licht- und Wärmebedarf, sodass sie unter der heute üblichen Waldbewirtschaftung nur noch punktuell geeignete Lebensräume im Wald finden. Häufig werden Tagfalter und Widderchen deshalb nicht als typische Waldarten wahrgenommen. In reich strukturierten Waldgebieten mit größeren Freiflächen und unvollständigem Kronenschluss kann aber auch heute noch ein hoher Prozentsatz des regionalen Artenpools an Tagfaltern und Widderchen angetroffen werden (TREIBER 2003, HERMANN 2021).

Als Bestäuber von Blütenpflanzen und als Nahrungsgrundlage für Vögel und andere Insektenfresser nehmen Schmetterlinge in all ihren Entwicklungsstadien eine wichtige Rolle im Ökosystem Wald ein. Nicht zuletzt erfreuen sich auch Waldbesucher an den bunten Farben der Falter. Konzepte und Maßnahmen zum Schmetterlingsschutz im Wald sind deshalb überaus lohnend und leisten einen wichtigen Beitrag zum Erhalt der biologischen Vielfalt. Auch viele weitere Insektenarten können von Maßnahmen zur Förderung von Schmetterlingen im Wald profitieren.

Einige Schmetterlingsarten sind strikt auf Waldgebiete als Lebensraum spezialisiert. Waldbesitzer tragen daher eine besondere Verantwortung für den Erhalt dieser Arten, da sie außerhalb des Waldes nicht überleben können. Sie benötigen für die erfolgreiche Entwicklung ihrer Eier und Raupen eine im Vergleich zur Feldflur erhöhte Luftfeuchtigkeit, konstantere Wintertemperaturen oder den Schutz vor austrocknenden Winden, wie ihn insbesondere Lichtungen im Waldinneren bieten. Dazu kommt, dass die Raupen vieler Schmetterlingsarten zur Nahrungsaufnahme auf ganz bestimmte Pflanzenarten angewiesen sind, die ihrerseits selbst an Waldlebensräume gebunden sein können.

2.6.1 Wie lassen sich Tagfalter und Widderchen im Wald schützen?

Waldnaturschutz wird häufig mit Bannwäldern, der Anreicherung von Totholz oder dem Schutz einzelner, besonders wertvoller Quartierbäume für Vögel und Fledermäuse gleichgesetzt. Diese sehr wichtigen Artenschutzmaßnahmen können aber nur einem Teil der gefährdeten Tier- und Pflanzenarten der Wälder helfen. Gerade für den Schmetterlingsschutz kommt völlig unbewirtschafteten „Stilllegungsflächen" in der Regel nur eine untergeordnete Bedeutung zu. Bleiben Extremereignisse wie Stürme, Waldbrände oder Borkenkäferkalamitäten aus, können Schmetterlinge allenfalls nach langer Zeit von vollständig sich selbst überlassenen Waldflächen profitieren, wenn der Baumbestand die Zerfallsphase erreicht hat und natürliche Absterbeprozesse größere Lücken im Kronendach entstehen lassen. In aktiv bewirtschafteten Wäldern hingegen kann mehr als ein Drittel der heimischen Tagfalter und Widderchen durch gezielte Maßnahmen gefördert werden, darunter zahlreiche gefährdete Arten (Settele et al. 2015, Reinhardt et al. 2020). Der finanzielle, zeitliche und personelle Aufwand für Maßnahmen zum Schmetterlingsschutz ist meist überschaubar und eine positive Wirkung der Maßnahmen auf die Falterpopulationen kann sich bereits nach kurzer Zeit einstellen.

Für den effektiven Schutz von Schmetterlingen müssen alle Entwicklungsstadien vom Ei bis zum Falter berücksichtigt werden. Das besonders augenscheinliche Falterstadium nimmt im Lebenszyklus der meisten Schmetterlingsarten nur einen kleinen Teil ein, in der Regel wenige Tage bis Wochen (siehe Infobox „Blauschwarzer Eisvogel", Seite 127). Insbesondere die Habitatansprüche von Eiern, Raupen und Puppen sind für einen wirkungsvollen Schmetterlingsschutz entscheidend. So kann beispielsweise die Aussaat von Blühmischungen zwar helfen, die Energieversorgung im Falterstadium zu verbessern, eine für Tagfalterpopulationen relevante Schutzwirkung lässt sich allein dadurch aber nur in wenigen Fällen erzielen.

Viele Schmetterlingsarten besitzen spezifische Ansprüche bei der Wahl von Eiablage- und Raupennahrungspflanzen und gerade das Angebot geeigneter Wirtspflanzen hat oftmals den entscheidenden Einfluss auf die Entwicklung der Populationen. Die meisten Arten nutzen nur bestimmte Pflanzengattungen zur Eiablage, stark spezialisierte Arten mitunter nur eine einzige Pflanzenart. Neben der Art der Wirtspflanze können individuelle Pflanzeneigenschaften (z. B. Größe, Alter, chemische Blattzusammensetzung), das Mikroklima (Sonneneinstrahlung, Luftfeuchtigkeit) und die Struktur der Umgebungsvegetation das Angebot tauglicher Eiablagepflanzen stark einengen (García-Barros & Fartmann 2009). Exemplarisch zeigen das Forschungsarbeiten zum Gelbringfalter (*Lopinga achine*) in Südschweden (Bergman 2001). Dort legt die seltene Art ihre Eier an Berg-Seggen (*Carex montana*) ab und nutzt ausschließlich Habitate mit mindestens 60 %, aber nicht mehr als 85 % Kronenschluss. Bevorzugt werden vom Gelbringfalter Randstrukturen zur Eiablage genutzt. Ähnlich hohe Ansprüche an das Larvalhabitat zeigt der in Deutschland vom Aussterben bedrohte Blauschwarze Eisvogel (*Limenitis reducta*). Die Art ist ebenfalls stark an Wälder gebunden, bewohnt dort aber Freiflächen und benötigt zur Eiablage Rote Heckenkirschen (*Lonicera xylosteum*) in vollsonniger Lage. Ältere, weniger vitale Heckenkirschen, die nicht von Bäumen überschirmt werden, bevorzugt der Blauschwarze Eisvogel als Eiablageplatz (Hensel 2021).

Die lokal oft sehr spezifischen Habitatanforderungen von Tagfaltern und Widderchen können sich zwischen verschiedenen Teilräumen des Verbreitungsgebiets einer Art unterscheiden. Beispielsweise können einzelne Arten, die unter atlantisch geprägten Klimaverhältnissen Offenlandbiotope besiedeln, unter kontinentalen Klimabedingungen auf lichte Waldgebiete angewiesen sein. In Regionen mit vergleichsweise warmem Großklima können luftfeuchte Bach- und Flusstäler im Wald für manche Arten von entscheidender Bedeutung werden. Auch Präferenzen hinsichtlich Eiablage- und Raupennahrungspflanzen können einer räumlichen Variabilität unterliegen.

Es lassen sich jedoch trotz dieser geografischen Unterschiede der Lebensraumansprüche bei einzelnen Arten Schutzmaßnahmen für Schmetterlinge im Wirtschaftswald ableiten, die einem breiten Artenspektrum zugutekommen und für weite Teile Mitteleuropas Gültigkeit besitzen. Diese Schutzmaßnahmen werden in den nachfolgenden Unterkapiteln detailliert und mit einem Schwerpunkt auf der praktischen Maßnahmenumsetzung vorgestellt. Die nebenstehende Tabelle zeigt, welche gefährdeten Tagfalter- und Widderchenarten von den jeweiligen Maßnahmen profitieren können. Wer eine einzelne Art durch gezielte Maßnahmen fördern möchte, sollte sich mit den Lebensraumansprüchen der Art vertraut machen und durch ein regionales oder überregionales Atlaswerk (z. B. Reinhardt et al. 2020) abprüfen, ob die Art im betreffenden Naturraum vorkommt.

Tagfalter- und Widderchenarten der Roten Liste, die durch Schutzmaßnahmen im Wald gefördert werden können. Raupennahrungspflanzen und Maßnahmenempfehlungen nach Settele et al. (2015), Reinhardt et al. (2020) und eigener Einschätzung. Die Gefährdungskategorien entsprechen der Roten Liste Deutschlands (Reinhardt & Bolz 2011, Rennwald et al. 2011). 1: vom Aussterben bedroht, 2: stark gefährdet, 3: gefährdet, V: Vorwarnliste, G: Gefährdung unbekannten Ausmaßes. Bei der Förderung ausgewählter Baum- und Straucharten ist auf eine den Anforderungen der jeweiligen Zielart entsprechende Besonnung/Abschattung unbedingt zu achten.

Art	RL D	Wichtigste Raupennahrungspflanzen im Wald	Schaffung von Freiflächen im Wald und Ökotonen am Waldrand	Mosaikmahd und Brachestreifen an besonnten Waldwegrändern	Förderung ausgewählter Baum-/Straucharten
Blauschwarzer Eisvogel (*Limenitis reducta*)	1	Rote Heckenkirsche (*Lonicera xylosteum*)	X		X
Elegans-Widderchen (*Zygaena angelicae*)	1	Berg-Kronwicke (*Coronilla coronata*)	X		
Eschen-Scheckenfalter (*Euphydryas maturna*)	1	junge Raupenstadien: Esche (*Fraxinus excelsior*), später: krautige Pflanzen, u. a. Ehrenpreis (*Veronica* spp.)	X		X
Hochmoor-Bläuling (*Plebejus optilete*)	1	Moosbeere (*Oxycoccus palustris*), Rauschbeere (*Vaccinium uliginosum*)	X		
Kleiner Waldportier (*Hipparchia hermione*)	1	Gräser nährstoffarmer Standorte	X		
Mittlerer Perlmutterfalter (*Argynnis niobe*)	1	verschiedene Veilchen-Arten (*Viola* spp.)	X		
Blaukernauge (*Minois dryas*)	2	Gräser und Seggen, u. a. Pfeifengras (*Molinia caerulea*), Aufrechte Trespe (*Bromus erectus*)	X		
Brauner Eichen-Zipfelfalter (*Satyrium ilicis*)	2	heimische Eichen (*Quercus* spp.)	X		X
Gelbringfalter (*Lopinga achine*)	2	Seggen, v. a. Weiße Segge (*Carex alba*), Blaugrüne Segge (*Carex flacca*)	X		
Großer Eisvogel (*Limenitis populi*)	2	Pappeln, v. a. Zitterpappel (*Populus tremula*)	X		X
Großer Waldportier (*Hipparchia fagi*)	2	verschiedene Gräser, u. a. Aufrechte Trespe (*Bromus erectus*)	X		
Platterbsen-Widderchen (*Zygaena osterodensis*)	2	Wiesen-Platterbse (*Lathyrus pratensis*), Vogel-Wicke (*Vicia cracca*)	X	X	

Art	RL D	Wichtigste Raupennahrungspflanzen im Wald	Schaffung von Freiflächen im Wald und Ökotonen am Waldrand	Mosaikmahd und Brachestreifen an besonnten Waldwegrändern	Förderung ausgewählter Baum-/Straucharten
Schwarzer Apollofalter (*Parnassius mnemosyne*)	2	Lerchensporn-Arten (*Corydalis* spp.)	X		
Schwarzfleckiger Golddickkopffalter (*Carterocephalus silvicola*)	2	Wald-Reitgras (*Calamagrostis arundinacea*), Wald-Flattergras (*Milium effusum*)	X	X	
Silberfleck-Perlmutterfalter (*Boloria euphrosyne*)	2	verschiedene Veilchen-Arten (*Viola* spp.)	X		
Wald-Wiesenvögelchen (*Coenonympha hero*)	2	verschiedene Gräser, u. a. Winkel-Segge (*Carex remota*), Zittergras-Segge (*Carex brizoides*)	X	X	
Alexis-Bläuling (*Glaucopsyche alexis*)	3	verschiedene Schmetterlingsblütler, u. a. Färber-Ginster (*Genista tinctoria*), Vogel-Wicke (*Vicia cracca*)	X		
Baldrian-Scheckenfalter (*Melitaea diamina*)	3	verschiedene Baldrian-Arten, v. a. Echter Baldrian (*Valeriana officinalis*)	X	X	
Bergkronwicken-Widderchen (*Zygaena fausta*)	3	Berg-Kronwicke (*Coronilla coronata*)	X		
Feuriger Perlmutterfalter (*Fabriciana adippe*)	3	verschiedene Veilchen-Arten (*Viola* spp.)	X		
Gelbbindiger Mohrenfalter (*Erebia meolans*)	3	Borstgras (*Nardus stricta*), Draht-Schmiele (*Deschampsia flexuosa*), Rotes Straußgras (*Agrostis capillaris*)	X	X	
Ginster-Bläuling (*Plebejus idas*)	3	Gewöhnlicher Besenginster (*Cytisus scoparius*), Besenheide (*Calluna vulgaris*)	X		
Graubindiger Mohrenfalter (*Erebia aethiops*)	3	verschiedene Gräser, u. a. Fieder-Zwenke (*Brachypodium pinnatum*), Land-Reitgras (*Calamagrostis epigejos*)	X		
Kreuzdorn-Zipfelfalter (*Satyrium spini*)	3	verschiedene Kreuzdorn-Arten, v. a. Purgier-Kreuzdorn (*Rhamnus cathartica*)	X		X
Ockerbindiger Samtfalter (*Hipparchia semele*)	3	verschiedene Gräser, u. a. Schaf-Schwingel (*Festuca ovina* agg.), Silbergras (*Corynephorus canescens*)	X		

Art	RL D	Wichtigste Raupennahrungspflanzen im Wald	Schaffung von Freiflächen im Wald und Ökotonen am Waldrand	Mosaikmahd und Brachestreifen an besonnten Waldwegrändern	Förderung ausgewählter Baum-/Straucharten
Schlüsselblumen-Würfelfalter (*Hamearis lucina*)	3	Wald-Schlüsselblume (*Primula elatior*), Frühlings-Schlüsselblume (*Primula veris*)	X		
Wachtelweizen-Scheckenfalter (*Melitaea athalia*)	3	Wachtelweizen-Arten (*Melampyrum* spp.), Spitz-Wegerich (*Plantago lanceolata*)	X	X	
Weißer Waldportier (*Brintesia circe*)	3	Schaf-Schwingel (*Festuca ovina* agg.), Aufrechte Trespe (*Bromus erectus*)	X		
Braunauge (*Lasiommata maera*)	V	verschiedene Gräser, u. a. Rot-Schwingel (*Festuca rubra* agg.)	X		
Braunfleckiger Perlmutterfalter (*Boloria selene*)	V	verschiedene Veilchen-Arten (*Viola* spp.)	X		
Dukaten-Feuerfalter (*Lycaena vigaureae*)	V	Sauerampfer-Arten, v. a. Kleiner Sauerampfer (*Rumex acetosella*)	X	X	
Großer Fuchs (*Nymphalis polychloros*)	V	Weiden (*Salix* spp.), Ulmen (*Ulmus* spp.), Vogelkirsche (*Prunus avium*)	X		X
Großer Perlmutterfalter (*Argynnis aglaja*)	V	verschiedene Veilchen-Arten (*Viola* spp.)	X		
Großer Schillerfalter (*Apatura iris*)	V	verschiedene Weiden-Arten, v. a. Sal-Weide (*Salix caprea*)	X		X
Grüner Zipfelfalter (*Callophrys rubi*)	V	verschiedene Wirtspflanzenarten, u. a. Ginster (*Cyticus* spp., *Genista* spp.), Sonnenröschen (*Helianthemum* spp.)	X	X	
Klee-Widderchen (*Zygaena lonicerae*)	V	Klee-Arten (*Trifoilum* spp.), Gewöhnlicher Hornklee (*Lotus corniculatus*), Wiesen-Platterbse (*Lathyrus pratensis*)	X	X	
Kleiner Eisvogel (*Limenitis camilla*)	V	Rote Heckenkirsche (*Lonicera xylosteum*), Wald-Geißblatt (*Lonicera periclymenum*), Schneebeere (*Symphoricarpos albus*)			X
Kleiner Schillerfalter (*Apatura ilia*)	V	verschiedene Pappel-Arten, v. a. Zitterpappel (*Populus tremula*)	X		X
Kleiner Würfel-Dickkopffalter (*Pyrgus malvae*)	V	verschiedene Rosengewächse, u. a. Wald-Erdbeere (*Fragaria vesca*), Fingerkraut-Arten (*Potentilla* spp.)	X		

Art	RL D	Wichtigste Raupennahrungspflanzen im Wald	Schaffung von Freiflächen im Wald und Ökotonen am Waldrand	Mosaikmahd und Brachestreifen an besonnten Waldwegrändern	Förderung ausgewählter Baum-/Straucharten
Natterwurz-Perlmutterfalter (*Boloria titania*)	V	Wiesen-Knöterich (*Bistorta officinalis*)	X		
Trauermantel (*Nymphalis antiopa*)	V	verschiedene Weiden-Arten (*Salix* spp.), gelegentlich Birken (*Betula* spp.)	X		X
Weißbindiger Mohrenfalter (*Erebia ligea*)	V	verschiedene Gräser, u. a. Aufrechte Trespe (*Bromus erectus*), Rot-Schwingel (*Festuca rubra* agg.)	X		
Alpen-Perlmutterfalter (*Boloria thore*)	G	Zweiblütiges Veilchen (*Viola biflora*)	X		

2.6.2 Lichte Waldstrukturen schaffen

Nachhaltigkeits- und Naturschutzgedanken haben maßgeblich zur Einführung der „naturnahen Waldwirtschaft" beigetragen, die einen weitgehenden Verzicht auf Kahlhiebe einschließt und sich in den letzten Jahrzehnten fast flächendeckend in Staats- und Körperschaftswäldern etabliert hat. Auch in vielen privaten Waldgebieten finden die Grundsätze der naturnahen Waldbewirtschaftung Anwendung. Zahlreiche ökologische Funktionen profitieren von den Prinzipien des „naturnahen Waldbaus" und einige Tier- und Pflanzenarten können durchaus als Profiteure der kahlschlagfreien Waldbewirtschaftung bezeichnet werden. Was bei der flächendeckenden Einführung der „naturnahen Waldwirtschaft" jedoch übersehen wurde, ist die Tatsache, dass die Anwendung einer einheitlichen waldbaulichen Zielvorstellung auf einem großen Teil der Waldfläche zu einem Verlust von Strukturvielfalt im Landschaftskontext führt. Es ist allerdings genau diese Vielfalt der Altersstadien, Standortbedingungen und Bewirtschaftungsweisen zwischen den Beständen, die ausschlaggebend für eine hohe Artenvielfalt im Wald ist (Schall et al. 2018).

Besonders deutlich zeigen sich die Auswirkungen des großflächigen Verzichts auf Kahlschläge und der Verdunkelung der Wälder in Folge steigender Holzvorräte am Beispiel waldbewohnender Tagfalter und Widderchen. Nur wenige heimische Tagfalter, beispielsweise der Kaisermantel (*Argynnis paphia*), der Kleine Eisvogel (*Limenitis camilla*) oder das Waldbrettspiel (*Pararge aegeria*), können in überwiegend dunklen Wäldern existieren. Alle anderen Tagschmetterlinge besiedeln im Wald fast ausnahmslos sonnige Lichtungen, Randstrukturen und Schneisen. In Urwäldern dürften diese offenen Strukturen durch natürliche Zerfallsprozesse in alternden Baumbeständen, eine natürliche Fließgewässerdynamik, großflächige Schadereignisse (z. B. Borkenkäferbefall) und die Aktivität großer Pflanzenfresser (insbesondere Wisent) vielfach vorhanden oder sogar vorherrschend gewesen sein (Kowalczyk et al. 2021). Betrachtet man die Waldentwicklungsgeschichte in Mitteleuropa, so gehören kleinere und größere Freiflächen, Bestände mit lückigem Kronendach und Wald-Offenland-Ökotone ebenso zu einem „natürlichen" Wald wie dichte Bestände ohne direkte Sonneneinstrahlung auf den Waldboden (VERA 2000).

Im modernen Wirtschaftswald erreichen nur wenige Bäume die Zerfallsphase und größere Freiflächen entstehen nur, wenn es nicht gelingt, Extremereignissen wie Sturmwürfen, Borkenkäferkalamitäten, Bränden oder Dürren vorzubeugen bzw. diese einzudämmen. Gesetzliche Vorgaben erfordern oftmals eine zeitnahe Bepflanzung von „entwaldeten" Flächen, sodass mögliche Bestandslücken binnen kurzer Zeit wieder geschlossen werden. Sukzessionsprozesse, die zu einem natürlichen Zuwachsen von Bestandslücken führen, sind durch atmosphärische Stickstoffeinträge in Folge der Verbrennung fossiler Energieträger heutzutage beschleunigt und werden auch durch das Belassen von Kronenmaterial und Schwachholz auf Hiebsflächen begünstigt. Auch die an die Anforderungen der Wirtschaftswälder angepasste Wildbestandsregulierung fördert das rasche Zuwachsen kleiner Lichtungen. Vielerorts sind Freiflächen und lichte Waldstrukturen somit Mangelware. Auf die sogenannten „Lichtwaldarten", zu denen unter anderem der europarechtlich geschützte Schwarze Apollofalter (*Parnassius mnemosyne*), das Bergkronwicken-Widderchen (*Zygaena fausta*) oder der Braunfleckige Perlmutterfalter (*Boloria selene*) zählen, hat diese Lebensraumknappheit bestandsgefährdende Auswirkungen.

Lichtwaldarten sind zur Fortpflanzung auf Waldlückensysteme angewiesen. Ihre Populationen sind fast überall in Mitteleuropa stark rückläufig, vielerorts sind ihre Bestände bereits vollständig erloschen. Um diese hoch bedrohten Arten zu schützen und gleichzeitig auch bisher ungefährdete Schmetterlingsarten im Wald zu fördern, sollten lichte Waldstrukturen erhalten und regelmäßig neu geschaffen werden.

Idealerweise sollte das Waldlückensystem Standorte mit unterschiedlichen Feuchtigkeitsbedingungen umfassen. Felsköpfe und natürliche Trockenstandorte, breite und gut besonnte Forstwegränder, geringgradig überschirmte Eichen-(Natur)verjüngungsflächen sowie Sturmwurf- und Kahlschlagflächen auf trockenen, wechselfeuchten und feuch-

Abb. 94: Schwarzer Apollofalter (*Parnassius mnemosyne*, Weibchen mit Begattungstasche), Bergkronwicken-Widderchen (*Zygaena fausta*) und Braunfleckiger Perlmutterfalter (*Boloria selene*) – drei typische Lichtwaldarten. Im Englischen wird der Braunfleckige Perlmutterfalter auch als „Woodman's Friend" bezeichnet. In Deutschland bewohnt er neben Schneisen, Kahlschlägen und Sturmwurfflächen in Wäldern auch Moorgebiete.

ten Standorten können Teil des Mosaiks von Offenflächen im Wald sein, das zum Erhalt von Tagfaltern und Widderchen erforderlich ist. Von entscheidender Bedeutung ist, dass die verfügbare Habitatfläche in einem Waldgebiet groß genug ist, um langfristig überlebensfähige Populationen zu tragen.

Grundsätzlich gilt es bei der Planung von Auflichtungsmaßnahmen zum Schmetterlingsschutz fünf Grundsätze zu berücksichtigen:

1. Maßnahmen zur gezielten Förderung einzelner Arten müssen sich an den spezifischen Habitatansprüchen der Art(en) und ihrer Raupennahrungspflanze(n) orientieren.
2. Die Chance der schnellen Besiedlung einer Maßnahmenfläche steigt, je näher die Fläche an einem aktuellen Artvorkommen liegt. Aufgrund des begrenzten Ausbreitungspotenzials einiger waldbewohnender Tagfalter und insbesondere Widderchen sollte die Distanz zwischen benachbarten Maßnahmenflächen möglichst nicht mehr als 1 bis 2 km betragen.
3. Die Maßnahmenflächen sollten eben oder südost- bis südwestexponiert sein, sodass eine ausreichende Besonnung gewährleistet ist.
4. Es ist maßgeblich von der Geländesituation und vom Schattenwurf angrenzender Baumbestände abhängig, ob auch kleine Freiflächen (< 0,5 ha) als Habitate für Tagfalter und Widderchen geeignet sind. Besonders bei kleineren und mittelgroßen Maßnahmenflächen sollte durch einen geeigneten Zuschnitt für einen möglichst geringen Schattenwurf und somit eine möglichst große effektive Maßnahmenfläche gesorgt werden. Gegebenenfalls ist auch über eine Auflichtung des nach Süden angrenzenden Bestandes nachzudenken, um eine ausreichende Besonnung der Maßnahmenfläche zu gewährleisten.

Größere Lichtungen (> 1 ha) im Waldinneren bieten gegenüber kleinen Freiflächen für einige Schmetterlingsarten lokalklimatische Vorteile. Sie sind stärker als kleine Lichtungen durch ein subkontinentales Mikroklima geprägt, welches für europarechtlich geschützte Lichtwaldarten wie das Wald-Wiesenvögelchen (*Coenonympha hero*) und den Eschen-Scheckenfalter (*Euphydryas maturna*) und weitere stark rückläufige Arten wie das Braunauge (*Lasiommata maera*) im Zuge der Klimaveränderung (zunehmende „Atlantisierung" im Winterhalbjahr) essenziell geworden ist. Durch das vermehrte Auftreten von Spätfrösten ist die Zeitspanne bis zum erneuten Kronenschluss auf großen Freiflächen gegenüber kleineren Lichtungen in der Regel verlängert. Große Freiflächen im Waldinneren können somit deutlich länger als Habitate für Schmetterlinge fungieren als kleinflächige Lichtungen.

Abb. 95: Eine Informationstafel zeigt regionale Besonderheiten und weist auf die Notwendigkeit von Auflichtungsmaßnahmen zum Schmetterlingsschutz hin.

5. Eher magere Standorte sind bei der Auswahl von Maßnahmenflächen zu bevorzugen, da bei Nährstoffarmut die Wirkdauer von Maßnahmen höher ist. Zudem werden Eiablageplätze mit schütterer Vegetationsstruktur von den meisten Falterarten bevorzugt. Schnittgut und Schlagabraum sollten grundsätzlich von der Fläche geräumt werden, um eine Eutrophierung zu vermeiden. Bei großen Maßnahmenflächen ist eine dezentrale Konzentration von Schwachholz und Kronenmaterial in Form einzelner Haufen auf der Maßnahmenfläche möglich.

Waldschmetterlinge sind populär, Auflichtungsmaßnahmen zu ihrem Schutz nicht immer. Durch Informationen, wie z. B. Schautafeln an Maßnahmenflächen, können Waldbesucher für Schmetterlinge begeistert und auf ihre Gefährdung aufmerksam gemacht werden. Zudem können Informationstafeln auf regionale Besonderheiten der Schmetterlingsfauna hinweisen und somit eine breite Akzeptanz für Schutzmaßnahmen wie kleinflächige Kahlhiebe schaffen.

Kahlschläge, historische Waldnutzungsformen

Kahlschlagflächen können einen wichtigen Beitrag zur Förderung von Tagfaltern und Widderchen im Wald leisten und je nach Naturraum bis zu 80 % des regionalen Artenpools beherbergen (Hermann 2021). Viele Schmetterlingsarten leben in räumlich strukturierten Populationen. Das bedeutet, dass mehrere Teilpopulationen durch gelegentlichen Austausch von Individuen miteinander in Verbindung stehen und auch neu entstandene Habitatflächen im Umfeld lokaler Vorkommen rasch besiedelt werden können. Jedoch sind die einzelnen Teilpopulationen einer räumlich strukturierten Population (Metapopulation) nur als Gesamtheit auf Dauer überlebensfähig und es muss fortwährend ein ausreichendes Lebensraumangebot vorhanden sein. Gut besonnte Kahlschlagflächen mit einer Größe von jeweils mindestens 0,5 ha und einer maximalen Distanz zwischen den Flächen von 1 bis 2 km können den Grundstein für ein Habitatnetzwerk für Schmetterlinge im Wald legen. Werden die Kahlschlagflächen bereits im ersten Jahr nach dem Hieb wieder bepflanzt, sollte dies im weiten Verband geschehen, um die Be-

Abb. 96: Kahlschlagflächen sind wertvolle Habitate für Schmetterlinge und weitere Insekten im Wald. Auch Reptilien und einige Vogelarten profitieren von größeren Freiflächen.

schattung der Krautschicht hinauszuzögern. Vorteilhaft ist es auch, wenn die Pflanzung erst mehrere Jahre nach dem Hieb erfolgt, jedoch hat dies für den Forstbetrieb meistens eine aufwendigere Pflanzvorbereitung zur Folge. Bei lokalem Auftreten invasiver Neophyten, wie z. B. dem Drüsigen Springkraut (*Impatiens glandulifera*) oder dem Japanischen Staudenknöterich (*Reynoutria japonica*), sollte auf einen Kahlhieb verzichtet bzw. ein anderer Standort gewählt werden.

Da gesetzliche Vorgaben das dauerhafte Offenhalten einer Hiebsfläche in vielen Fällen nicht erlauben, kann ein rotierendes Kahlhiebssystem mit wechselnden Habitatflächen etabliert werden. Dabei werden in benachbarten Beständen zu unterschiedlichen Zeitpunkten (z. B. alle 3 bis 5 Jahre) Freiflächen geschaffen, was zumindest über einen gewissen Zeitraum die zeitliche Kontinuität des Habitatangebots für Lichtwaldarten gewährleistet. Solch ein rotierendes Hiebssystem kann vor allem für Forstbetriebe mit mittelgroßer bis großer Fläche (Staatsforst, größere Kommunen, Großprivatwald) Vorteile bieten. Werden die Kahlhiebe in erntereifen Beständen durchgeführt, entstehen im Vergleich zur konventionellen, „naturnahen“ Bewirtschaftungsweise abgesehen von der Pflanzung keine zusätzlichen Kosten. Rotierende Hiebskonzepte für den Schutz hochgradig gefährdeter Arten können in die Forsteinrichtung integriert werden, entsprechende Beispiele liegen aus dem Schönbuch (Hermann & Magg 2020) und von der Schwäbischen Alb (z. B. Dalüge et al. 2022) vor.

Regelmäßige Holzentnahme spielt auch in Nieder- und Mittelwäldern eine entscheidende Rolle. Diese historischen Waldnutzungsformen waren vor allem während des Mittelalters in Europa weit verbreitet. Niederwaldwirtschaft diente hauptsächlich der Produktion von Brennholz und Faschinen, das Oberholz von Mittelwäldern wurde zudem als Baustoff eingesetzt. In Nieder- und Mittelwäldern wurden hauptsächlich Baumarten genutzt, die sich durch Stockausschlag oder Wurzelsprosse verjüngen, beispielsweise Weide, Erle, Hainbuche oder Eiche. Die Holzentnahme im Nieder- und Mittelwald erfolgte in einem vergleichsweise schnellen Turnus (5 bis 30 Jahre), sodass junge Sukzessionsstadien mit einem hohen Lichtangebot für die Tier- und Pflanzenarten der Kraut- und Strauchschicht großflächig vorhanden waren. Heute ist Nieder- und Mittelwaldwirtschaft nicht mehr rentabel und wird in Deutschland nur noch auf weniger als einem Prozent der Waldfläche betrieben (Thünen-Institut 2022). Dort allerdings, wo sich noch heute aktiv bewirtschaftete Mittelwälder befinden (z. B. Elsässische Hardt, Steigerwald), blieben andernorts ausgestorbene Schmetterlingsarten erhalten und es herrscht eine große Artenvielfalt (Treiber 2003). Die Reaktivierung von ehemals als Mittelwald genutzten Flächen ist für den Schutz hoch bedrohter Schmetterlingsarten sehr effektiv (Dolek et al. 2018). Auch in Gebieten ohne entsprechende Bewirtschaftungstradition kann sich die Überführung eines Hochwaldes in einen Mittelwald bereits nach wenigen Jahren positiv auf die Bestände gefährdeter Waldschmetterlinge, wie z. B. Wald-Wiesenvögelchen (*Coenonympha hero*) und Platterbsen-Widderchen (*Zygaena osterodensis*), auswirken (vgl. Dalüge et al. 2022).

Bislang weitestgehend unerforscht ist der Effekt moderner Waldweidesysteme auf Tagschmetterlinge. Es ist davon auszugehen, dass Beweidung durch robuste Nutztierrassen trotz eines möglichen Verbisses der Eiablagepflanzen und Trittschäden in der Summe eine positive Wirkung auf Tagfalterpopulationen entfaltet. Wichtig dürfte in jedem Fall sein, dass durch eine initiale manuelle Auflichtung des zu beweidenden Bestandes räumlich heterogene Bedingungen mit einem durchschnittlichen Kronenschluss von maximal 40 % geschaffen werden. Nur so ist es mög-

Abb. 97: Reaktivierung eines ehemaligen Hutewaldes auf der östlichen Schwäbischen Alb. Durch die starke initiale Auflichtung erreicht das Sonnenlicht die Gras- und Krautschicht – ein wertvoller Lebensraum für Tagfalter und Widderchen entsteht.

lich, dass längerfristig ausreichend besonnte Bodenvegetation mit Eiablage- und Nektarpflanzen vieler Schmetterlingsarten zur Verfügung steht. Weidetierdichten und mögliche Weideruhezeiten müssen individuell an die standörtlichen Gegebenheiten und an die Größe der Weidefläche angepasst werden. Jedes Waldweideprojekt erfordert bezüglich Beweidungszeitraum und Beweidungsintensität eine hohe Flexibilität und Fingerspitzengefühl seitens der Verantwortlichen sowie eine Betreuung durch Fachleute.

Waldinnenränder: Wegränder, Wegkreuzungen, Böschungen und Leitungsschneisen
Waldinnenränder können bei ausreichender Breite und Besonnung wichtige Verbindungselemente in einem Habitatnetz lichter Waldstrukturen sein. Insbesondere die Nordränder von in Ost-West-Richtung verlaufenden Waldwegen bieten, ebenso wie Wegkreuzungen, aufgrund der im Vergleich zum übrigen Wegenetz überdurchschnittlichen Sonneneinstrahlung großes Potenzial für Maßnahmen zum Schmetterlingsschutz. Gleiches gilt für südexponierte Wegböschungen, die zudem oftmals flachgründig und nährstoffarm sind und sich somit hervorragend zur Entwicklung einer schütteren, blütenreichen Vegetation eignen.

Artenschutzmaßnahmen entlang von Waldwegen und Straßen können Synergien mit der Wegeunterhaltung (Lichtraumprofil) und Verkehrssicherung sowie dem Erholungsbetrieb beinhalten. Ein idealtypisches Profil eines Waldinnenrands zeigt Abbildung 98.

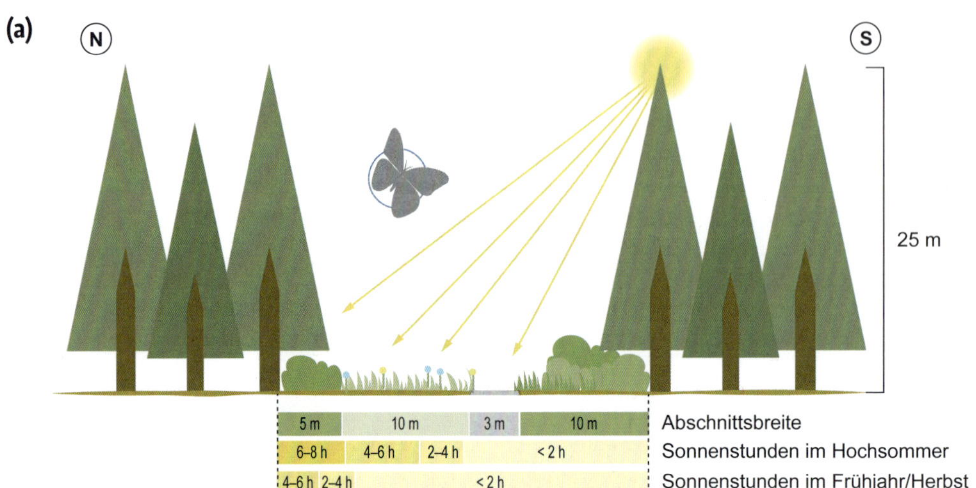

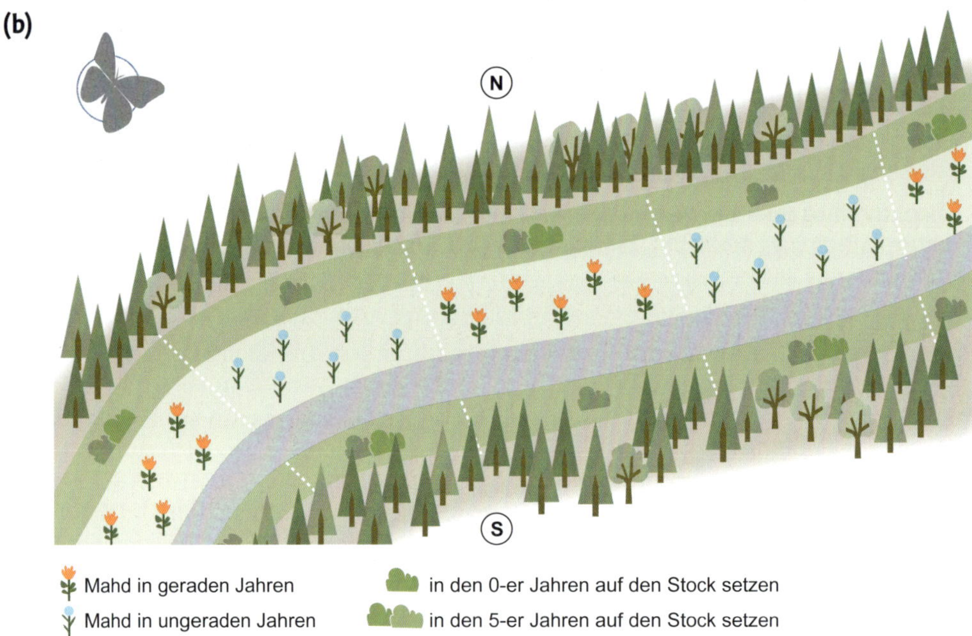

Abb. 98: (a) Idealtypisches Profil eines Waldinnenrandes aus Sicht des Schmetterlingsschutzes. An den Waldweg grenzt beiderseits eine ausgeprägte Kraut- und Strauchzone an. Der stufige Aufbau des Waldinnenrandes sorgt für einen breiten Besonnungsgradienten, im Hochsommer mit bis zu sechs Stunden Mittagssonne in der Krautschicht. Im Frühling und Herbst verringern sich die Sonnenstunden deutlich. (b) Alternierendes Pflegeregime zur Förderung von Schmetterlingen entlang von Wegrändern. Die Krautschicht sollte mosaikartig, z. B. in 50-Meter-Abschnitten, jährlich oder zweijährlich gemäht oder gemulcht werden. Der Strauchgürtel sollte ebenfalls abschnittsweise in einem Rhythmus von circa fünf Jahren auf den Stock gesetzt werden.

Auf der Südseite sollte ein breiter Kraut-/Strauchsaum an den Weg angrenzen. Auf der Nordseite des Wegs sollten auf einen 10 m breiten Streifen aus Gräsern und Blütenpflanzen ebenfalls ein Strauchgürtel und erst dahinter der angrenzende Hochwald folgen. Der stufige Aufbau des Waldinnenrandes sorgt für einen möglichst großen Gradienten von vollständig beschatteten zu gut besonnten Eiablageplätzen und Nektarpflanzen der Falter in der Kraut-, Strauch- und Baumschicht. Somit bieten sich Fortpflanzungsmöglichkeiten für Schmetterlingsarten mit unterschiedlichen Temperatur- und Feuchtepräferenzen.

In der Praxis besteht die Herausforderung oftmals darin, den stufigen Aufbau von Waldrändern langfristig zu erhalten. Um ein starkes Aufwachsen von Schösslingen im wegparallelen Kraut-/Grasstreifen zu verhindern, sollte abschnittsweise alternierend alle zwei Jahre im Spätsommer/Frühherbst gemäht oder gemulcht werden. Wo Wegeunterhaltung und Erholungsnutzung einen jährlichen Schnitt erfordern, könnte dieser – ebenfalls abschnittsweise alternierend – im Frühjahr (Mai) bzw. Spätsommer (August) erfolgen. Die Mulchmahd im Frühjahr hat den Vorteil, dass sich das noch junge und zarte Schnittgut schnell zersetzt. Zudem ist bei einem frühen Mahdtermin ein gewisser Nährstoffentzug möglich. Wird mit dem Mulchen bis in den August gewartet, haben die meisten

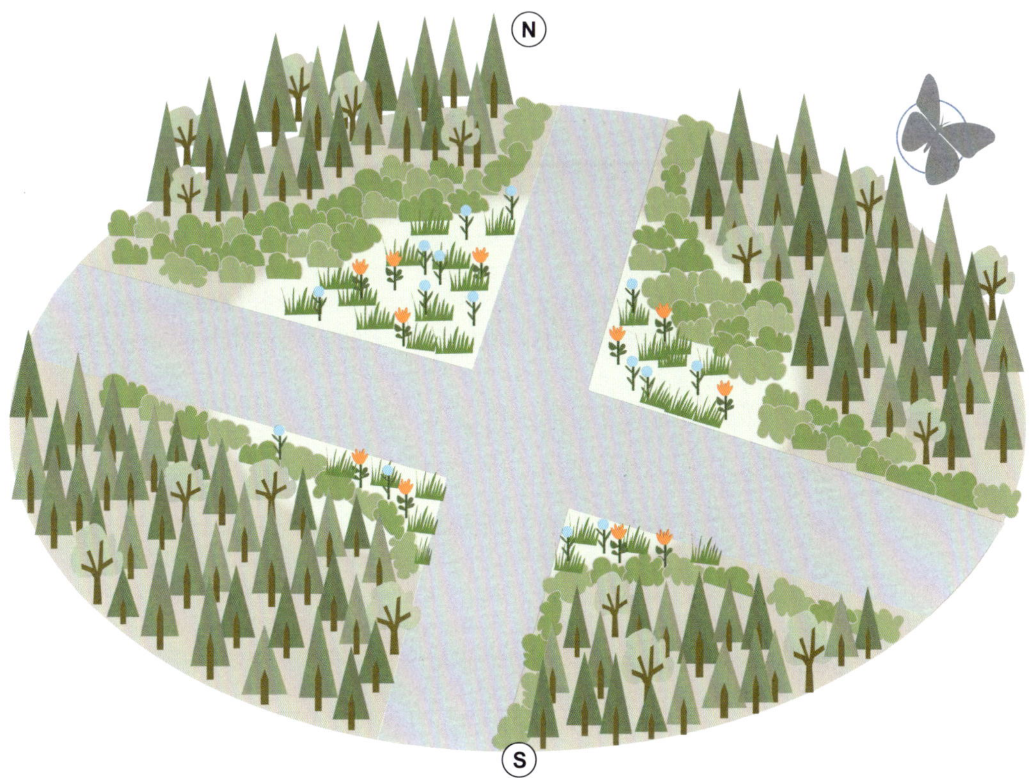

Abb. 99: Schemazeichnung einer zum Schmetterlingsschutz gestalteten Wegkreuzung. Durch die buchtenförmige Rückverlagerung des Hochwalds auf der Nordseite kann eine Wegkreuzung zum wertvollen Schmetterlingshabitat werden.

Schmetterlingsarten ihr Abundanzmaximum überschritten und der Verlust von Nektarquellen fällt nicht mehr so stark ins Gewicht. Einen für alle Arten und Entwicklungsstadien optimalen Bearbeitungszeitpunkt gibt es aber nicht, eine Diversifizierung der Mahdzeitpunkte (Mosaikmahd) ist deshalb anzustreben.

In einem Intervall von circa fünf Jahren sollte der Strauchgürtel auf den Stock gesetzt werden. Auch dabei ist ein abschnittsweises Vorgehen empfehlenswert. Die Länge der zeitgleich bearbeiteten Abschnitte kann je nach lokalen Gegebenheiten zwischen 50 und 300 m betragen.

Abb. 100: Eineinhalb Jahre nach Umsetzung der Maßnahmen, bei der diese südexponierte Wegböschung auf der Schwäbischen Alb von Baum- und Strauchbewuchs befreit wurde, bietet sich ein vielfältiges Nektarangebot für Tagfalter und Widderchen. Im oberen Bereich der Böschung findet der vom Aussterben bedrohte Blauschwarze Eisvogel Eiablageplätze an Roten Heckenkirschen in sonniger Lage.

Wegkreuzungen können mit geringem Aufwand zu wertvollen Lebensräumen für Schmetterlinge entwickelt werden und spielen im Habitatverbund dann eine wichtige Rolle. Eine buchtenförmige Rückverlagerung des Hochwalds auf der nördlichen Wegseite (dazu genügt bereits die Entnahme von vier bis acht mittelgroßen Bäumen) schafft ein Schmetterlingshabitat mit unterschiedlichen Einstrahlungsintensitäten.

Südexponierte Böschungen bieten besonders günstige Bedingungen zur Förderung lichtbedürftiger Arten. Je nach Steilheit der Böschung und Ausgangsgestein stellt sich an offen gehaltenen Böschungen eine schüttere oder üppig blütenreiche Vegetation ein, die in den Sommermonaten aufgrund des Nektarreichtums zu einem Anziehungspunkt für Schmetterlinge werden kann. Die thermisch begünstigten, oft etwas kärglichen Pflänzchen an steilen Böschungen und Halden werden von vielen Schmetterlingsarten bevorzugt zur Eiablage genutzt. Einzelne standorttypische Sträucher an den ansonsten baumfreien Böschungen können das Angebot an Eiablagepflanzen ergänzen.

Stromtrassen oder Schneisen für Gas- und Wasserleitungen werden ebenfalls gerne von Tagfaltern und Widderchen besiedelt und bieten die Chance zu Synergieeffekten zwischen Trassenmanagement und Artenschutz. Zur Förderung von Schmetterlingen sollten Leitungsschneisen im Wald mit Ausnahme einzelner Sträucher oder Bäume möglichst permanent offen gehalten werden. Dazu kann je nach Standort eine gelegentliche Mahd oder Mulchmahd, z. B. in drei- bis fünfjährigem Turnus, erforderlich sein. Durch den Verzicht auf Düngemittel und Herbizide stellt sich auf Leitungsschneisen im Wald oftmals eine magere, grasdominierte Vegetation ein, die Arten wie dem Graubindigen Mohrenfalter (*Erebia aethiops*) oder dem Schlüsselblumen-Würfelfalter (*Hamearis lucina*) geeignete Eiablagebedingungen bietet. Bei einer gut entwickelten Saumvegetation werden Leitungsschneisen im Wald auch von verschiedenen Widderchenarten (*Zygaena* spp.) besiedelt. Je nach Breite und Verlaufsrichtung können einzelne buchtenförmige Verbreiterungen der Trasse angelegt werden, um eine ausreichende Besonnung des Habitats zu erzielen.

Waldaußenränder

Im Gegensatz zu Waldinnenrändern ist an südseitigen Waldaußenrändern das Lichtangebot nicht limitierend. Allerdings sind Waldaußenränder dem Wind ausgesetzt, die Luftfeuchtigkeit ist verringert und Temperaturschwankungen sind ausgeprägter als im Waldinneren. An nordseitigen Waldrändern sind insbesondere im Winter die Temperaturunterschiede zwischen Tag und Nacht zwar gering, jedoch fehlt es für die meisten Schmetterlingsarten an ausreichend Besonnung während der Sommermonate. Für Tagfalterarten, die luftfeuchte, windgeschützte Lagen bevorzugen oder die auf geringe Temperaturschwankungen im Winter angewiesen sind, kommen Waldaußenränder deshalb allenfalls bei geeigneter Exposition oder bei buchtenförmigem Verlauf des Waldrandes als Habitate in Frage. Waldaußenränder unterliegen zudem einem stärkeren Einfluss von angrenzenden Nutzungen wie der Landwirtschaft.

Abb. 101: Paarung des Schlüsselblumen-Würfelfalters, Weibchen oben und Männchen unten.

Viele Außenränder von Wirtschaftswäldern präsentieren sich wie eine Wand – der Hochwald reicht direkt bis an den angrenzenden Acker oder die angrenzende Wiese heran. Zur Förderung der Tagschmetterlinge und vieler weiterer Tier- und Pflanzenarten wäre ein ausgedehntes Ökoton, also ein Band, in dem Offenland und Wald sukzessive ineinander übergehen, erforderlich. Diese Übergangszone kennzeichnet sich durch eine besonders hohe Artenvielfalt, da dort sowohl typische Waldarten als auch klassische Offenlandarten angetroffen werden können. Wenn zum Beispiel im Zuge der Rekultivierung eines Abbaugebiets Wälder neu gepflanzt werden, sollte auf einen aufgelösten Waldrand mit einer breiten Übergangszone (> 40 m) vom dichten Wald zum baumfreien Offenland geachtet werden. Dort, wo „klare Kante" herrscht, könnte diese aufgebrochen werden, indem durch Entnahme einzelner randständiger Bäume ca. 20 m tiefe Buchten geschaffen werden. Die Grenzlinie zwischen Wald und Offenland kann dadurch verlängert werden und es entstehen in den Buchten windgeschützte und je nach Exposition gut besonnte oder vor Sonneneinstrahlung geschützte Lebensräume. Diese müssen in der Folge regelmäßig gepflegt werden, um ein rasches Zuwachsen der Buchten zu verhindern.

Brachen und Mosaikmahd

Da viele Schmetterlingsarten den überwiegenden Teil ihres Lebens als Ei, Raupe oder Puppe in der bodennahen Vegetation verbringen, sind sie auf Flächen angewiesen, die nicht während der Larvalentwicklung gemäht oder gemulcht werden. Auch im Falterstadium ist eine Mahd negativ, da das Blütenangebot zur Nektaraufnahme dadurch wegfällt. Sollten Schmetterlingslebensräume also grundsätzlich nicht gemäht werden? Tatsächlich birgt eine Mahd zu jedem Zeitpunkt die Gefahr von Individuenverlusten. Unterbleibt die Mahd allerdings dauerhaft, kommt es zu einer Verbuschung der Habitate und die Flächen verlieren ihre Lebensraumeignung für viele Arten vollständig. Optimal für den Schutz der meisten Waldschmetterlinge ist deshalb eine Kombination aus mehrjährigen Brachen und einer Mosaikmahd auf Waldwiesen. Waldwiesen, auf denen Brachestadien entwickelt werden sollen, dürfen nur alle drei bis fünf Jahre gemulcht werden, während magere und blütenreiche Wiesen in jährlichem oder zweijährlichem Turnus mosaikartig gemäht werden sollten. Bei der Mosaikmahd werden unterschiedliche Teilbereiche einer Wiese zu unterschiedlichen Zeitpunkten bearbeitet, um nicht auf der gesamten Fläche gleichzeitig Individuenverluste zu verursachen und stets ein gewisses Nektarangebot

Abb. 102: Ein geschwungener Verlauf des Waldrands sorgt für eine verlängerte Wald-Offenland-Grenzlinie. Durch Einbuchtungen und einzelne vorgelagerte Bäume wird die harte Grenze aufgebrochen, es entsteht eine Übergangszone (= Ökoton). Die Einbuchtungen bieten ein besonderes Mikroklima. Die Windgeschwindigkeiten sind gegenüber dem Offenland reduziert, an südexponierten Waldrändern ist die Sonneneinstrahlung im Vergleich zum Waldinneren erhöht. Einbuchtungen an nordexponierten Waldrändern sind dagegen nahezu vollständig von Sonneneinstrahlung abgeschirmt und bieten kühl-feuchte Bedingungen.

für die Falter zu erhalten. Das Mahdgut sollte nach Möglichkeit abgeräumt werden.

Zur schmetterlingsfreundlichen Pflege von Wegrändern könnte das in Abbildung 98 skizzierte Mahdschema für alle Wege innerhalb eines Forstreviers angewendet werden. Synergieeffekte mit der Wegeunterhaltung/Erholungsnutzung sind möglich. Die mosaikartige Bearbeitung der Wegränder ist vor allem beim Einsatz von Mulchgeräten für das Überleben der Insektenpopulationen entscheidend, bietet aber auch bei herkömmlicher Mahd aus Sicht des Artenschutzes Vorteile (siehe Infobox Mähen oder mulchen?).

Auch der Russische Bär (*Callimorpha quadripunctaria*), ein europarechtlich geschützter Nachtfalter, profitiert von Mosaikmahd an Wegrändern. Als Falter kann der Russische Bär besonders häufig an Wasserdost (*Eupatorium cannabinum*) beobachtet werden, welcher im Hochsommer an ausreichend besonnten und nicht zu trockenen Wegrändern blüht.

Häufig werden Waldwege von Brennnesselfluren gesäumt, welche je nach Besonnung von bis zu fünf heimischen Schmetterlingsarten zur Eiablage genutzt werden: Tagpfauenauge (*Aglais io*), Landkärtchen (*Araschnia*

Mähen oder mulchen?

Bei der Frage nach dem richtigen Arbeitsgerät zur Pflege von Insektenlebensräumen prallen naturschutzfachliche Anforderungen und praktische Erwägungen aufeinander. Aus Sicht des Schmetterlingsschutzes ist die Antwort auf die Frage „mähen oder mulchen?“ klar: Mahd mit Abtransport des Mahdgutes!

Grundsätzlich spricht die hohe Mortalität bei Insekten und weiteren Kleintieren, darunter auch Amphibien und Reptilien, gegen den Einsatz eines Mulchgeräts an Wegrändern. Deutlich schonender ist der Einsatz eines Balkenmähers. Zudem führt regelmäßiges Mulchen zu einer Eutrophierung und fördert somit wenige, nährstoffliebende und meist konkurrenzstarke Pflanzenarten wie Brennnessel oder Brombeere. Diese werden wiederum nur von wenigen, mehrheitlich ungefährdeten Schmetterlingsarten zur Eiablage oder Nahrungsaufnahme genutzt. Im Gegensatz dazu kann durch Mahd mit anschließendem Abrechen/Abtransport des Mahdgutes ein Entzug von Nährstoffen erzielt werden, welcher sich positiv auf die Entwicklung der Blühflora auswirkt.

Trotz erheblicher Vorteile für den Artenschutz ist entlang von Wegrändern im Wald eine klassische Mahd in aller Regel nicht praktikabel: Holzreste und Wurzelstubben könnten das Mähwerk beschädigen, der zeitliche Aufwand für das Abrechen des Mahdgutes ist zu hoch. Praktikabel erscheint eine Mahd in den meisten Fällen auf Waldwiesen. Ebenso sollte entlang kurzer, naturschutzfachlich besonders wertvoller Wegabschnitte zugunsten von Insekten auf den Einsatz des Mulchgeräts verzichtet werden. Freischneider, Balkenmäher und Sense können auf kleinen und regelmäßig gepflegten Flächen das Mulchgerät ersetzen.

Für den überwiegenden Teil des Waldwegenetzes führt am Mulchgerät aber wohl kaum ein Weg vorbei. Umso wichtiger ist bei der Mulchmahd ein abschnittsweises Vorgehen, sodass Kleintiere die Chance zur Wiederbesiedlung einer gemulchten Fläche erhalten. Ausgesprochen förderlich für den Schmetterlingsschutz kann der seltene Einsatz eines Forstmulchgeräts sein, wenn er dem Zurückdrängen der Gehölzsukzession auf einer Waldwiese oder entlang eines besonnten Wegrands dient.

levana), Kleiner Fuchs (*Aglais urticae*), C-Falter (*Polygonia c-album*) und Admiral (*Vanessa atalanta*). Das Belassen der Großen Brennnessel (*Urtica dioica*) an Wegrändern kann zum Schutz dieser Arten beitragen. Die „Nesselfalter“ sind derzeit jedoch ungefährdet und eine gezielte Förderung der Brennnessel, beispielsweise durch Nährstoffanreicherung auf eher mattwüchsigen Standorten, ist nicht notwendig. Für die Mehrzahl der Schmetterlingsarten ist eine Nährstoffanreicherung nachteilig.

2.6.3 Erhalt und Förderung von Strauch- und Baumarten mit forstwirtschaftlich nachrangiger Bedeutung

Einige gefährdete und besonders attraktive Waldschmetterlinge legen ihre Eier an die Blätter oder Zweige ausgewählter Strauch- und Baumarten. Eine Auswahl heimischer Sträucher und Bäume mit einer hohen Bedeutung für Tagfalter wird im Folgenden vorgestellt.

Rote Heckenkirsche

Die Rote Heckenkirsche wird vom Kleinen und vom Blauschwarzen Eisvogel sowie vom Hummelschwärmer (*Hemaris fuciformis*), einem Nachtfalter mit Kolibri-ähnlichem Schwirrflug, zur Eiablage genutzt. Sie kommt vor allem in Kalkgebieten vor. Während der Kleine Eisvogel Heckenkirschen in halbschattiger bis schattiger Lage bevorzugt, nutzt der deutschlandweit vom Aussterben bedrohte Blauschwarze Eisvogel ausschließlich voll besonnte Sträucher. Diese befinden sich oft auf Sturmwurfflächen und in sehr jungen Nadelbaumkulturen, wo sie regelmäßig der forstlichen Kultursicherung zum Opfer fallen. Zur Schonung der Roten Heckenkirsche bei der Kultursicherung hat sich der Einsatz eines sogenannten Brombeerrechens bewährt. Kommt der Freischneider zum Einsatz, sollte die Rote Heckenkirsche bei der Kultursicherung unbedingt selektiv ausgespart werden. Da der Blauschwarze Eisvogel frische Stockausschläge der Roten Heckenkirsche nicht zur Eiablage nutzt und stattdessen ältere Sträucher bevorzugt, ist ein regelmäßiger bodennaher Schnitt („auf den Stock setzen“) nicht vorteilhaft und sollte daher höchstens bei einem kleinen Teil der auf einer Habitatfläche vorhandenen Roten Heckenkirschen erfolgen. Die Rote Heckenkirsche ist ein typi-

Abb. 103: Blauschwarzer Eisvogel, Kleiner Eisvogel und Hummelschwärmer. Die Raupen aller drei Arten ernähren sich von Heckenkirsche. Während der Blauschwarze Eisvogel ausschließlich voll besonnte Sträucher bewohnt, ist der Hummelschwärmer in Süddeutschland an sonnig bis halbschattig stehenden Heckenkirschen und der Kleine Eisvogel vor allem an Sträuchern in halbschattiger bis schattiger Lage zu finden.

Abb. 104: Kommt bei der Kultursicherung anstelle eines Freischneiders ein Brombeerrechen zum Einsatz, bleiben Heckenkirschen als Eiablagepflanzen für Tag- und Nachtfalter erhalten.

sches Schlaggehölz, eine gezielte Förderung ist durch Holzeinschlag möglich. Insbesondere verrottende Fichtenstümpfe bilden ein optimales Keimbett für die Samen der Roten Heckenkirsche. In kalkarmen Gebieten und submontanen Lagen nimmt die Schwarze Heckenkirsche die Rolle als Eiablagepflanze der Eisvogel-Arten ein.

Kreuzdorn

Kreuzdorn-Arten (*Rhamnus* spp.) dienen dem in Deutschland gefährdeten Kreuzdorn-Zipfelfalter (*Satyrium spini*) zur Eiablage. In Mitteleuropa spielt insbesondere der Purgier-Kreuzdorn (*Rhamnus cathartica*) als Wirtspflanze eine wichtige Rolle. Bevorzugt werden niedere Sträucher bis Brusthöhe zur Eiablage gewählt (Helbing et al. 2020).

Abb. 105: Kreuzdorn-Zipfelfalter. Die deutschlandweit gefährdete Art profitiert von Entbuschungsmaßnahmen auf Kalkmagerrasen und an Wegböschungen im Wald.

Kreuzdorn ist neben Kalkmagerrasen auch in Hecken, an Waldrändern und in lichten Wäldern anzutreffen. Die lichtbedürftige Strauchart kann sich im Wald nur auf größeren Freiflächen und in sehr breiten Forstwegsäumen verjüngen und profitiert stark von regelmäßigen Entbuschungsmaßnahmen. Wird Kreuzdorn auf den Stock gesetzt, bildet er schnell und in großer Zahl Stockausschläge, sodass in den ersten drei bis fünf Jahren nach der Maßnahme das Angebot geeigneter Eiablagepflanzen für den Kreuzdorn-Zipfelfalter am höchsten ist.

Eichen

Sowohl der Braune (*Satyrium ilicis*) als auch der Blaue Eichen-Zipfelfalter (*Favonius quercus*) legen ihre Eier an heimische Eichen (*Quercus* spp.). Während der stark gefährdete Braune Eichen-Zipfelfalter ausschließlich bodennahe Zweige besonnter, junger Eichen zur Eiablage nutzt und deshalb hauptsächlich in Niederwäldern und in jungen Eichenkulturen auf Waldlichtungen vorkommt, besiedelt der Blaue Eichen-Zipfelfalter auch

Abb. 106: Brauner Eichen-Zipfelfalter und Blauer Eichen-Zipfelfalter. Beide Arten legen ihre Eier an Eiche ab. Der Braune Eichen-Zipfelfalter benötigt junge, besonnte Eichen mit bodennahen Zweigen und ist in Deutschland stark gefährdet.

die Wipfelregion älterer Eichen und kann sich auch an Roteiche (*Quercus rubra*) entwickeln (vgl. Hermann 2007). Ein Beispiel für eine erfolgreiche Fördermaßnahme des Braunen Eichen-Zipfelfalters stammt aus dem Schönbuch (Baden-Württemberg). Dort werden über einen Zeitraum von 20 Jahren in zweijährlichem Turnus jeweils rund 1 ha große Baumbestände im Kahlhiebsverfahren geerntet. Die Hiebsflächen werden truppweise mit Jungeichen bepflanzt, welche durch einen Zaun vor Verbiss geschützt sind. Schon in den ersten Jahren nach Beginn der Fördermaßnahme konnte auf den Maßnahmenflächen eine große Zahl an Eiern des Braunen Eichen-Zipfelfalters erfasst werden (Hermann & Magg 2020).

Esche

Der Eschen-Scheckenfalter, auch Maivogel genannt, gehört zu den seltensten Tagfaltern Deutschlands und befindet sich überall in Mitteleuropa im Rückgang. Die letzten Verbreitungsgebiete der durch die FFH-Richtlinie geschützten Art liegen in kontinental getönten, offenen und zugleich eschenreichen Waldgesellschaften. Die jungen Raupenstadien des Eschen-Scheckenfalters ernähren sich von Esche (*Fraxinus excelsior*) und leben meist an bodennahen, gut besonnten Zweigen. Ältere Raupenstadien lassen sich zu Boden fallen und ernähren sich nach der Überwinterung von verschiedenen krautigen Pflanzen. Wichtig zur Förderung des Eschen-Scheckenfalters sind lichte Eschenwälder und Eschen in Waldrandlage. Wo sich letzte Vorkommen der Art befinden, sollte insbesondere auf Feuchtstandorten und in Waldrandlage trotz des weit verbreiteten Eschentriebsterbens nicht auf eine Anpflanzung junger Eschen verzichtet und Eschennaturverjüngung durch großzügige Lichtstellung gefördert werden.

Abb. 107: Der Eschen-Scheckenfalter zählt zu den am stärksten gefährdeten heimischen Tagfaltern. Er benötigt offene, eschenreiche Wälder oder Eschen in Waldrandlage.

Sal-Weide

Sal-Weiden (*Salix caprea*) sind holzwirtschaftlich kaum nutzbar und stehen deshalb in der Regel nicht im waldbaulichen Fokus. Jedoch ist der ökologische Wert dieser Baumart nicht zu unterschätzen. Sal-Weiden sind vielerorts die ersten Nektarquellen für Schmetterlinge, Bienen und weitere Insekten im zeitigen Frühjahr. Zugleich dient die Sal-Weide drei prächtigen heimischen Waldschmetterlingen zur Eiablage und Raupenentwicklung: Trauermantel (*Nymphalis antiopa*), Großer Schillerfalter (*Apatura iris*) und Großer Fuchs (*Nymphalis polychloros*). Der Große Schillerfalter bevorzugt Sal-Weiden in kühl-feuchter Umgebung, z. B. in Senken, an inneren Waldrändern oder auf feuchten Lichtungen (Hermann 2007, Weidemann 1995). Ähnlich sind die Wirtspflanzenpräferenzen des Trauermantels, der neben der Sal-Weide gelegentlich auch Birken (*Betula* spp.) zur Eiablage nutzt. Die Raupen des Große Fuchs sind neben Sal-Weide noch an Ulme (*Ulmus* spp.) und Kirsche (*Prunus avium*) zu finden. Wie die Raupen des Trauermantels leben auch die Raupen vom Großen Fuchs gesellig und können vor allem im Mai und Juni durch ihre Gespinste erkannt werden. Eine Förderung der lichtbedürftigen Sal-Weide ist entlang breiter Forstwegsäume, auf durch Kahlhieb oder Sturmwurf entstandenen Freiflächen, aber auch zwischen den Forstkulturen möglich.

Abb. 108: Trauermantel (oben links), Großer Schillerfalter (oben rechts) und Großer Fuchs (unten links) nutzen bevorzugt Sal-Weiden zur Eiablage. Besonders der Große Schillerfalter bevorzugt leicht vom Waldrand abgesetzte Bäume (unten rechts), z. B. auf Schneisen oder an Wegrändern. Selbst wenn diese Bäume bei Forstarbeiten gelegentlich als Hindernis empfunden werden, sollten sie unbedingt erhalten werden.

Abb. 109: Kleiner Schillerfalter und Großer Eisvogel. Für beide Arten spielt die Zitterpappel eine entscheidende Rolle.

Zitterpappel

Die Zitterpappel (*Populus tremula*) spielt als Eiablage- und Raupennahrungspflanze die zentrale Rolle im Entwicklungszyklus von Kleinem Schillerfalter (*Apatura ilia*) und Großem Eisvogel (*Limenitis populi*). Der Kleine Schillerfalter bevorzugt zur Eiablage Zitterpappeln an inneren oder äußeren Waldrändern, die weder voll besonnt noch vollkommen im Schatten stehen. Ähnliche Standortansprüche zeigt auch der Große Eisvogel, wobei für ihn eine hohe Luftfeuchtigkeit, ein winterkaltes Großklima, das Vorhandensein älterer Zitterpappeln und ein insgesamt großer Zitterpappelbestand zusätzlich von Bedeutung zu sein scheinen (vgl. Hermann 2007). Ebenso wie die Sal-Weide sollte man auch die holzwirtschaftlich „wertlose" Zitterpappel nach Möglichkeit immer stehen lassen und ihre Verjüngung durch die Schaffung von Freiflächen im Wald und die Auflichtung von Waldrändern fördern.

Ulmen

In der Baumartenzusammensetzung der meisten Wälder haben Ulmen (*Ulmus* spp.) nur einen geringen Anteil. Bedingt durch das Ulmensterben dürfte dieser in den vergangenen Jahrzehnten weiter gesunken sein. Ulmen haben jedoch eine zentrale Bedeutung für die Fortpflanzung des Ulmen-Zipfelfalters und werden auch vom Großen Fuchs gelegentlich zur Eiablage genutzt. Der Ulmen-Zipfelfalter (*Satyrium w-album*) besiedelt sowohl Berg- (*Ulmus glabra*) als auch Feld- (*Ulmus minor*) und Flatterulmen (*Ulmus laevis*). An blühfähigen Bäumen besteht eine erhöhte Chance für eine erfolgreiche Entwicklung seiner Raupen (Hermann 2007).

Abb. 110: Der Ulmen-Zipfelfalter pflanzt sich an blühfähigen Ulmen fort.

Eberesche

Im Wald ist die Eberesche (*Sorbus aucuparia*) die wichtigste Eiablagepflanze für den Baumweißling (*Aporia crataegi*). Der Weißling mit der markanten Flügeläderung besiedelt im Inneren des Waldes Schneisen, Sturmwurfflächen und Kahlschläge, auf denen besonnte Ebereschen wachsen. Auch in Waldrandlage und in heckenreichen Landschaften kann der Baumweißling angetroffen werden. Dort legt er seine Eier vor allem an Weißdorn, seltener an andere Rosengewächse.

Abb. 111: Für die Fortpflanzung des Baumweißlings spielen besonnte Ebereschen auf Freiflächen und Schneisen im Wald eine wichtige Rolle.

Der Blauschwarze Eisvogel

Der Blauschwarze Eisvogel (*Limenitis reducta*) zeigt in Mitteleuropa eine enge Habitatbindung an Freiflächen in Wäldern. Die letzten deutschen Vorkommen des prächtigen Tagfalters befinden sich auf der Schwäbischen Alb und wurden im Rahmen eines Forschungsprojekts in den letzten Jahren intensiv untersucht (Hinneberg et al. 2022). Die Forschungsergebnisse zeigen, wie komplex die Ansprüche von Tagfaltern einerseits oft sind, wie einfach sich aber dennoch wirkungsvolle Schutzmaßnahmen umsetzen lassen. Voraussetzung sind gute Grundlagenkenntnisse zur Ökologie der Arten und die Bereitschaft der Waldeigentümer und Forstbetriebe.

Auf der Schwäbischen Alb erreicht der Blauschwarze Eisvogel den Nordrand seines Verbreitungsgebiets. Der Entwicklungszyklus der Raupe ist in der Regel einjährig mit einer rund siebenmonatigen Winterruhe. Diese verbringt die Eisvogelraupe im sogenannten „Hibernaculum", einem Blattgehäuse, das sich die Raupe im Spätsommer aus einem Blatt der Roten Heckenkirsche (*Lonicera xylosteum*) baut und mit einem Seidenfaden an einem Zweig der Nahrungspflanze befestigt. Bereits bei der Eiablage zeichnet sich ab, dass der Blauschwarze Eisvogel auf der Schwäbischen Alb auf reichlich Sonnenwärme angewiesen ist. Die Eier werden auf die Oberseite vornehmlich südexponierter Blätter an den Zweigspitzen gelegt, bevorzugt werden schütter belaubte, kränklich wirkende Sträucher zur Eiablage genutzt. Auch für das Raupenwachstum ist Wärme gefragt. Nur bei Temperaturen über 10 °C nehmen die Raupen Nahrung zu sich. Je wärmer, desto mehr wird gefressen, desto schneller vollzieht sich die Entwicklung der Raupen und desto höher ist die Chance, die Verpuppung zu erreichen. Nur etwa 3 % aller Individuen kann sich erfolgreich vom Ei bis zum Falterstadium entwickeln. Als Falter wird der Blauschwarze Eisvogel im Durchschnitt nur eine knappe Woche alt. Durch Markierung von Faltern konnte herausgefunden werden, dass rund 10 % der Individuen im Lauf des Lebens Ausbreitungsstrecken von über einem Kilometer zurücklegen. Die maximale dokumentierte Ortsveränderung lag bei 1,6 km. Auf Maßnahmenflächen, die zum Schutz des Blauschwarzen Eisvogels angelegt wurden und die nicht weiter als einen Kilometer von einem bestehenden Vorkommen entfernt lagen, konnten bereits im ersten Sommer nach Maßnahmenumsetzung Eier gefunden werden. Neben dem Blauschwarzen Eisvogel wurden auf den Flächen regelmäßig weitere seltene Lichtwaldarten nachgewiesen, z. B. der Silberfleck-Perlmutterfalter (*Boloria euphrosyne*), der Graubindige Mohrenfalter (*Erebia aethiops*) oder der Kreuzdorn-Zipfelfalter (*Satyrium spini*). Das Instrument zur Förderung des Blauschwarzen Eisvogels ist also klar: Volle Besonnung für seine Wirtspflanze, die Rote Heckenkirsche. Von einem Hektar Eiablagehabitat steigen nach Abschluss der Larvalentwicklung aufgrund hoher Prädation und sonstiger Verluste im Durchschnitt allerdings weniger als drei Blauschwarze Eisvögel empor. Ein ausgedehntes Netz an Lichtwaldflächen, die durch Korridore (z. B. schmetterlingsfreundlich gestaltete Wegränder) miteinander verbunden sind, ist also nötig, um den Blauschwarzen Eisvogel und weitere Waldschmetterlinge populationsrelevant zu fördern.

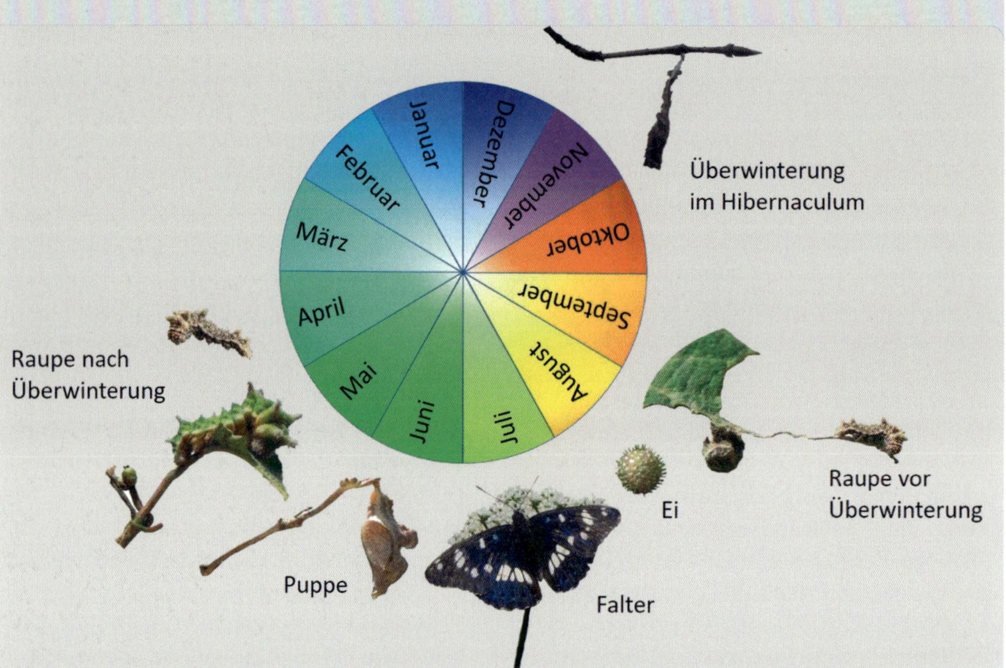

Abb. 112: Lebenszyklus des Blauschwarzen Eisvogels auf der Schwäbischen Alb. Den überwiegenden Teil machen die prä-imaginalen Lebensstadien Ei, Raupe und Puppe aus. Die Überwinterung der Eisvogelraupe erfolgt in einem Blattgehäuse (Hibernaculum) und dauert rund sieben Monate.

2.7 Amphibien im Wald

H.-J. BEK
unter Mitarbeit von W. SEITZ, F. SCHRELL, J. MÜLLER, P. POGODA und M. HOCHSTEIN

Dieses Kapitel ist Martin Hochstein (✝) gewidmet. Er war Forstbetriebsleiter in Adelsheim in Baden-Württemberg und ist im Jahr 2019 mit 59 Jahren unerwartet verstorben. Innerhalb der Forstverwaltung ist er bis heute ein leuchtendes Beispiel für praktizierte Naturschutzarbeit und hat gezeigt, was alles möglich ist, wenn man es nur anpackt. Martin Hochstein lag der Amphibienschutz sehr am Herzen und er hat viele Beispiele für Best Practice geliefert, da er ein profunder Kenner der Arten und ihrer Ansprüche an den Lebensraum war. Wesentlich war dabei sein Praxiswissen sowohl aus forstlicher wie auch aus naturkundlicher Sicht. Seine erworbenen Kenntnisse und Erfahrungen gab er gerne und leidenschaftlich weiter.

Begegnungen mit Amphibien im Wald sind außer an Regentagen und der Zeit der großen Laichwanderungen im Frühjahr eher selten. Zur Feindvermeidung sind sie vor allem nachts aktiv und gut getarnt. Insgesamt gibt es in Deutschland 20 heimische Arten, von denen viele auch Lebensräume im Wald besiedeln. Wälder und Auenlandschaften mit ihrer vergleichsweise höheren Boden- und Luftfeuchte sind gerade im Zuge der Klimaveränderung für die trockenheitsempfindlichen Amphibien von großer Bedeutung.

Amphibien zeichnen sich durch Wanderungen zwischen verschiedenen Lebensräumen aus. Molche wandern im Frühjahr aus ihren Überwinterungsquartieren in Mausgängen, Wurzelhöhlen oder Erdspalten in ihre Paarungs- und Laichgewässer wie Teiche, Tümpel und Fahrspuren. Später im Frühsommer wechseln die adulten Molche wieder in ihren Landlebensraum. Die Weibchen des Feuersalamanders wandern nach Regentagen besonders im April an Bäche, um ihre Larven abzusetzen. Frösche und Kröten wandern oft über weite Entfernungen an Gewässer, um sich dort zu versammeln und zu paaren. Danach verteilen sie sich in ihrem Sommerlebensraum. Die Gelbbauchunke ist den Sommer über ständig unterwegs, um neu entstandene Kleingewässer zu finden und darin ihren Laich abzusetzen. Jungtiere der Lurche wandern nach ihrer Metamorphose aus ihren Geburtsgewässern ab. Eindrucksvoll ist das Phänomen des „Froschregens“, wenn es zu Massenwanderungen von jungen, frisch metarmophisierten Erdkröten und Grasfröschen im Frühsommer nach Regenfällen kommt. Durch diesen Wechsel zwischen unterschiedlichen Lebensräumen besteht für Amphibien in unserer Kulturlandschaft immer die Gefahr, überfahren zu werden. Im Wald sind die Fortpflanzungs-, Sommer- und Winterlebensräume oftmals noch zusammenhängend vorhanden.

2.7.1 Die Froschlurche: Frösche, Kröten und Unken

Zu den Froschlurchen gehören bei uns Frösche, Kröten und die Unken. Frösche haben eine glatte, feuchte und „glitschige“ Haut, bei den Kröten ist sie eher trocken und warzig. Auch die Unke besitzt eine warzige Haut.
Die Eier der Frösche werden in Ballenform abgelegt, die der Kröten dagegen in langen Ketten, den sogenannten Laichschnüren. Aus den Eiern aller Froschlurche schlüpfen die bekannten Kaulquappen, bei denen man mit etwas Übung schon die Art bestimmen kann. Alle Kaulquappen sind Kiemenatmer. Im Laufe der Entwicklung bilden sich zunächst sichtbar die Hinterbeine, die Vorderbeine brechen später aus Hauttaschen hervor. Am Ende der Metamorphose wird der Schwanz resorbiert, die Froschlurche stellen auf Lungenatmung um und verlassen ihren aquatischen Lebensraum.

Braunfrösche

Braunfrösche sind, wie der Name bereits sagt, Frösche mit einer braunen Grundfarbe. Sie sind vor allem durch ihre Frühjahrswanderungen zu den Laichgewässern bekannt. Im zeitigen Frühjahr, teilweise bereits Anfang März, finden sie sich zu Hochzeitsgesellschaften an Gewässern ein, um sich dort zu paaren und gemeinsam abzulaichen. Zu den Braunfröschen gehören in Deutschland der Grasfrosch, der Springfrosch und der Moorfrosch.

Am häufigsten ist bei uns der **Grasfrosch** (*Rana temporaria*). Als Sommerlebensraum werden alle Waldtypen besiedelt, er kann aber auch in Gärten und feuchten Wiesen angetroffen werden. Grasfrösche überwintern zum Teil aquatisch am Grund von Bächen und Teichen, zum Teil terrestrisch in Erdlöchern, morschen Bäumen oder Baumstümpfen. Im zeitigen Frühjahr nutzen Grasfrösche verschiedenste Gewässer als Laichplätze, von Fahrspuren, Weggräben, Quellsümpfen, Teichen bis hin zu langsam fließenden Bächen. Wie bei allen Fröschen wird der Laich in Form eines Ballens mit 600 bis 3 000 Eiern abgesetzt. Oft sind es viele Laichballen nebeneinander, auch mal deutlich über 1 000 (Laufer et al. 2007). Grasfrösche laichen bevorzugt an den Rändern von Gewässern in flachen Bereichen. Hier erwärmt sich das Wasser schneller und das empfindliche Entwicklungsstadium vom Ei zur Kaulquappe verkürzt sich entsprechend. Dies führt jedoch auch oft dazu, dass die Laichballen bei sinkendem Wasserstand vertrocknen. Die Kaulquappen ernähren sich überwiegend vegetarisch von Algen und Pflanzenresten. Die Entwicklung bis zur Metamorphose dauert in Abhängigkeit von der Wassertemperatur 7 bis 14 Wochen, jedoch können in Ausnahmefällen auch unvollständig entwickelte Kaulquappen überwintern. Grasfrösche werden mit ca. 2 Jahren geschlechtsreif und haben eine Lebenserwartung von 6 bis 9 Jahren. Neu angelegte Gewässer werden oft bereits

Abb. 113: Grasfrosch.

Abb. 114: Mehrere Laichballen von Grasfröschen am Rande eines Gewässers.

Abb. 115: Springfrosch, typisch die langen Hinterbeine.

Abb. 116: Laichballen vom Springfrosch, typisch die einzelnen Ballen mit einer Struktur in der Mitte, hier eine Binse.

im ersten Jahr besiedelt. Diese weitgehend feindfreien Gewässer ermöglichen auffallend hohe Reproduktionserfolge. Im Zuge des Klimawandels scheinen Grasfrösche in tieferen Lagen abzunehmen. An ihre Stelle tritt oft der Springfrosch.

Der **Springfrosch** (*Rana dalmatina*) sieht dem Grasfrosch sehr ähnlich. Er ist jedoch kleiner, schlanker, langbeiniger und sein Kopf läuft spitz zu. Während der Grasfrosch auch in höheren Lagen vorkommt, endet die Verbreitung des Springfroschs bei ca. 500 m ü. NN. Im Sommerlebensraum findet man ihn überwiegend in Laubwäldern. An die Laichgewässer hat er ähnliche Ansprüche wie der Grasfrosch. Die Laichballen sind gut von denen des Grasfrosches zu unterscheiden. Sie werden an vertikale Strukturen wie Halme oder Äste angeheftet. Diese ragen dann häufig in der Mitte des Laichballens über die Wasseroberfläche. Auch konzentrieren sich die Paare nicht an Massenlaichplätzen, sondern laichen verteilt an längeren Uferstrecken.

Der **Moorfrosch** (*Rana arvalis*) ist ein Braunfrosch, der vor allem in der Norddeutschen Tiefebene vorkommt. In Baden-Württemberg gibt es nur noch sehr geringe Bestände am Oberrhein und im Oberschwäbischen Alpenvorland. Wesentlich für sein Vorkommen ist ein hoher Grundwasserstand in den Sommerlebensräumen, jedoch ist er nicht ausschließlich an Moore gebunden. Während der kurzen Balzzeit färben sich die Männchen bläulich, wodurch sie gut von den anderen Braunfroscharten zu unterscheiden sind.

Grünfrösche

Die Unterscheidung der drei bei uns vorkommenden Grünfroscharten **Seefrosch** (*Pelophylax ridibunda*), **Teichfrosch** (*Pelophylax esculentus*) und **Kleiner Wasserfrosch** (*Pelophylax lessonae*) ist schwierig und gelingt am besten über die unterschiedlichen Balzrufe am Gewässer oder morphologisch über die Form des Fersenhöckers. Der Teichfrosch ist eine eigene Art, die aus der Kreuzung von Seefrosch und Kleinem Wasserfrosch entstanden ist. Im Wald kommen meist nur der Teichfrosch und der Kleine Wasserfrosch vor, Seefrösche besiedeln eher größere Baggerseen. Da die Unterscheidung nicht einfach ist und ihre Lebensraumansprüche und ihr Ver-

Abb. 117: Kleiner Wasserfrosch.

halten einander sehr ähneln, werden die drei Arten hier als Grünfrösche zusammengefasst.

Überall, wo im Wald in tieferen Lagen besonnte Teiche oder Tümpel mit nicht zu starkem Fischbesatz vorhanden sind, können diese Arten angetroffen werden. Grünfrösche sind stärker an Wasser gebunden als andere Amphibienarten. Sie nutzen die Gewässer sowohl zum Laichen als auch als Sommerlebensraum. Da die frisch entwickelten jungen Grünfrösche potenzielle Beute ihrer adulten Artgenossen sind, wandern sie nach der Metamorphose meist ab. Man findet sie dann oft in feuchten Gräben und Fahrspuren. Durch diese Abwanderung werden auch neue Biotope besiedelt.

Abb. 118: Seefrosch.

Europäischer Laubfrosch

Der **Laubfrosch** (*Hyla arborea*) ist unser einziger heimischer Baumfrosch. Mit seinen Haftscheiben an den Zehenenden kann er gut in Vegetation und Gehölzen klettern. Er ist eher ein Offenland- und kein direkter Waldbewohner, da er besonnte Sommerlebensräume benötigt. Im Wald sind dies vor allem Auenwälder, aber auch andere Wälder mit lichten Bereichen. Der Laubfrosch benötigt zum Laichen fischfreie, besonnte Gewässer, die in Größe und Struktur sehr unterschiedlich sein können. Mit ihren freischwimmenden Kaulquappen sind Laubfrösche besonders empfindlich gegenüber Fischbesatz. Gerne nimmt er neu angelegte Gewässer an, auch im Rohboden-Stadium. Im Stadtwald Herrenberg, Baden-Württemberg, konnten 1989 keine Laubfrösche nachgewiesen werden (Lindeiner 1991). Durch die gezielte Anlage von fischfreien, besonnten Gewässern wanderten Laubfrösche von einige Kilometer entfernten Vorkommen ein und haben inzwischen rund 25 neu angelegte und sanierte Biotope besiedelt (Schüle & Seitz 2018, Rommel 2023).

Abb. 119: Laubfrosch.

Kröten

Die **Erdkröte** (*Bufo bufo*) zählt wie der Grasfrosch zu den im Wald am häufigsten verbreiteten Amphibienarten. Erdkröten bevorzugen größere Gewässer zur Laichzeit. Dort versammeln sie sich im Frühjahr häufig zu großen Hochzeitsgesellschaften. Die von den Weibchen abgelegten Laichschnüre mit schwarzen Eiern werden gern an Strukturen im Gewässer geheftet. Auch in Waldgewässern mit Fischbesatz können sich ihre Kaulquappen noch erfolgreich entwickeln, da sie aufgrund ihrer Verteidigungsgifte als Beutetier eher gemieden werden. Außerhalb der Laichzeit ist die Erdkröte ausschließlich in ihrem Landhabitat aktiv.

Die anderen in Deutschland vorkommenden Krötenarten, die **Wechselkröte** (*Bufotes viridis*), die **Kreuzkröte** (*Epidalea calamita*),

Abb. 120: Erdkröte.

Abb. 121: Laichschnüre der Erdkröte, in der Mitte Laichballen vom Springfrosch.

Abb. 122: Erdkrötenkaulquappen im Schwarm.

die **Knoblauchkröte** (*Pelobates fuscus*) und auch die zu einer eigenen altertümlichen Ordnung gehörende **Geburtshelferkröte** (*Alytes obstetricans*) sind fast ausschließlich Offenlandbewohner und daher selten im Wald anzutreffen. Es kann aber bei günstigen Bedingungen auch Vorkommen an sonnigen Waldrändern, auf größeren Lichtungen und ausgedehnten Holzlagerplätzen geben. Allerdings bieten im Wald gelegene, aktive Abbaustätten wie Kies- und Tongruben oder Steinbrüche diesen Arten oft geeignete Lebensräume, da besonders die Kreuz- und Wechselkröten kurzlebige, flache Gewässer zur Reproduktion bevorzugen. Auch ehemalige Abbaustätten können somit noch Restvorkommen dieser Arten in Wäldern beherbergen, jedoch verschwinden sie in der Regel mit zunehmender Sukzession und dem Älterwerden des Baumbestands.

Gelbbauchunke

Die Gelbbauchunke (*Bombina variegata*) ist eine der erdgeschichtlich ältesten „primitiven" Froschlurche, die man bei uns antreffen kann. Deutschland befindet sich im Zentrum des europäischen Verbreitungsgebietes und trägt deshalb eine besondere Verantwortung für diese Art auf globaler Ebene. Die Pionierart kam ursprünglich im Auenbereich dynamischer Flusssysteme vor, in denen nach jährlichen Hochwässern in den Überschwemmungsgebieten prädatorenfreie, temporäre Kleingewässer entstanden sind. Da diese Lebensräume durch vielfältige menschliche Eingriffe im Zuge der intensiven Nutzung größtenteils verschwunden sind, leben Unken heute fast nur noch in wenigen Sekundärlebensräumen, die diese Störungsdynamik widerspiegeln. Dazu gehören neben Sand-, Lehm-, Kiesgruben und Steinbrüchen, in denen sie lokal hohe Populationsdichten erreichen kann, vor allem Wälder mit lehmigen und tonigen Böden. In Wäldern befinden sich vielfach noch großflächige Vorkommen.

Durch die Holzbringung mit Forstmaschinen entstehen hier auf den Rückegassen immer wieder geeignete Kleinstgewässer, weshalb die Forstwirtschaft eine hohe Verantwortung für den Erhalt dieser Art in größeren Verbreitungsräumen hat.

Zur Reproduktion benötigen Gelbbauchunken frische, also erst kurze Zeit existierende Kleinstgewässer, die zunächst noch frei von Fressfeinden wie Molchen und Libellenlarven sind. Flache, besonnte Pfützen werden bevorzugt, weil sie sich schneller erwärmen und sich somit die Entwicklungszeit der Larven verkürzt. Der Laich wird in kleinen Paketen mit nur 5 bis 20 Eiern an vorhandene Strukturen wie Grashalmen und Wurzeln angeheftet. Die Gelbbauchunke laicht im Gegensatz zu den anderen Amphibien mehrfach über die gesamte Sommersaison von April bis August, besonders gerne nach Starkregenfällen. Die Quappen benötigen ca. 6 bis 8 Wochen bis zur Metamorphose und dies ist immer ein Wettlauf mit der Zeit in den flachen Pfützen. Vielfach vertrocknet der Nachwuchs, aber die Unken laichen nach den nächsten Regenfällen erneut und so gelingt durch diese Risikostreuung oft noch eine erfolgreiche Reproduktion.

Die Bauchseite der Unke hat ein für diese Art typisches, schwarz-gelbes Fleckenmuster, das bei jedem Tier Unterschiede aufweist und anhand dessen die Individuen gut unterschieden werden können. In Kirchheim-Teck wurden Tiere mit einem Lebensalter von mindestens 26 Jahren nachgewiesen. Damit können

Abb. 124: Bauchunterseite der Gelbbauchunke.

Abb. 123: Gelbbauchunke, gut sichtbar ist die herzförmige Pupille.

Abb. 125: Laichbällchen der Unke an einem Grashalm.

Abb. 126: Typisches Biotop der Gelbbauchunke im Wald: eine nach Holzbringung neu entstandene, besonnte und wassergefüllte Fahrspur.

Gelbbauchunken auch mehrere Jahre ohne Reproduktionserfolg problemlos überdauern. Letztlich weist die Art auch eine sehr hohe Wanderungsbereitschaft sowohl von Jungtieren als auch von Adulten auf, wodurch neue Gewässer und Gebiete besiedelt werden können. Es wurden bereits Wanderungsdistanzen von bis zu 2500 m innerhalb weniger Tage als Einzelfall nachgewiesen. Die Mehrheit der Individuen bewegt sich jedoch in einem Radius von 1 km (Dieterich & Schrell 2022).

2.7.2 Die Schwanzlurche: Salamander und Molche

Salamander und Molche gehören zu den Schwanzlurchen. Die Eier der Molche werden einzeln abgesetzt und aus ihnen schlüpfen längliche Larven. Feuersalamander setzen voll entwickelte Larven in Gewässern ab und der **Alpensalamander** (*Salamandra atra*) bringt in Anpassung an seinen Lebensraum alle 2 bis 3 Jahre zwei fertig entwickelte Jungtiere zur Welt. Während der komplett schwarze, kleinere Alpensalamander auf den alpinen Raum beschränkt ist, findet man den Feuersalamander weit verbreitet im Wald.

Feuersalamander

Wälder sind der Hauptlebensraum des gelb-schwarz gefleckten Feuersalamanders (*Salamandra salamandra*). Es gibt aber auch Ausnahmen und Populationen befinden sich in Steinbrüchen, Bahndämmen oder Schrebergärten. Wichtig sind Bäche oder andere Gewässer in der Nähe, in denen die Weibchen ihre Larven absetzen können. An Regentagen findet man die Tiere auch tagsüber auf Futtersuche, ansonsten sind sie eher nachtaktiv. Da Schnecken und Regenwürmer auf Waldwegen leichter zu erbeuten sind, wird dies vielen Salamandern zum Verhängnis und sie werden überfahren. Ein Hinweis an Wegen, an denen sich gehäuft Salamander

Abb. 127: Hinweisschild am Waldweg.

nach Regenfällen aufhalten, kann helfen, die Verkehrsopfer zu vermeiden.

Salamander können sich ganzjährig paaren, und die Kopulation erfolgt an Land. Die Entwicklung vom befruchteten Ei zur Larve findet im Mutterleib statt. Im Frühjahr bis Sommer setzt das Weibchen in Bächen, aber auch Fahrspuren und anderen stehenden kleinen Gewässern lebende Larven ab. Die Salamanderlarven atmen über äußerlich sichtbare Kiemen und sind gut an den gelben Achselflecken der Vorder- und Hinterbeine zu erkennen. Sie ernähren sich räuberisch von kleinen Wasserinsekten und Würmern.

Salamanderlarven können auch überwintern und erst im darauffolgenden Jahr ihre Metamorphose durchlaufen. Da durch den Klimawandel Bäche immer häufiger vorzeitig im Frühsommer austrocknen, ist der Fortpflanzungserfolg zunehmend gefährdet. Auch die Fassung vieler Quellen im Wald und ihre Nutzung zur Wassergewinnung haben zu einem Rückgang der Fortpflanzungsmöglichkeiten der Feuersalamander geführt. Da Salamander sehr alt werden können, täuscht das Vorhandensein von adulten Tieren mancherorts über die Problematik mangelnder Reproduktion hinweg. Im Wald findet man die Larven auch oft in Brunnenfassungen und naturnahen Wassertretbecken. Hier ist es wichtig, die Verantwortlichen darüber zu informieren, damit bei einer Reinigung oder beim Ablassen der Anlagen die Larven nicht unbewusst getötet werden.

Molche

In Deutschland gibt es vier Molcharten, die alle in Wäldern angetroffen werden können. Während **Bergmolch** (*Ichthyosaura alpestris*), **Teichmolch** (*Lissotriton vulgaris*) und **Fadenmolch** (*Lissotriton helveticus*) noch recht weit verbreitet sind, ist der **Nördliche Kammmolch** (*Triturus cristatus*) sehr selten geworden.

Der Bergmolch ist in Süddeutschland eine der häufigsten Arten. Nördlich von Harz und Erzgebirge ist seine Verbreitung dagegen sehr lückig (Laufer et al. 2007). Man kann ihn im Wald im Frühjahr in den unterschiedlichsten Gewässern antreffen, von fischfreien Teichen bis zu wassergefüllten Fahrspuren von Forstmaschinen auf Rückegassen werden alle kleineren Gewässer besiedelt. Besonders während der Laichzeit ist der Bergmolch gut an seiner Blaufärbung und dem orangen Bauch zu erkennen.

Der Fadenmolch kommt nur in den westlichen Teilen Deutschlands vor (Laufer et al. 2007). Er besiedelt vorwiegend kleine Stillgewässer und Fahrspuren im Wald, auch wenn sie stark beschattet sind, und ist hier oft gemeinsam mit dem Bergmolch anzu-

Abb. 128: Feuersalamanderlarven.

Abb. 129: Bergmolch, Männchen.

Abb. 130: Fadenmolch, Männchen.

treffen. Das Männchen unterscheidet sich vom Teichmolch in der Wassertracht durch den kurzen Faden am Schwanzende und die schwarzen Schwimmhäute an den Zehen der Hinterbeine.

Der Teichmolch ist ein ebenfalls häufiger Molch. Er bevorzugt besonnte Kleingewässer, ist aber in Fahrspuren eher selten anzutreffen. Das Männchen in der Wassertracht ist an dem ausgeprägten Rückensaum sowie dem blau-orangen Band auf dem Schwanz zu erkennen. Weibliche Tiere sind schlicht bräunlich gefärbt.

Der Kammmolch ist der größte bei uns heimische Molch und wird bis zu 20 cm lang. Neben seiner Größe kann er durch die schwarzen Flecken auf der gelborangen Unterseite von den anderen Arten unterschieden werden. Während der Laichzeit besitzen die Männchen einen sehr hohen, stark gezackten Kamm entlang der Rückenlinie. Die Grundfärbung der leicht warzigen Haut ist meist schwarz. Durch die Anlage und Sanierung geeigneter Laichgewässer kann man dem Kammmolch im Wald sehr effektiv helfen. Er besiedelt eher etwas größere, besonnte Gewässer mit einer Tiefe von 60 bis 80 cm. Da sich die Larven im Gegensatz zu den anderen Molcharten freischwimmend im Wasser aufhalten, sind sie, wie die Kaulquappen des Laubfrosches, sehr empfindlich gegenüber Fischbesatz. Temporär austrocknende Gewässer sind für ihn wie für die meisten Amphibienarten förderlich, da dies seine Feinde wie Libellenlarven, Fische und räuberische Wasserkäfer reduziert. Im Jahr 1990 konnte der Kammmolch im Stadtwald Herrenberg nicht mehr nachgewiesen werden (Lindeiner 1991), hat sich aber offensichtlich an weni-

Abb. 131: Teichmolch, Männchen.

Abb. 132: Kammmolchpaar, im Vordergrund das Männchen, gut zu erkennen am silbernen Streifen am Schwanz.

gen Stellen in geringer Zahl halten können. Inzwischen hat er sich durch Neuanlage und Sanierung von geeigneten Laichgewässern wieder an ca. 15 Gewässern etabliert und breitet sich weiter aus (Schmitt 2021, Donnerstag 2023).

Alle Molcharten wandern im Frühjahr in für sie geeignete Gewässer, wo die Fortpflanzung stattfindet. Die Haut der Tiere verändert sich im Wasser, sie atmen vermehrt über die Haut und tauchen nur ab und zu auf, um nach Luft zu schnappen. Die männlichen Tiere bilden auffällige Rückenkämme und Schwimmhäute zwischen den Zehen. Die Kloaken beider Geschlechter schwellen stark an. Die männlichen Tiere geben über die Kloaken Duftstoffe ab, welche sie dem Weibchen bei der Balz durch Schwanzbewegungen zufächeln. Folgt ein Weibchen dieser Spur, setzt das Männchen ein Spermapaket ab, welches das Weibchen über seine Kloake aufnimmt. Die Weibchen kleben danach einzelne Eier an Wasserpflanzenblätter oder ins Wasser ragende Grashalme, die anschließend als Schutz gefaltet werden. Die Eier von Kammmolchen sind weiß, die der anderen drei Arten bräunlich. Es entwickeln sich Larven, die anfangs nur Vorderfüße haben und sich räuberisch von kleinen Wasserinsekten und Krebsen ernähren. Wie die Salamanderlarven haben sie äußere Kiemen. Ihre Hinterbeine wachsen erst im Laufe der Entwicklung. Nach Abschluss der Metamorphose verlassen die jungen Molche meist zwischen Juli und September die Gewässer. Grundsätzlich kann auch eine Überwinterung im Larvenstadium stattfinden und die Metamorphose erst im folgenden Jahr abgeschlossen werden. Adulte Tiere verlassen die Gewässer, wenn das Nahrungsangebot nachlässt oder sich die Gewässer im Laufe des Sommers zu stark erwärmen.

2.7.3 Ursachen für die Gefährdung und den Rückgang von Amphibien

Amphibien gelten als die gefährdetste Wirbeltiergruppe der Welt. Auch in Deutschland ist jede zweite Art in ihrem Bestand bedroht, dabei hat sich ihre Situation in den letzten 20 Jahren weiter verschlechtert (BfN 2020). Es gibt vielfältige Ursachen für den Artenrückgang. Durch ihre Ansprüche an aquatische und gleichzeitig terrestrische Lebensräume sind sie besonders anfällig bei Veränderungen. Die Intensivierung der Landwirtschaft mit Entwässerung und starker Vereinheitlichung der Landlebensräume sowie dem Eintrag von Dünger und Pestiziden in Laichgewässer und terrestrische Nahrungshabitate ist sicher ein wesentlicher Faktor im Offenland. Auch der Straßenverkehr und die Zersiedelung der Landschaft spielen eine große Rolle. Viele Tiere werden überfahren, sowohl Adulte bei den Wanderungen zu den Laichgewässern als auch Jungtiere bei der Abwanderung zurück in die Sommerlebensräume. Flussregulierungen und die Aufgabe und Rekultivierung von Steinbrüchen, Kies- und Tongruben haben einen wesentlichen Anteil am Rückgang der an Dynamik gebundenen Offenlandarten Wechselkröte, Kreuzkröte, Gelbbauchunke und Laubfrosch. Zunehmende Verlandung und Sukzession von bestehenden Altgewässern ohne entsprechende Sanierungen oder Neuanlagen tragen ebenfalls zum Rückgang lokaler Populationen bei. Intensiver Fischbesatz in Angelgewässern und das Aussetzen von Fischen in bisher fischfreie Gewässer vermindert die Reproduktion von Amphibien bis hin zum Totalausfall. Larven und Kaulquappen werden in allen Entwicklungsstadien von Fischen gefressen. Heimische Arten wie Iltis (*Mustela putorius*), Graureiher (*Ardea cinerea*) und Ringelnatter (*Natrix natrix*) sind erfolgreiche Prädatoren, die selber aber auch auf ein reichhaltiges Amphibienvorkommen als Nahrungsquelle angewiesen sind. Neozoen wie Waschbär

(*Procyon lotor*) und Kalikokrebs (*Orconectes immunis*) sind zusätzliche neue invasive und sehr effektive Fressfeinde, die lokale Amphibienpopulationen vollständig auslöschen können.

Die Klimaveränderungen haben große Auswirkungen auf den Wasserhaushalt. Sinkende Grundwasserpegel lassen kleinere Gewässer und Bäche im Sommer frühzeitig austrocknen und verhindern, dass die Entwicklung der Amphibienlarven abgeschlossen werden kann. Alle Amphibien benötigen für ihre Entwicklung vom Ei oder Larve bis zur Metamorphose Gewässer, die mindestens 8 Wochen ausreichend Wasser für die kiemenatmenden Kaulquappen oder Larven halten. Auch adulte Amphibien in den Sommerlebensräumen leiden unter der zunehmenden Trockenheit. Hitze und Trockenperioden verursachen schlechte Bedingungen bei der Nahrungssuche. Dies wiederum ermöglicht keinen Aufbau von Energiereserven, was zu einer erhöhten Mortalität und verminderten Reproduktionsleistung der Tiere führt. Da alle Amphibien als wechselwarme Tiere sehr alt werden können, sagt das Vorhandensein adulter Tiere nur bedingt etwas über den Zustand einer Population aus. Für den Fortbestand ist ein regelmäßiger Reproduktionserfolg enorm wichtig.

Der Waschbär

Der Waschbär (*Procyon lotor*) ist eine ursprünglich aus Nordamerika stammende Kleinbärenart und zählt zu den Raubtieren. Im zwanzigsten Jahrhundert aus Pelztierfarmen entkommene Individuen und ausgesetzte Tiere bilden die Grundlage der heutigen Population in Deutschland. Er wird in der EU-Verordnung als invasive Art gelistet mit notwendigen Maßnahmen zu Prävention und Management. Der Waschbär ist ausschließlich dämmerungs- und nachtaktiv und kann daher nur selten beobachtet werden. Tagsüber verstecken sich die Tiere in hohlen Bäumen, Reisighaufen oder Hütten. Die typischen Abdrücke der Vorderpfoten, die an eine Kinderhand erinnern, weisen auf das Vorhandensein von Waschbären hin. Sie sind Nahrungsgeneralisten und nehmen pflanzliche wie tierische Nahrung zu sich, kommen auch in hoher Dichte im urbanen Raum vor und profitieren hier von Müll und Nahrungsresten.

In Deutschland haben sie keine natürlichen Feinde. Viruserkrankungen wie Staupe und der Straßenverkehr sind die hauptsächliche Todesursache. Da Waschbären eine hohe Vermehrungsrate haben, werden solche Verluste aber leicht ausgeglichen. Sie gelten als ausgesprochen intelligent und geben ihre erlernten Fähigkeiten oft an ihren Nachwuchs weiter. Durch ihre hohe Affinität zu Gewässern kommen sie regelmäßig mit Amphibien in Kontakt.

Amphibien gehören zum Nahrungsspektrum des omnivoren Raubtieres. Giftige Arten wie die Erdkröte oder Gelbbauchunke werden von den geschickten Kleinbären gehäutet – die giftige Hülle verbleibt, der Rest wird gefressen. Insgesamt wird der Einfluss des Waschbären vermutlich weit unterschätzt und es ist zu befürchten, dass er auf Populationen von seltenen Arten wie der Gelbbauchunke erheblich sein kann. Sehr auffällig sind auch die starken Verluste bei den in kurzer Zeit in großer Anzahl gemeinsam ablaichenden Arten Erdkröte und Grasfrosch. Der Waschbär stellt sich auf die hohe Nahrungsverfügbarkeit ein und verursacht dabei ein regelrechtes Massensterben. Auch in Siedlungsgebieten werden die Amphibienvorkommen in Gartenteichen durch Waschbären sehr stark dezimiert.

Da sich der Waschbär in Deutschland bereits etabliert hat, wird man ihn über jagdliches Management nur geringfügig in seiner Population beeinflussen können. An besonders wichtigen Amphibiengewässern sollten jedoch alle Register gezogen werden.

Abb. 133: Typische Hinweise auf den Waschbär. Die Erdkröten wurden gehäutet, es verbleibt die Haut mit den Giftdrüsen, der Rest wurde gefressen.

Abb. 134: Diese Spuren in Pfützen oder am Gewässerrand weisen auf die Anwesenheit von Waschbären hin.

Insbesondere über den intensiven Fang mit Lebendfangfallen und der anschließenden Erlegung der Tiere könnte man in diesen Bereichen effektiv eingreifen. Aufgrund der Einordnung als invasive Art mit negativem Einfluss auf unsere heimische Fauna darf der Waschbär in Baden-Württemberg als Jungtier ganzjährig und die adulten Tiere vom 1. Juli bis zum 15. Februar bejagt werden. Kleine, lokale Vorkommen gefährdeter Amphibienarten können vor diesem neuen Prädator nur noch geschützt werden, indem er mit einem Elektrozaun von den Laichgewässern ferngehalten wird (Beinlich 2012).

Kalikokrebs

Der Kalikokrebs (*Orconectes immunis*) stammt ursprünglich aus Nordamerika. Vermutlich wurden als Angelköder genutzte Tiere im Rheintal ausgesetzt und bilden dort in flachen Gewässern mit schlammigem Untergrund inzwischen eine sich immer weiter ausbreitende Population. Die Krebse fressen in kleineren Gewässern Amphibien und deren Larven und können die Bestände nahezu vollständig vernichten. Da er über Land wandert und Trockenphasen in tiefen Wohnröhren am Gewässergrund überdauern kann, stellt er in den Rheinauen eine erhebliche Gefahr für Amphibien dar (Martens 2015).

Fische

Fische fressen sämtliche Entwicklungsstadien der Amphibien, auch adulte Tiere fallen in das Nahrungsspektrum größerer Raubfische. In viele Gewässer wurden durch Menschen gebietsfremde Fischarten wie der Goldfisch (*Carassius gibelio forma auratus*), der Nordamerikanische Sonnenbarsch (*Lepomis gibbosus*), der Blaubandbärbling (*Pseudorasbora parva*) oder die Regenbogenforelle (*Oncorhynchus mykiss*) eingesetzt. Erfahrungsgemäß erfolgt die Besiedlung der Gewässer über einen Eimer und nicht über an Entenfüßen anhaftenden Fischlaich. Es gibt bisher keine wissenschaftlich profunden Studien oder Experimente, die belegen, dass Wasservögel tatsächlich Fischeier verschleppen (Hirsch et al. 2018).

Abb. 135: Molche als Mageninhalt einer Forelle.

Der Salamanderfresserpilz – Gefahr für den Feuersalamander

Seit einigen Jahrzehnten spielen auch zunehmend amphibienspezifische Infektionskrankheiten eine entscheidende Rolle beim weltweiten Amphibiensterben. Von großer Bedeutung sind dabei zwei Chytridpilze aus der Gattung *Batrachochytrium*. Der Froschpilz *Batrachochytrium dendrobatidis* (Bd) ist schon seit den 1990er-Jahren bekannt und vor allem in Südamerika und Australien nachweislich für das Aussterben zahlreicher Froscharten verantwortlich. Durch Menschen verschleppt, konnte sich dieser Pilz über die ganze Welt bis in entlegenste Lebensräume ausbreiten und löschte teils innerhalb weniger Jahre ganze Arten aus. Auch in Europa konnte er an zahlreichen Orten und Amphibienarten nachgewiesen werden. Jedoch blieben die massenhaften Sterbeereignisse, wie sie teils in anderen Teilen der Welt auftraten, hier glücklicherweise aus. In den Jahren 2011 und 2012 wurde jedoch ein großes Sterbeereignis bei Feuersalamandern in den Niederlanden und dem angrenzenden Belgien festgestellt, dass praktisch zum Erlöschen der gesamten Population führte. 2013 wurde dann die Ursache entdeckt: Ein zweiter Chytridpilz konnte nachgewiesen und beschrieben werden. Die Forscher nannten ihn treffend *Batrachochytrium salamandrivorans* – den Salamanderfresserpilz, abgekürzt Bsal. Der Pilz befällt die Haut der Schwanzlurche, was zu Läsionen führt. Dadurch wird die Haut in ihren zahlreichen Funktionen wie Wasserhaushalt, Thermoregulation und Abwehr von weiteren Krankheitserregern stark beeinträchtigt. In Europa ist der Feuersalamander besonders stark betroffen. Befallene Tiere sterben meist innerhalb von 14 Tagen. Aber auch die heimischen Molche werden von dem Pilz befallen und erkranken, sterben jedoch in einem weit geringeren Ausmaß an der neuen Krankheit. Es gibt jedoch Anzeichen, dass auch der Nördliche Kammmolch erheblich betroffen sein könnte. Kröten und Frösche scheinen dagegen nicht gefährdet zu sein, können aber als Überträger und Zwischenwirt fungieren. Es wird angenommen, dass der Pilz mit Schwanzlurchimporten aus Ostasien eingeschleppt wurde, da die dort lebenden Arten Träger dieses Pilzes sind, aber selbst kaum erkranken. Seit 2015 sind auch Salamanderpopulationen in der Eifel betroffen und seit 2017 das Ruhrgebiet zwischen Duisburg und Dortmund. Es wird jedoch angenommen, dass es bereits früher zu unentdeckten, lokalen Massensterbeereignissen kam. Im Juni 2020 wurde der Salamanderfresserpilz auch weit entfernt im Steigerwald und im Allgäu in Bayern nachgewiesen. Vermutlich konnten diese Entfernungen nur durch den Menschen überbrückt werden (Dalbeck et al. 2018, Martel et al. 2013, Sabino-Pinto et al. 2015, Schulz et al. 2018, Van Rooij et al. 2017).

Der Pilz bildet sehr beständige Dauersporen, die lange Zeit ohne Wirt überleben können, was eine Verbreitung und Verschleppung begünstigt. Neben der Verbreitung durch Wildtiere wie Wasservögel und Huftiere ist auch ein Verschleppen des Erregers durch anhaftende Walderde, z. B. an Forstgeräten, Pkw- und Fahrradreifen und den Schuhsohlen von Wanderern und Spaziergängern wahrscheinlich und anzunehmen. Daher tragen insbesondere Feldherpetologen, Naturschützer und auch Waldarbeiter und Förster, die sich gezielt und viel in den Lebensräumen aufhalten, eine besondere Verantwortung, um die Ausbreitung dieser schwerwiegenden Infektionskrankheit zu verhindern. Es ist strikt darauf zu achten, dass man mit verschmutzten Schuhen und Forstgeräten keine größeren Distanzen zwischen unterschiedlichen Lebensräumen und Wäldern zurücklegt bzw. diese bei einem Standortwechsel gründlich reinigt und desinfiziert. Das gilt umso mehr, wenn bekannt ist, dass man sich in einem potenziellen mit Bsal befallenen Waldgebiet aufgehalten hat. Geeignete Desinfektionsmittel sind 70 %iger Alkohol (für 1 Minute) oder auch eine 1 %ige Virkon-S-Lösung (5 Minuten). Diese sind im freien Verkauf erhältlich. Beim Umgang mit auffälligen Tieren sollten nach Möglichkeit Einweghandschuhe getragen werden. Tote oder augenscheinlich kranke Tiere, die auf die beschriebene Symptomatik passen, sollten umgehend naturschutzfachlich versierten Personen oder den Naturschutzbehörden gemeldet werden. Da der Feuersalamander nach dem Bundesnaturschutzgesetz und der Bundesartenschutzverordnung als besonders geschützt gilt, dürfen Tiere jedoch nicht ohne Genehmigung der Natur entnommen werden (DGHT 2019, LANUV 2021).

Abb. 136: Mit Bsal befallener Salamander, deutlich sichtbar die Hautläsionen.

2.7.4 Maßnahmen zum Schutz von Amphibien

Sanierung von vorhandenen Amphibiengewässern

In allen Wäldern findet man kleinere Gewässer, die zum Teil natürlichen Ursprungs, zum Teil künstlich geschaffen sind. Im Lauf der Zeit verlanden sie durch Laub- und Sedimenteintrag. Der Randbereich wird oft von Weiden und Erlen bewachsen, die durch ihren hohen Wasserbedarf zum Austrocknen während der Sommermonate führen können. Zusätzlich erfolgt durch die Bäume ein starker Eintrag von Falllaub im Herbst. Eine einfache und effektive Methode des Amphibienschutzes ist es, diese verlandenden Gewässer („Biotop-Ruinen“) wieder zu reaktivieren. Werden sie von Bäumen befreit und mit einem Bagger entschlammt, können sie wieder wertvolle Reproduktions- und Sommerlebensräume für Amphibien werden. Regelmäßig ist an diesen Standorten auch noch ein Restbestand von Tieren der ehemaligen Amphibienpopulationen anzutreffen, die dann schon im ersten Jahr nach der Renaturierung wieder in den Teichen zu sehen sind. Von Vorteil ist, wenn die Gewässer im gesamten Randbereich vom Bagger befahren werden können, um nach Bedarf in ein paar Jahren erneut entschlammt zu werden. Das anfallende Material kann im Wald neben dem Gewässer abgelagert werden. Bei stark austreibenden Gehölzen, wie Weiden, empfiehlt es sich, die Wurzelstöcke mit dem Bagger zu ziehen, da der Neuaustrieb bereits in den ersten Jahren zu einem hohen Wasserverlust führen kann. Das Ziehen der Wurzelstöcke trägt wesentlich zur langfristigen Wirksamkeit von Sanierungen bei. Das beste Zeitfenster für diese Maßnahmen ist der Herbst. Die Larven der Amphibien haben in der Regel ihre Metamorphose abgeschlossen und von Ende September bis Mitte Oktober haben die Gewässer ihren niedrigsten Wasserstand. Ein vorheriges Abpumpen erleichtert die Entfernung der Schlammsedimente mit einem Bagger.

Abb. 137: Verlandetes Kleingewässer, die Weiden am Rand wurden bereits abgesägt.

Abb. 138: Dasselbe Gewässer nach der Entschlammung und Entfernung der Weidenstöcke mit einem Bagger. Das Gewässer hat eine Wasserzufuhr über den am Fahrweg verlaufenden Graben.

Abb. 139: Der Tümpel im folgenden Jahr.

Wiedervernässung von trockengelegten Biotopen

Um auf möglichst vielen Flächen die Produktion von Holz zu ermöglichen, wurden in der Vergangenheit natürliche Feuchtbiotope im Wald durch Gräben oder Abflüsse dräniert und trockengelegt. Durch Verschließen der Gräben und Abflüsse können diese Biotope wiederhergestellt und vernässt werden und stehen Amphibien als Laich- und Sommerlebensraum wieder zur Verfügung.

Neuanlage von Amphibiengewässern

Auf bindigen Böden bietet sich immer wieder die Möglichkeit der Neuanlage eines Gewässers. In der Bilderfolge auf Seite 145 ist die Anlage im Bereich einer Wildwiese dokumentiert. Es ist ein sogenannter Himmelsteich, der allein durch den Niederschlag gespeist wird. Ein Uhrglasprofil verhindert, dass Amphibienlarven in Flachwasserbereichen abgeschnitten werden und vertrocknen können. Ein Vorteil bei der Anlage auf der Wildwiese ist die bereits zuvor erwähnte Möglichkeit, das Gewässer für spätere Pflegemaßnahmen im kompletten Randbereich mit einem Bagger zu befahren. Der zur Wiese baumfreie Bereich ermöglicht außerdem eine ausreichende Besonnung des Gewässers. Auf eine Bepflanzung sollte in jedem Fall verzichtet werden. Die Vegetation eines solchen Gewässers ent-

Abb. 140: Erlenbruchwald nach Wiedervernässung. Der Abflussgraben wurde zugeschüttet.

Abb. 141: Anlage eines Laichgewässers auf einer Wildwiese. Nachdem die Fichten entfernt und ausgebaggert wurden, füllt sich das Gewässer durch Niederschlagswasser.

Abb. 142: Auf der Rückegasse steht noch das Wasser, der unverdichtete Baggertümpel nebenan ist bereits trockengefallen.

wickelt sich von allein. Auch auf Modellierungen von Inseln sollte verzichtet werden, da sich hier etablierende Gehölze einen direkten negativen Einfluss auf das Gewässer haben und später je nach Gewässergröße schwer zu entfernen sind. Das künstliche Einbringen von Wasserpflanzen beschleunigt ebenfalls die Sukzession, zudem können invasive Wasserpflanzenarten wie die Wasserpest *Elodea* eingeschleppt werden.

Vor der Anlage eines neuen Gewässers muss beachtet werden, ob es sich um ein Gebiet mit Schutzstatus handelt. In Naturschutz-, Landschaftsschutz-, FFH- oder Vogelschutzgebieten sollte immer geprüft werden, ob der Schutzzweck nicht beeinträchtigt wird. Dies könnte zum Beispiel durch die punktuelle Zerstörung einer Flachlandmähwiese oder Feuchtwiese gegeben sein. Grundsätzlich darf auch nicht in natürliche Wasserläufe eingegriffen werden, da hier eine Zerstörung des etablierten Fließgewässerökosystems droht. Eine Absprache mit der Unteren Naturschutzbehörde ist immer sinnvoll und wichtig, zumindest bei größeren Gewässern.

Fahrspuren

Durch die Holzernte entstehen bei der Befahrung von unbefestigten Rückegassen auf lehmig-tonigen Böden häufig Mosaike von Kleinstgewässern. Tiefe Fahrspuren sind unerwünscht, weil die technische Befahrbarkeit darunter leidet und es einen unschönen Anblick bietet. Konflikte ergeben sich in Erholungswäldern mit Waldbesuchern, die diese Fahrspuren als Waldzerstörung wahrnehmen. Gleichzeitig entstehen aber auch temporäre Laichgewässer für viele Amphibienarten. Neu entstandene wassergefüllte Fahrspuren werden in Gebieten, in denen die Gelbbauchunke vorkommt, sehr gerne von dieser Art angenommen, da die Primärgewässer frei von Prädatoren sind und diese die wichtige Gewässerdynamik des Entstehens und Vergehens reflektieren. Ein weiterer Vorteil der Fahrspurpfützen ist ein oftmals ausreichendes Wasserhaltevermögen für die erfolgreiche Entwicklung der Kaulquappen aufgrund der punktuellen Verdichtung. Das Wasser wird auf den linienförmigen Spuren gesammelt und bleibt an den tiefsten Punkten mit der größten Verdichtung stehen. Diese

Abb. 143: Gezielte Befahrung einer Rückegasse zur Förderung der Gelbbauchunke. Aus dem unschönen Bild im Winter wird schon im ersten Sommer ein wertvolles Biotop. In den Pfützen konnte eine erfolgreiche Reproduktion der Gelbbauchunke festgestellt werden.

sehr kleinen, aber flächendeckend vorhandenen Gewässer dienen als Trittsteinbiotope, Ausweichgewässer, Nahrungs- und Reproduktionshabitate für viele Amphibienarten. Bergmolch, Fadenmolch, Feuersalamander, Erdkröte und Grasfrosch nutzen wassergefüllte Fahrspuren ebenfalls zur Reproduktion. Im Zuge eines Projektes zum Schutz der Gelbbauchunke in Wäldern konnten sogar 11 Arten in Fahrspurgewässern nachgewiesen werden (Dieterich & Schrell 2022). Besonders in Jahren mit extremer Sommertrockenheit konnte beobachtet werden, dass je nach Bodeneigenschaften Fahrspuren aufgrund der Verdichtung das Wasser länger halten als kleine angelegte Baggertümpel, denen die notwendige Verdichtung fehlt.

In Gebieten mit Gelbbauchunkenvorkommen sollten die Fahrspurpfützen auf jeden Fall den ersten Sommer über belassen werden, weil sie einen überlebenswichtigen Ersatzlebensraum für diese Art darstellen. Im zweiten Jahr nach ihrer Entstehung haben sich zumeist Libellenlarven und Molche eingestellt und verhindern ohnehin eine erfolgreiche Reproduktion der Unke. Eine Sanierung der Rückegasse sollte immer erst im Herbst ab Oktober stattfinden, wenn sich auch keine anderen Amphibien mehr in den Pfützen aufhalten.

Voraussetzung für die Entstehung geeigneter Fahrspurpfützen ist der Verzicht von Kronenschnittmaterial als Reisigauflage auf Rückegassen während der Holzernte sowie die Vermeidung von dauerhaften Befestigungen der Rückegassen im Wald. Im Regelfall sind die von der Gelbbauchunke benötigten Gewässer innerhalb der Vorgaben der FSC-Richtlinie, da die Unke nur Kleinstgewässer mit einer sehr geringen Tiefe (unter 40 cm) benötigt. Da im Normalfall die Holzernte vom Spätherbst bis zum zeitigen Frühjahr erfolgt und somit außerhalb der Aktivitätsperiode der Art stattfindet, sind Konflikte mit dem Artenschutz auf Rückegassen selten.

Unabhängig von der Holzernte kann man durch eine gezielte Befahrung von geeigneten Rückegassen Fahrspurtümpel entstehen lassen und den Bestand der Gelbbauchunke damit sehr einfach und effektiv fördern. Da die Rückeschlepper im Wald ohnehin im Einsatz sind, ist dies eine sehr kostengünstige Artenschutzmaßnahme.

Optimieren kann man die Förderung der Gelbbauchunke durch die Anlage von kleinen

Freiflächen mit Fahrspuren im Wald, z. B. auf Wildäckern. Letzteres kann in Kooperation mit den ansässigen Jagdpächtern erfolgen. Die entstandenen wassergefüllten Fahrspuren auf dem Acker werden am Ende des Jahres wieder eingeebnet und können nach 2 bis 3 Jahren wieder neu angelegt werden. So stehen den Gelbbauchunken immer wieder neue, feindfreie Gewässer für eine erfolgreiche Vermehrung am gleichen Standort zur Verfügung. Für eine gezielte Förderung dieser Art können auch auf den Rückegassen ältere Pfützen im Herbst mit dem Bagger eingeebnet werden. Bei der nächsten Befahrung in den Folgejahren entstehen dann wieder neue Primärgewässer. Werden die Gassen erst im Frühjahr, ab dem Monat Mai, wieder befahren, wandern auch keine Molche mehr ein und es bilden sich optimale Bedingungen für die Vermehrung der Gelbbauchunke.

Permanente Baggertümpel neben den Rückegassen sind langfristig von Nachteil für die Gelbbauchunke. Sie liefern lediglich im ersten Jahr ihrer Anlage den nötigen Pioniercharakter für diese Art. Bereits ab dem zweiten Jahr dienen diese dauerhaften Gewässer nur noch als Aufenthaltsgewässer, besonders für Weibchen und Jungtiere, fördern aber die Bestände an Fressfeinden. Molche und Libellenlarven wandern auch von den permanenten Tümpeln in die benachbarten Fahrspurpfützen ein und ernähren sich dort vom Unkennachwuchs. Deshalb sollte bei der durchaus wichtigen Anlage von Tümpeln für andere Amphibienarten ein Abstand zur Rückegasse eingehalten werden. Eine räumliche Trennung von Artenschutz für Dynamikarten (Pionierarten) und Arten permanenter Gewässer ist hier förderlich.

Abb. 144: Auf einem Wildacker angelegte Fahrspuren für die Gelbbauchunke.

Uns ist bewusst, dass über Fahrspuren im Wald kontrovers diskutiert wird. Hier sollen auch keine massiven Bodenschäden mit der Gelbbauchunke „schöngeredet" werden. Es ist uns jedoch ein Anliegen, auf den Wert der Fahrspurpfützen für den Artenschutz hinzuweisen. Rückegassen werden richtigerweise für den Bodenschutz angelegt, denn nur hier sollte der Waldboden befahren werden, damit er auf der Fläche nicht beschädigt wird. Auf den Gassen selbst ist der Boden aber vorgeschädigt und es bietet sich an, sie zur Förderung von Amphibien zu nutzen. Bereits mit dem Verzicht auf eine planmäßige Sanierung nach der Holzernte ist schon das wichtigste Ziel im Artenschutz erreicht. Erträgt man den Anblick der wassergefüllten Fahrspur im Winter, kann man sich an gleicher Stelle im Sommer an einer bunten Vielfalt von Amphibien, Ringelnattern und Libellen erfreuen. Über eine mobile Infotafel können auch Waldbesucher über den naturschutzfachlichen Nutzen der Fahrspuren informiert werden. Im Staatswald in Baden-Württemberg wird von ForstBW seit 2023 ein vorsorgendes Konzept für die Gelbbauchunke mit einer Mindestzahl an geeigneten Rückegassengewässern umgesetzt (ForstBW 2022b).

Wegeunterhaltung

Die Gräben entlang von Fahrwegen werden oft von Amphibien als Laichmöglichkeit genutzt. Wegeunterhaltungsmaßnahmen sollten darauf abgestimmt werden und zumindest an den nassen Stellen nicht in den Monaten März bis September erfolgen. Vertiefungen und Verbreiterungen von

Abb. 145: Infotafel Gelbbauchunke.

Abb. 146: Vor einer Dole wurde im Rahmen der Wegeunterhaltung eine Vertiefung angelegt, in der sich das Wasser aus dem Graben sammelt, bevor es auf die andere Wegseite abgeleitet wird.

Gräben im Bereich der Ein- und Ausläufe von Dolen können im Rahmen der Wegeunterhaltung einfach und kostengünstig angelegt werden. Da Amphibien die Weggräben mit ihrer höheren Feuchte gerne als Leitsystem bei ihren Wanderungen nutzen, werden diese Gewässer schnell besiedelt.

Abb. 147: Neuanlage eines Kleingewässers im Zuge eines Maschinenwegebaus.

Auch wenn die Erschließung der Wälder größtenteils abgeschlossen ist, kommt es immer noch zum Fahr- und Maschinenwegebau. Die Neuanlage von Kleingewässern im Zuge dieser Baumaßnahme bietet die Möglichkeit von Ausgleichsmaßnahmen für diese Eingriffe.

Wasserrückhaltung im Wald

Seit der Folge von heißen und trockenen Sommern ab dem Jahr 2018 ist das durch den Klimawandel bedingte Waldsterben nicht mehr zu übersehen. Die Wasserrückhaltung

Abb. 148: Baggertümpel als Wasserspeicher neben dem Waldweg.

im Wald wird immer wichtiger und damit lassen sich auch die Lebensbedingungen für Amphibien verbessern. Durch die Anlage von aus den Weggräben gespeisten Tümpeln wird das Ablaufen des Wassers aus dem Wald gebremst und es entsteht gleichzeitig ein Verbund von Laichgewässern.

Holzlagerplätze, Nasslager, Abbauflächen

Gelegentlich befinden sich auch Flächen außerhalb des Waldes in Betreuung von Forstverwaltungen und Forstbetrieben, auf denen sich bei entsprechenden Rahmenbedingungen gute Strukturen für heimische Amphibien schaffen lassen. Speziell Holzlagerplätze bieten sich dafür an. Auf einer als Trocken-, Wert- und Nasslagerplatz genutzten Fläche bei Herrenberg konnte so durch die gezielte Anlage von Tümpeln an den Entwässerungsgräben des Nasslagers der Laubfrosch erfolgreich angesiedelt werden, schon vorher hatten sich Grasfrosch, Erdkröte und Teichfrosch eingestellt.

Abbauflächen von Sand, Kies oder Ton im Eigentum von Forstbetrieben bieten die Möglichkeit, mit den vorhandenen Maschinen regelmäßig neue Kleingewässer und Pfützen anzulegen. Hier existieren oft noch Populationen der Offenlandarten, denen dadurch Reproduktionsmöglichkeiten geschaffen werden. Insbesondere wenn der Abbaubetrieb eingestellt wird und das Gelände wieder vollkommen in die Zuständigkeit des Forstes fällt, sollte die Sukzession der Gewässer und die Beschattung durch regelmäßige Pflegemaßnahmen verhindert werden. Auch auf der Sohle von Steinbrüchen befinden sich manchmal Tümpel mit Vorkommen von Pionierarten, die nach Beendigung des Abbaubetriebes von der Verlandung bedroht sind. Ein den Abbau imitierendes Management, was auf regelmäßige Störung und Förderung von Rohboden mit fortlaufender Schaffung und Verfüllung von Flachgewässern abzielt, ist für das Überleben dieser Pionierarten essenziell.

Abb. 149: Tümpel am Holzlagerplatz Gültstein im Herbst 2021.

Entfernen von Fischen

Fische scheinen einer der Hauptgründe für den mangelnden Reproduktionserfolg von Amphibien in älteren, größeren Teichen zu sein. Nachdem die Gewässer von Fischen befreit wurden, ist oft schlagartig wieder ein massenhaftes Vorkommen von Amphibienlarven zu beobachten. Um die Fische zu entfernen, müssen die Teiche über Ablasseinrichtungen wie Mönche oder flexible Kunststoffrohre gezielt ab Oktober trockengelegt werden. Dies reduziert gleichzeitig andere Prädatoren wie Libellenlarven und verhindert zu starke Faulschlammbildung durch den Eintrag von organischem Material in das Gewässer.

Der Mönch ist ein mit einem Fundament betonierter Schacht, der mit einem Ablaufrohr verbunden ist. In den Schacht werden Staubretter aus Holz eingesetzt und der Teich so bis zum obersten Brett angestaut. Zusätzliches Wasser durch Zufluss oder Niederschlag läuft über das Ablaufrohr ab. Die Staubretter können herausgezogen werden, um das Wasser im Herbst abzulassen. Meist zieht sich dieser Prozess über mehrere Tage. Im kommenden Frühjahr kann

Abb. 150: Mönch.

Abb. 151: Tümpel mit flexiblem Kunststoffrohr, Baggerarbeiten im Oktober 2017. Roter Pfeil am flexiblen Ablassrohr unter dem Damm.

der Teich durch das Einsetzen der Bretter wieder auf die gewünschte Höhe aufgestaut werden. Die Holzbretter quellen im Wasser auf und verschließen den Schacht. Je nach Bauart können die Staubretter auch zweireihig eingeschoben und der Zwischenraum zur besseren Stauwirkung mit Lehm gefüllt sein.

Eine einfache Methode ist der Einbau eines flexiblen Kunststoffrohres in den Damm des Gewässers. Wird es auf beiden Seiten des Damms nach unten gelegt, fließt das Wasser ab. Im Frühjahr wird es nach oben geklappt, und der Tümpel füllt sich nach größeren Niederschlägen wieder. Um gezielt seltene Arten zu fördern, kann der Anstau des Tümpels erst spät im Frühjahr ab Anfang Mai erfolgen. Dadurch wird verhindert, dass die häufiger vorkommenden „Frühlaicher" wie Grasfrosch, Erdkröte und Bergmolch das Gewässer bereits besiedelt haben. Es steht den später laichenden Laubfröschen, Kammmolchen und Gelbbauchunken konkurrenzfrei zur Verfügung. Wenn es in der Umgebung der abgelassenen Tümpel keinen Mangel an dauerhaften Gewässern gibt, ist diese Maßnahme zugunsten dieser Arten durchaus

Abb. 152: Tümpel im Juli 2018. Roter Pfeil am flexiblen Ablassrohr unter dem Damm.

gerechtfertigt. Insbesondere der Laubfrosch und auch der Kammmolch haben durch das Ablassen des Wassers im Winterhalbjahr und das späte Befüllen ab Anfang Mai hohe Reproduktionsquoten.

Da sich in vielen kleineren Gewässern ohne technische Bauwerke ausgesetzte Fische befinden, hat Martin Hochstein eine Schlauchablassmethode entwickelt. Sofern ein gewisses Gefälle zwischen Gewässerboden und einem nicht zu weit entfernten Punkt außerhalb des Gewässers besteht, ist das Ablassen mit einem Gartenschlauch möglich. Da sich der Ablassprozess sehr langsam vollzieht, müssen längere Zeiträume eingeplant werden. Die Abflussmenge hängt vom Schlauchdurchmesser, der Schlauchlänge und dem Gefälle ab. Gängige Schlauchinnendurchmesser reichen von ½ Zoll (13 mm) über ¾ Zoll (19 mm) bis 1 Zoll (25 mm). Je größer der Schlauchdurchmesser, desto schwerer, steifer und damit schwieriger händelbar wird der Schlauch. Die Erfahrung hat gezeigt, dass eine sinnvolle Schlauchlänge 50 m beträgt. Es dürfen keine billigen, dünnwandigen Gartenschläuche eingesetzt werden, denn diese ziehen sich bei einem höheren Unterdruck zusammen und schließen sich. Bei der Beschaffung muss geprüft werden, ob sich der Schlauch leicht zusammendrücken lässt – in diesem Fall ist der Schlauch nicht geeignet. Damit der Schlauch an der Ansaugseite im Gewässer nicht verstopft, muss ein Filter vorgeschaltet werden. Für den Freilandgebrauch sollte der Filterkorb groß und die Löcher nur etwas kleiner als der Schlauchdurchmesser sein. Die Befüllung des Schlauches funktioniert am besten mit zwei Personen am höchsten Punkt mit einer Gießkanne.

Abb. 153: 1-Zoll-Schlauch, 50 m mit Vorfilter.

Eine weitere Möglichkeit ist das Leerpumpen mit einer Vakuum- oder Güllepumpe. Ein zuvor fischbesetztes Gewässer sollte mindestens mehrere Wochen gewintert (trocken belassen) werden. Dadurch kann sichergestellt werden, dass auch Jungfische, welche leicht übersehen und nicht abgesammelt werden können, beseitigt werden. Werden die Jungfische nicht effektiv entfernt, kann es bereits nach 2 Jahren zu einer wiederholt hohen Dichte an Fischen kommen. Wenn immer möglich, empfiehlt es sich bei der Neuanlage von Amphibiengewässern eine Ablasseinrichtung einzubauen oder Gewässer nachträglich mit einem Mönch nachzurüsten.

Wichtig ist die Abgabe oder Tötung der Fische vorher einzuplanen. Oft übersteigt die tatsächliche Menge die vorherige Annahme bei Weitem. Die Fische können eventuell an Angelvereine als Futterfische abgegeben oder mit Nelkenöl getötet und dann über die Tierkörperbeseitigung entsorgt werden.

Windenergieanlagen

Im Zuge der Energiewende geraten zunehmend Waldflächen als Standorte von Windkraftanlagen in den Fokus. Bei deren Errichtung sind stets umfangreiche Ausgleichsmaßnahmen erforderlich. Die Anlage von ablassbaren Gewässern im unmittelbaren Umfeld solcher Windenergieanlagen ist im Hinblick auf Amphibien eine sehr gut geeignete Maßnahme, die vielen gefährdeten Arten zugutekäme. Die Gewässer sind besonnt und durch ein regelmäßiges Ablassen können Prädatoren reduziert werden. Becken aus Trinkwasserasphalt, die im Herbst abgelassen und im Frühjahr wieder befüllt werden, haben sich bereits bei Wechselkröten im Offenland sehr gut bewährt (Hermann & Rall 2020, Rall et al. 2022, Schenkenberger 2023). Auf Deponien konnte die Gelbbauchunke durch solche Becken massiv gefördert werden, im Wald profitieren außerdem Kammmolch und Laubfrosch. Der Bau ist aufwendig und teuer, von daher sollte eine Realisierung als Ausgleichsmaßnahme in Erwägung gezogen werden. Die Kosten für ein Trinkwasserasphaltbecken belaufen sich auf rund 50 000 Euro (S. Rall, mündl., 2023). Die Becken mit einer Größe von rund 300 Quadratmetern zeichnen sich aber durch eine lange Lebensdauer (25 bis 30 Jahre), einfache Handhabung und hohe Reproduktionserfolge aus.

Abb. 154: Trinkwasserasphaltbecken mit Steinschüttung als Versteck für Amphibienlarven.

Abb. 155: Wurzeltellertümpel.

Wurzelteller

Durch Windwurf entstehen vielfach unter Wurzeltellern kleine Tümpel, die gerne von Gelbbauchunken als Laichgewässer angenommen werden. Das Wasserhaltevermögen ist allerdings oft schlecht und der Amphibiennachwuchs vertrocknet regelmäßig (DIETERICH & SCHRELL 2022). An zur Vernässung neigenden Standorten sollten diese wertvollen Strukturen nach Möglichkeit aber erhalten bleiben. Die Wurzelteller sind zudem auch als Nistplatz für Wildbienen oder den Zaunkönig von Bedeutung.

Der Biber

In viele Wälder wandert der bei uns lange Zeit ausgestorbene Biber (*Castor fiber*) über Flüsse und Bäche wieder ein. Er legt neue Tümpel an und hebt den Grundwasserspiegel ganz ohne Maschineneinsatz und technische Hilfsmittel. In Oberschwaben und im Südschwarzwald hat diese Art im Wald punktuell neue Amphibienparadiese geschaffen.

Abb. 156: Kleingewässer hinter einem Biberdamm.

3 Waldweide

W. SEITZ

3.1 Die Herrenberger Waldweide – ein Praxisbeispiel

Im folgenden Kapitel wird aus Sicht des Forstrevierleiters beschrieben, wie sich die Einrichtung einer Waldweide im Stadtwald Herrenberg praktisch gestaltete.

Grundsätzliche Infos zum Thema Waldweide können dem guten und ausführlichen Merkblatt der Forstlichen Versuchsanstalt (FVA) Freiburg (2022) entnommen werden.

Die Planung für dieses Projekt begann 2015 und es befindet sich seit 2019 in der praktischen Umsetzung. Die Größe der Waldweide beträgt rund 7 ha und sie liegt im Naturraum Schönbuch und Glemswald (Schwäbisches Keuper-Lias-Land) innerhalb des Naturparks Schönbuch im Stadtwald Herrenberg. Das Gelände ist leicht hügelig, die Hauptfläche ist ein nach Süden geneigter, rund 190 Jahre alter Eichen-Altbestand. Im Norden ist der Sommerbach mit einem ca. 40-jährigen Bachauewald in die Waldweidefläche integriert und im Zentrum ein ca. 30-jähriger Fichten-Mischbestand. Weidetiere waren in den ersten vier Jahren von 2019 bis 2022 ausschließlich Galloways, je nach Witterungsverlauf drei bis sieben Stück im Sommerhalbjahr von Ende April bis Mitte November.

Von Beginn an und bis heute finden wissenschaftliche Begleituntersuchungen durch Studenten der Hochschule Rottenburg statt (Corthum et al. 2017, Dirlewanger 2019, Meiwes 2022, Wachsmuth 2022). Eine Untersuchung der dort vorkommenden Fledermausarten fand 2021 statt (Müller 2022).

Abb. 157: Die Herrenberger Waldweide im Frühjahr 2021.

Die Waldweide – eine über viele Jahrhunderte für Mensch und Tier überlebenswichtige Waldbewirtschaftungsform

Die Waldweide war eine auch im Stadtwald Herrenberg über viele Jahrhunderte praktizierte Form der Waldbewirtschaftung, die für das Überleben der Menschen und Haustiere von herausragender Bedeutung war (Dinkelaker 2008, 2019). Der Bevölkerungsanstieg im Mittelalter führte zu einem Mangel an Weide- und Ackerflächen, welcher durch die Dreifelderwirtschaft nicht kompensiert werden konnte. Deswegen trieb man große Herden Rinder, Pferde, Esel, Schweine, Schafe und Ziegen in den Wald. So trafen sich Wald und Weide auf der Waldweide. Im Jahr 1706 sind im Schönbuch 1 172 Pferde, 2 274 Ochsen, 3 982 Kühe, 1 905 Stück Jungvieh, 19 920 Schafe und 470 Ziegen dokumentiert (Buck 2000). Flurnamen wie „Schafwäsche“, „Rosshau“, „Hummelberg“ oder „Sauhägle“ weisen bis heute auf diese Form der Waldbewirtschaftung im Stadtwald Herrenberg hin. Daraus entstanden besonders lichte Wälder. Diese waren Lebensraum für eine Vielzahl von Tier- und Pflanzenarten, die in unseren heutigen Wäldern immer seltener zu finden sind. Gerade diese Arten, die an den Lebensraum „Lichtwald“ mit offenen, wärmeren Stellen, z. B. für blütenbesuchende Insekten mit entsprechendem Nahrungsangebot, gebunden sind, nehmen in den heutigen Wäldern ab.

Goethe schrieb in seinem Tagebucheintrag vom 7. September 1797 über eine Reise von Stuttgart nach Tübingen über den Schönbuch: „Einzelne Eichbäume stehen hier und da auf der Trift und man hat eine schöne Aussicht der nunmehr nähernden Neckarberge …“ (Geyer 2011). Trift war der Begriff für eine beweidete Fläche oder deren Zugang. Was Goethe in seinem Reisebericht beschrieb, würden wir heute schwerlich als Wald bezeichnen, so offen war die Landschaft. Außerdem hätte man in einem dichten Wald wohl kaum eine „schöne Aussicht“.

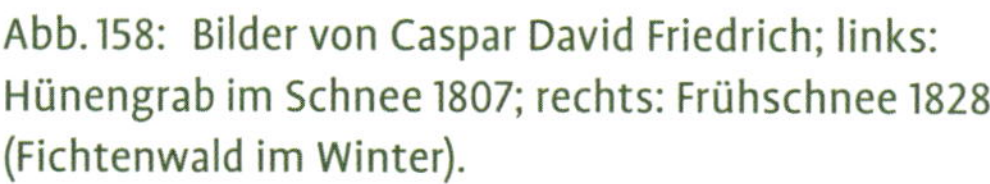

Abb. 158: Bilder von Caspar David Friedrich; links: Hünengrab im Schnee 1807; rechts: Frühschnee 1828 (Fichtenwald im Winter).

Achtet man in einer Pinakothek oder im Kunstmuseum genauer auf die dargestellten Landschaften, welche die Maler des frühen Mittelalters bis zum beginnenden 19. Jahrhunderts auf ihren Bildern verewigt haben, findet man diese lichten, stark genutzten Wälder zuhauf. Caspar David Friedrich (1774–1840) hat in seinen Bildern den Übergang von der Waldweide zu dichten Nadelwäldern festgehalten.

Vor ca. 200 Jahren wurde die Waldweide eingestellt, um in den Wäldern größere Holzvorräte aufbauen zu können, und das aus durchaus gutem Grund: Holz war damals (wie heute) ein sehr begehrter und wertvoller Mangel-Rohstoff. Aus Sicht der nachhaltigen Erzeugung von Holz war das ein richtiger und wichtiger Schritt. Der Anbau von Nadelhölzern wie Kiefer und Fichte schufen auch im Stadtwald Herrenberg im Laufe der letzten beiden Jahrhunderte vorratsreichere und dichtere Wälder, in denen Arten des geschlossenen Waldes einen geeigneten Lebensraum finden, wie z. B. der Schwarzspecht (*Dryocopus martius*). Lichte und besonnte Flächen wurden dagegen seltener.

Die Abbildung 159 zeigt die geschichtliche Entwicklung der Baumartenmischung im Stadtwald Herrenberg von 1888 bis 2017. Auffällig sind der starke Anstieg von Nadelbäumen und der Rückgang vor allem der Buche bis 1976. Erst Extremwetter-Ereignisse wie Orkane, allen voran Vivian/Wiebke 1990 und Lothar 1999, kehrten diese Entwicklung um (Regierungspräsidium Freiburg 2017). Der Klimawandel mit heißen und trockenen Sommern (2003, 2018–2020, 2022) verursacht einen weiteren Rückgang der Fichte

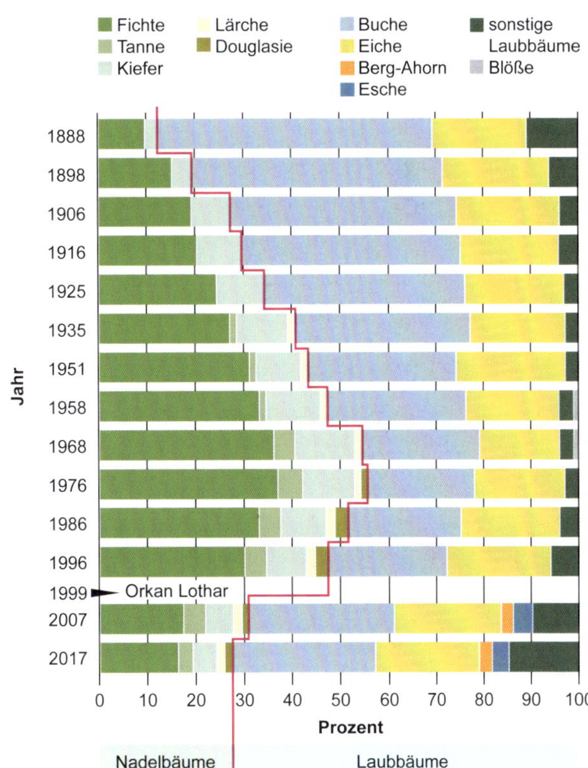

Abb. 159: Geschichtliche Entwicklung der Baumartenmischung im Stadtwald Herrenberg von 1888 bis 2017 (nach einer Vorlage des Regierungspräsidiums Freiburg 2017, verändert und ergänzt).

und bringt auch die Buche zunehmend an ihre Grenzen.

Die Abkehr von größeren Kahlschlägen vor allem im öffentlichen Wald (Staats- und Kommunalwald) und die Umsetzung der „naturnahen Waldwirtschaft“ mit steigenden Naturverjüngungsvorräten verursachten einen weiteren Rückgang der lichten Flächen im Wald. Unterbrochen wurde diese Entwicklung in den betroffenen Bereichen durch extreme Witterungsereignisse wie den Orkanen Vivian und Wiebke 1990 und im Raum Herrenberg vor allem dem Orkan Lothar 1999, wie in der Grafik gut zu sehen ist.

Große Kahlschläge wurden früher von Vogelarten wie dem Baumpieper (*Anthus trivialis*) oder der Heidelerche (*Lullula arborea*) besiedelt, die heute in unseren Wäldern sehr selten geworden sind (Gatter & Mattes 2018, Seitz unveröff. Beobachtungen).

Warum eine Waldweide im Stadtwald Herrenberg?

„Was um Himmels Willen treibt eine moderne Forstverwaltung im 21. Jahrhundert dazu, eine Waldweide einzurichten?“ So beginnt Reinhold Kratzer, Initiator der Waldweide und Leiter des Kreisforstamts Böblingen, oft seine Führungen an der Waldweide Herrenberg.

Waldweiden, auch „Hudeweiden“ oder „Hutewälder“ genannt, sind aus naturschutzfachlicher Sicht höchst wertvoll: Laut der Roten Liste der gefährdeten Biotoptypen Deutschlands sind Hutewälder hierzulande von „vollständiger Vernichtung bedroht“ (Finck et al. 2017).

Gemäß der Megaherbivoren-Theorie (Megaherbivoren sind große Pflanzenfresser) glichen einige Bereiche der Wälder Europas nach der Eiszeit den späteren Hutewäldern (Bunzel-Drüke et al. 2019). Diese Theorie geht davon aus, dass insbesondere Wälder in Ebenen, auf sandigen Böden und in Flussnähe zu dieser Zeit von großen Wildtieren wie Auerochsen, Wisenten, Elchen oder Wildpferden beweidet wurden und somit partiell offen und licht blieben. Zumindest auf diesen Standorten gleicht eine Waldweide vermutlich der ehemaligen Naturlandschaft.

Doch nicht nur der reine naturschutzfachliche Aspekt, sondern auch die Bedeutung der Waldweide als historische Kulturlandschaft, als Kulturgut, sollte nicht zu kurz kommen und vor Ort den Besuchern anschaulich dargestellt werden.

Im Fall der Waldweide im Stadtwald Herrenberg stand das bereits seit 2009 teilweise als Waldweide reaktivierte Naturschutzgebiet „Neuweiler Viehweide“ bei Waldenbuch im

Abb. 160: Neuweiler Viehweide.

Kreis Böblingen Pate (Landkreis Böblingen 2023). Es wird als ein „hudewaldartiges Gebiet, als [...] letztes Relikt der alten Schönbuchlandschaft" beschrieben (Wikipedia 2023). Auf rund 6 ha wurden dort alte Eichen freigestellt. Die jüngeren Buchen, welche im Laufe der Zeit immer stärker in die Eichen einwuchsen und ihre Kronen weiter nach oben drängten, wurden konsequent entnommen und so eine lichte Waldfläche geschaffen, die durch Beweidung mit Pferden, Ziegen und seit 2022 auch von Rindern offen gehalten wird. Es entstand ein Waldbild, das den Beschreibungen und Bildern aus dem Mittelalter gleicht.

Daraus entwickelte sich das Vorhaben, innerhalb der Grenzen des Naturparks Schönbuch eine weitere Waldweide zu etablieren.

Dafür bot sich der Wald der Stadt Herrenberg an. Mit knapp 2 000 ha Wald ist die Stadt Herrenberg der größte kommunale Waldbesitzer im Kreis Böblingen und der drittgrößte im Regierungsbezirk Stuttgart. Die Zielsetzung der Bewirtschaftung im Stadtwald passt sehr gut zu diesem Projekt: Der Stadtwald Herrenberg ist gleichrangig ein Ort der Produktion und nachhaltigen Ernte des Rohstoffs Holz, ein Lebensraum für Tiere und Pflanzen und ein Erholungsraum für die Waldbesucher. Die drei „Säulen" der Waldbewirtschaftung Ökologie (Naturschutz), Ökonomie (Produktion des Rohstoffs Holz) und Soziales (Erholung, Kulturelles, Waldpädagogik) stehen gleichwertig nebeneinander und fungieren so als gleichberechtigte übergeordnete Ziele des Waldbesitzers.

Waldnaturschutz hat im Stadtwald Herrenberg eine jahrzehntelange Tradition (Kratzer & Seitz 2019). So wurden bereits vor über 30 Jahren Amphibienschutz-Maßnahmen im Stadtwald durchgeführt, und im Jahr 2012 wurde die Umsetzung des Baden-Württembergischen Alt- und Totholzkonzepts (ForstBW 2016) von der Stadt Herrenberg im Gemeinderat einstimmig beschlossen.

Bei der „Gesamtkonzeption Waldnaturschutz" (ForstBW 2015) in den Wäldern Baden-Württembergs spielen „Lichte Wälder" und die Förderung historischer Waldnutzungsformen eine wesentliche Rolle, weil sie immer seltener werden, wie es auch der Bericht zur Lage der Natur des Bundesamts für Naturschutz im Jahr 2020 bestätigt (BMU & BfN 2020). Die Waldweide leistet in diesem Zusammenhang einen wertvollen Beitrag zur Biodiversität in unseren Wäldern (Schenkenberger 2020).

Die übergeordneten Ziele bei der Waldweide Herrenberg

Die Waldweide Herrenberg war von Anfang an nicht nur als reines Waldnaturschutz-Projekt im Zusammenhang mit „Lichten Wäldern" geplant. Sie sollte gleichwertig im Rahmen des Besucherleitsystems des Naturparks Schönbuch einen für die Waldbesucher attraktiven Punkt darstellen und im besten Sinne einer Heimatkunde die über viele Jahrhunderte – auch kulturell – sehr bedeutende Waldnutzungsform der Waldweide für Waldbesucher sicht- und erlebbar machen.

Die Flächenauswahl

Ziel war es, einen Waldbestand zu finden, der sich von Lage, Gelände und aktuellem waldbaulichen Zustand eignet. Der Bestand sollte für Waldbesucher gut erreichbar und einsehbar sein und er sollte einen historischen Kontext zur Waldweide aufweisen. Ein rund 190 Jahre alter Eichenbestand im Distrikt 4 der Abteilung 1 „Sauhägle" entsprach diesen Erwartungen. Allein der Gewann-Name lässt bereits eine historische Nutzung als Schweine-Waldweide vermuten.

Im Rahmen einer Dienstbesprechung im Jahr 2016 wurde den Revierleitenden des Kreisforstamtes Böblingen die vorgesehene Waldfläche vorgestellt. Das Potenzial dieser Fläche als Waldweide war auf den ersten Blick vor Ort nur schwer zu erkennen, zu

Von Bäumen vnd Stauden: XLVIII

ist noch ein Geschlecht/nemlich/die Stechpalmen/Ilex aquifolia genennet/darvon droben im zwantzigsten Capittel gesagt ist.

Ander Geschlecht deß Eychbaums/ als Cerrus, Ægilops, Esculus, besihe bey den Lateinische vnd Griechen.

Natur oder Complexion.

Eychbaum zeucht zusammen/ vnd wärmet ein wenig/ist in der ordnung der ding/ welche temperiert seyn/oder mittelmässige Natur haben.

Krafft vnd Wirckung.

Eychen Bletter auff hitzige böse Blatern geleget/ heylen vnnd ziehen die Hitze herauß. (Hitzige Blatern.)

Eychen Holtz gesotten/ ist gut denen/ so Blut speyen/ das Wasser also getruncken/ mit Wein gemischet. (Blutspeyen.)

Item den Frauwen/ so lange zeit jre Kranckheit gehabt haben/ mit Eychenlaub [illegible] gebähet/hilfft sie.

Eycheln gessen/bringen Hauptwehethumb/vnd blasen auff den Bauch.

Eychen Wurtzeln gesotten mit Kühmilch / vnnd getruncken/ ist gut wider giftige Artzney. (Gifft.)

Eycheln seynd gut genützt den Frauwen/die zuviel flüssig seyn in jhrer zeit / vnd sonderlich die mittel Rinden an dem Holtz gesotten mit Wasser / vnd vndenauff mit gebähet/der Dampff hilfft.

Die mittel Rinden von Eychbäumen / vnd das mittel von den Eycheln/das da ist zwischen der Schalen vnd der Frucht / mit einander gesotten in Essig vñ Wasser/vnd auffs wild Feuwer gelegt/ als ein Pflaster/benimpt [illegible] Hitz. (Wild Feuwer. Bauchfluß.)

Eycheln gepülvert/ sind gut wider den Bauchfluß oder Ruhr/ oder tröpfflingen harnen/Kalte seych/ Stein in Nieren vnd Blasen. (Kalte seych. Stein.)

Die Eychelhülßlin/sind gut de[illegible]/ so Blut speyen.

Für den Sodt nimb ein Eychenblat/legs auff die Zung / die feuchtigkeit die dir wirt/ schlinge hinein/es hilfft. (Sodt.)

Eychenbletter gestossen/auff ein frisch gehawene Wunden gelegt / zeucht die zusammen/also/daß mans nit hefften darff. (Wunden.)

Für das Zäpflin im Halß nimb zerstossene Eycheln/ darunder gestossen Pfeffer/ vnd Hundskaat/misch vnder einander/berühr oder bereibe das Zäpflin darmit. Ab[illegible]mistel getruncken/hilfft fürs stechen.

Eychenlaubwasser.

[illegible]tillierung ist mitt[illegible] im Mayen [illegible] tern [illegible] eines jungen

Abb. 161: Schweinemast mit Eicheln („Eckerich") aus Adam Lonitzer, Kräuterbuch, 1604 (Vorlage: Stadtarchiv Herrenberg, StadtA Herrenberg, OrtsA Gültstein, Nr. 1587); Quelle: JANSSEN 2019.

„normal" schien der Bestand. Die Eignung der Fläche wurde bei weiteren Begängen von der Forstlichen Versuchsanstalt (FVA) in Freiburg, welche im Verlauf des Projektes wichtige Hinweise zum Vorgehen beisteuerte, bestätigt. Studierende der Hochschule für Forstwirtschaft (HFR) Rottenburg haben im Rahmen einer Studienarbeit verschiedene Flächenvarianten erarbeitet und eine davon dem Gemeinderat und der Stadtverwaltung Herrenberg beim jährlich stattfindenden Waldbegang 2016 vorgestellt (CORTHUM et al. 2017).

Um für die Waldbesucher eine möglichst große Einsehbarkeit zu erreichen, wurde die Fläche der Waldweide so abgegrenzt, dass der Großteil von den Wegen aus überblickt werden kann. Deshalb wurden im Norden ein ca. 40-jähriger Bachauewald und im Zentrum ein ca. 30-jähriger Fichten-Mischbestand in die Waldweidefläche integriert. Diese Abgrenzung erleichterte zudem den Bau des Weidezauns, der zu ca. 80 % entlang von Waldwegen verläuft.

Notwendige Abstimmungen

Die Abstimmung mit dem Waldbesitzer

Die praktische Abstimmung mit dem Waldbesitzer sowie der Vorschlag der Einrichtung der Waldweide erfolgten auf zwei Waldbegängen in den Jahren 2016 und 2017. Zudem wurde die Einrichtung einer Waldweide auch im Forsteinrichtungswerk 2017–2026 festgehalten (Regierungspräsidium Freiburg 2017).

2017 erfolgte der Beschluss über die Einrichtung der Waldweide im Herrenberger Gemeinderat. Widerstand kam fast ausschließlich, aber dafür vehement von örtlichen Jägern, die nicht wollten, dass eine Waldweide eingerichtet wird, weil sie Einschränkungen in ihrer Art der Jagdausübung befürchteten. Letztlich wurde die Waldweide-Fläche im Zuge eines Flächentauschs einer anderen Jagd zugeschlagen, um diesen Konflikt beizulegen.

Die Abstimmung mit den Behörden

Nach dem Beschluss des Waldbesitzers, eine Waldweide einrichten zu wollen, wurden von der Unteren Forstbehörde die zuständigen Träger öffentlicher Belange im Landratsamt Böblingen beteiligt. Dazu gehörten die Untere Naturschutzbehörde, das Landwirtschaftsamt, das Veterinäramt und die Wasserwirtschaft. Alle Behörden stimmten dem Vorhaben zu und waren im weiteren Projektverlauf unterstützend tätig.

Seitens des Landwirtschaftsamts kamen Hinweise zu den Rinderhaltern, die Interesse daran bekundet hatten, ihre Rinder für das Projekt zur Verfügung zu stellen, ebenso von der Veterinärbehörde, die großen Wert darauf legte, dass ein Aspekt der historischen Waldweide, nämlich die damalige Not der Tiere, sich nicht wiederholen dürfe.

Wasserwirtschaftsamt und Naturschutzbehörde stimmten der Integration eines Bachlaufes (Sommerbach) innerhalb der Weidefläche zu.

Im Anschluss folgte der Antrag der Stadt Herrenberg auf Einrichtung einer Waldweide an die höhere Forstbehörde als Genehmigungsbehörde.

Die Holzernte

Nachdem die Genehmigung der Forstdirektion erfolgte, wurde auf der Fläche im Oktober 2018 die Holzernte durchgeführt. Dabei wurde der notwendige Lichtgrad für die Beweidungsfläche geschaffen, damit auf dem Boden Gras und krautige Pflanzen als Nahrung für die Weidetiere wachsen können. Die von Baumkronen überschirmte Fläche wurde auf rund 50 % reduziert. Die Genehmigung der Forstdirektion beinhaltet die Vorgabe eines verbleibenden Bestockungsgrades von mindestens 40 %.

Bereits im Jahr 2015 wurden die Kronen der alten Eichen im Rahmen einer planmäßigen Bestandspflege freigestellt, bei Erhalt des aus Buchen und Hainbuchen bestehenden Zwischen- und Unterstands. Dieses Vorgehen erwies sich als vorteilhaft für die verbleibenden älteren Eichen. Dadurch konnten sich diese drei Jahre lang an mehr Licht und Sonne gewöhnen und die starke Freistellung im Oktober 2018 führte bei vergleichsweise wenigen Bäumen zu Schwächeerscheinungen. Ein solcher „Vorbereitungshieb“ einige Jahre vor der starken Freistellung ist unbedingt zu empfehlen, da er die Vitalität der verbleibenden Bäume fördert.

Da in der Fläche wesentlich mehr Bäume entnommen wurden als stehen geblieben sind, bot sich die „positive“ Markierung der Bäume an. Das bedeutet, dass die Bäume, die nicht eingeschlagen werden sollten, einen blauen Ring erhielten. Alle anderen wurden entnommen.

Zunächst erfolgte ein Harvester-Einsatz, bei dem alle Bäume außer dem starken Laub-Stammholz entnommen wurden. Das vorhandene Feinerschließungssystem, die

Abb. 162: Holzernte mit dem Harvester im Oktober 2018 in der künftigen Waldweide-Fläche.

Rückegassen, wurde aus einer vorausgehenden Maßnahme übernommen. Es erfolgte keine flächige Befahrung. Nach dem Rücken der Stämme wurden die Kronen der Bäume mit einem Tragschlepper herausgefahren und zu Hackschnitzeln weiterverarbeitet. Das stärkere Laub-Stammholz wurde anschließend von Forstwirten der Stadt Herrenberg mit Motorsägen gefällt und als Langholz gerückt. Das verbliebene Kronenmaterial wurde in einem Arbeitseinsatz des Fördervereins des Naturparks Schönbuch auf Haufen zusammengeschichtet, um den Rindern eine möglichst gut zugängliche Fläche zu bieten. Diese Reisig-Haufen entwickelten sich zugleich auch als gute Habitate für Amphibien, Reptilien und Vögel.

Die Öffentlichkeitsarbeit und die Information der Waldbesucher vor Ort

Angesichts des Anblicks eines Harvesters in der schönsten Wanderzeit im goldenen Oktober mitten im Naturpark schien es notwendig, durch Infotafeln auf den Zweck des Hiebs hinzuweisen. Vor allem aufgrund der angefallenen doppelten Holzmasse (ca. 140 fm/ha) im Vergleich zu einer normalen Bestandspflege war diese Tafel sinnvoll.

Abb. 163: Infotafel zur Waldweide.

Ohne diese Tafel wäre wohl den wenigsten Waldbesuchern der Gedanke gekommen, dass im Stadtwald Herrenberg hier ein hochwertiges Waldnaturschutz-Projekt umgesetzt wird. In der Folge gab es erfreulicherweise fast keine negativen Äußerungen. Die Öffentlichkeitsarbeit ist bei solchen Vorhaben ein zentrales Element.

Der Zaun

Der rund 1 200 m lange Zaun wurde von einer darauf spezialisierten Firma im Mai 2019 in wenigen Tagen installiert. Der Strom wird von einem Sonnenkollektor, der eine Autobatterie auflädt, erzeugt. Mit einem kleinen Gerät kann der Stromdurchfluss gemessen und der Strom auch aus- oder eingeschaltet werden. Der professionelle Weide-Zaun besteht aus drei Litzen mit einem Abstand von ca. 30–60–90 cm (vom Boden aus gemessen). An den Ecken wurden massive Robinienpfosten verpflockt und mit leichteren festen Pfosten ergänzt. Dazwischen stehen noch flexible Litzen-Abstandshalter, die nicht fest mit dem Boden verbunden sind. Der Zaun ist dadurch sehr flexibel und behält seine Funktion auch bei darüber fallenden Ästen oder Bäumen. Bei Beschädigungen ermöglicht dieses System eine schnelle und einfache Reparatur. Der Zaun funktioniert seit 2019 bis heute (2023) sehr zuverlässig.

An den Rückegassen-Einfahrten kann der Zaun geöffnet werden, um Pflegemaßnahmen und weitere Holzernte in der Fläche zu ermöglichen. Im Winterhalbjahr, wenn keine Rinder auf der Fläche sind und kein Strom auf dem Zaun ist, werden diese Durchlässe alle geöffnet. Für die Wildtiere wäre das aber nicht nötig, denn der Zaun ist in der Zeit ohne Weidetiere und ohne Strom für die in

Abb. 164: Zaun-Ausschnitt mit stabilem Eckpfosten, Öffnungsmöglichkeit in eine Rückegasse sowie Revierleiter W. Seitz beim Messen des Stroms.

diesem Bereich vorkommenden Wildtiere durchlässig.

Die Wild-Durchlässigkeit des Zaunes wurde 2021 im Rahmen einer Bachelorarbeit der HFR Rottenburg untersucht (Meiwes 2022). Es zeigte sich, dass größere Wildtiere wie Wildschweine (*Sus scrofa*), Rehe (*Capreolus capreolus*) und Füchse (*Vulpes vulpes*) in der Zeit, in der die Rinder auf der Waldweide sind und Strom auf dem Zaun ist, die Fläche weitgehend, aber nicht gänzlich meiden. Sobald die Rinder nicht mehr auf der Weide sind und der Strom vom Zaun genommen ist, stellt der Zaun kein nennenswertes Hindernis mehr für die genannten Wildtiere dar, was eigene Beobachtungen des Autors bestätigen.

3.2 Die Beweidung

Die Weidetiere

Die Auswahl der Weidetiere ist von der konkreten Zielsetzung abhängig. Im Fall der Waldweide Herrenberg fiel die Wahl auf Rinder. Der Dreiklang in der Zielsetzung Waldnaturschutz, Erholung und pädagogische Vermittlung einer historischen Waldnutzungsform gab hierfür den Ausschlag. Rinder sind als „Megaherbivoren" (große Pflanzenfresser) in der Lage, Waldflächen zumindest teilweise offen zu halten (Bunzel-Drüke et al. 2019). Für die Waldbesucher im Naturpark Schönbuch stellen Rinder zudem eine Attraktion dar und sie erfüllen außerdem den Zweck der Sichtbarmachung der historischen Waldnutzungsform als Waldweide. Die genaue Anzahl der Rinder und die konkrete Dauer der Beweidung werden situationsabhängig ggf. auch innerhalb des Beweidungszeitraums im Sommerhalbjahr angepasst, abhängig von Witterung und verfügbarer Nahrung.

Der Kreisveterinär mahnte, dass ein Hauptgrund der historischen Waldweide nicht nachgestellt werden dürfe, nämlich die Notsituation, die zur Zeit der „echten" Waldweide für Mensch und Tier herrschte. Die Menschen des Mittelalters hatten ihre Weidetiere ja nicht zur Erschaffung schöner Landschaften in den Wald getrieben, sondern aus schlichtem Mangel an Weideflächen. Das Tierwohl spielt bei modernen Weideprojekten eine zentrale Rolle. So müssen die Rinderhalter mindestens alle zwei Tage nach den Tieren schauen und deren Gesundheitszustand in Augenschein nehmen.

Im Fall der Herrenberger Waldweide wurden Galloway-Rinder ausgewählt, da eine

Abb. 165: Tränkteich mit Galloway-Rindern.

örtliche Haltergemeinschaft bereits andere Weideflächen am Waldrand des Stadtwalds Herrenberg mit diesen Rindern bewirtschaftete und entsprechend Erfahrung hatte. Diese robuste Rinderrasse kommt mit dem Futterangebot einer Waldweide gut zurecht und erfordert deshalb im Sommerhalbjahr keine Zufütterung, die von den Projektbeteiligten auch nicht erwünscht ist. Bei der historischen Waldweide wurde zu damaliger Zeit auch nicht zugefüttert. Zudem gelten Galloway-Rinder als sehr friedfertig und wenig aggressiv gegenüber Menschen, was bei diesem Projekt ebenfalls wichtig war. Als Weidetierart wären alternativ Schottische Hochlandrinder genauso geeignet gewesen.

Die Beweidungsdauer und -intensität, Nahrung und Wasser in der Waldweide

Da es von vornherein auch Ziel war, neben einer naturschutzfachlich hochwertigen Fläche ein interessantes Waldbild für Waldbesucher des Naturparks zu schaffen, sollten im Sommerhalbjahr möglichst durchgehend Rinder auf der Waldweide zu sehen sein. Die Anzahl der Rinder bestimmt sich daher so, dass diese über den Sommer durchgehend genug Nahrung finden und gleichzeitig die Fläche offen halten. Bei einem Besatz von fünf Rindern ging das Konzept im ersten Jahr nicht auf: Sie mussten im Sommer für einige Wochen von der Weide genommen werden, da das Nahrungsangebot zu knapp wurde. In den Folgejahren (2020 und 2021) wurde die Anzahl der Rinder auf vier reduziert, wodurch eine durchgehende Beweidung in den Monaten Mai bis Oktober stattfinden konnte. Bewusst wurde in den ersten drei Jahren 2019–2021 auf einen Bullen und auf Kälber verzichtet, da beides ein mögliches (bei Galloways aber eher unwahrscheinliches) Aggressionsverhalten der Tiere auslösen kann. Der Bulle könnte in bestimmten Situationen seine Herde verteidigen wollen und die Kühe ihre Kälber. Aus Sicht der Waldbesucher ist die Anwesenheit von Kälbern aber wünschenswert (die sind einfach „süß"), und da die ersten drei Beweidungs-Sommer ohne irgendwelche Probleme abgelaufen sind, war ab Anfang Mai 2022 eine kleine Galloway-Herde mit einem Bullen, drei Kühen und zwei Kälbern auf der Fläche. Sie mussten allerdings Anfang August 2022 von der Fläche genommen werden, da durch den

Abb. 166: Der Infosteg.

extrem trockenen und heißen Sommer nicht mehr genügend Nahrung nachgewachsen ist. Von Ende September bis Ende November 2022, als genug Nahrung nachgewachsen war, waren dann wieder drei Galloways auf der Waldweide.

Die Rinderhalter hatten zu Beginn der Galloway-Beweidung vorhergesagt, dass sich die verfügbare Nahrung für die Rinder in den ersten Jahren nach dem Lichtungshieb kontinuierlich erhöhen würde, da sich die Gräser und krautigen Nahrungspflanzen erst einstellen müssten. Dies ist so eingetreten.

Vier angelegte Tränkteiche und ein Bach, der durch die Waldweide fließt, ersparen die Aufstellung von Wasserfässern und wirken sich für das Tierwohl sehr günstig aus. Bei der geringen Beweidungsintensität von vier Rindern auf gut 7 ha waren wie erwartet keine negativen Auswirkungen (wie z. B. übermäßiges Zertreten der Bachufer) auf den Sommerbach festzustellen, sondern das Gegenteil war der Fall. Die Rinder hielten den Bachlauf licht und offen. Untersuchungen auf anderen Beweidungsflächen belegen, dass durch das Fressen hoher Vegetation entlang eines Bachlaufs seltene und lichtbedürftige Pflanzengesellschaften gefördert werden (Fickers 1999). Als positiver Nebeneffekt für die Waldbesucher ist der stark mäandrierende Bachlauf dadurch auch gut vom Weg aus erkennbar.

Nach den ersten vier sommerlichen Weide-Perioden 2019–2022 zeigt sich, dass die Rinder nicht alle Bereiche komplett offen und licht halten. Es entstehen Stellen, in denen sich beispielsweise Brombeeren und Birken ausbreiten. Im gewissen Umfang ist das durchaus erwünscht, da sich eine strukturreiche Fläche bilden soll. Im Laufe der ersten vier Jahre war es bisher nur einmal nötig, mit Freischneidern nachzuhelfen. Ob künftig auch zusätzlich Ziegen zum Einsatz kommen sollen, um in bestimmten Bereichen den Verbissdruck zu erhöhen und die von den Rindern verschmähten Pflanzen zurückzudrängen, wird die weitere Entwicklung und Beobachtung der Fläche zeigen.

3.3 Der Infosteg

Wie schon erwähnt soll das Projekt nicht nur naturschutzfachlich überzeugen, sondern auch eine Attraktion für die Waldbesucher sein, ein „POI“ (Point of Interest) im Rahmen

Abb. 167: Die Info-Elemente am barrierearmen Infosteg.

des neuen Besucherleitsystems des Naturparks Schönbuch.

Um für die Waldbesucher einen zentralen Anlaufpunkt an der Waldweide zu schaffen, wurde im Jahr 2021 der „Infosteg" gebaut. Dieser besteht aus einer Aussichtsplattform, von der aus man einen guten Überblick in die Weidefläche bekommt. Zudem wurde ein ca. 30 m langer Holzbohlensteg gebaut, der einen barrierearmen Zugang vom Waldweg zur Aussichtsplattform ermöglicht. Integriert sind eine Sitzgruppe und drei Info-Elemente, die zum einen über die Waldweide als Gesamtsystem, aber auch über dort vorkommende lichtliebende Schmetterlinge und über das verborgene Leben der im Dung der Rinder befindlichen Insektenarten informieren. Das „Dungmodul" ist mit einem aufklappbaren Kuhfladen ausgestattet, unter dem das Leben im Dung sichtbar wird.

Barrierearmer Zugang zur Waldweide

Im Zuge der Planung wurden die Behinderten-Beauftragten des Landkreises Böblingen und der Stadt Herrenberg einbezogen, mit dem Ziel, die Waldweide auch Menschen mit Behinderung zugänglich zu machen. Die Waldweide liegt zwar gut 1 km vom Wanderparkplatz Mönchberger Sattel entfernt im Wald, aber der Waldweg zur Weidefläche hat lediglich ein leichtes Gefälle und wird in einem so guten Zustand gehalten, dass ein Begehen/Befahren mit Rollator oder Rollstuhl möglich ist. Auf Anraten der Behinderten-Beauftragten wurden in Abständen von ca. 300 m insgesamt vier Sitzbänke mit Armlehnen aufgestellt. Die Bänke laden zum Verweilen und Ausruhen ein, das Aufstehen von der Bank wird durch die Armlehne erleichtert.

Der rund 30 m lange Bohlensteg zur Aussichtsplattform hat eine Breite von gut 2 m, sodass gegebenenfalls auch zwei Rollstühle oder Rollatoren aneinander vorbeikommen. Am Wanderparkplatz Mönchberger Sattel wurden von der Stadt Herrenberg zudem zwei Behinderten-Parkplätze ausgewiesen.

Vom Amt für Regionalentwicklung des Landratsamts Böblingen wurde die „Land.Tour 9 WaldWeide" (Landkreis Böblingen 2021) mit einem abwechslungsreichen Rundgang im Stadtwald Herrenberg erstellt und der

Abb. 168: Bank und Flyer zum barrierearmen Zugang.

explizit barrierearme Spazierweg zur Waldweide mit aufgenommen.

3.4 Artenvielfalt auf der Waldweide Herrenberg

Neben einer attraktiven Fläche für die Waldbesucher und der Sicht- und Erlebbarmachung einer historisch bedeutenden Waldbewirtschaftungsform soll die Waldweide vor allem auch hinsichtlich ihrer Auswirkungen auf den Naturschutz einen positiven Effekt bewirken.

Die auf den Seiten 168/169 folgende Skizze zeigt die verschiedenen Habitatstrukturen auf der Herrenberger Waldweide auf.

Vogelarten auf der Herrenberger Waldweide

In unseren Wäldern werden die Vogelarten, die lichte Strukturen benötigen, seltener, da ihnen zunehmend offene, lichte Flächen fehlen (BMU & BfN 2020). Wulf Gatter hat dies in den beiden Büchern „Vogelzug und Vogelbestände in Mitteleuropa" (Gatter 2000) und „Vögel und Forstwirtschaft" (Gatter & Mattes 2018) eingehend beschrieben. Das Zusammenspiel von Bäumen einerseits (Brutplätze, Ansitzwarten, …) und lichten Flächen andererseits (Insektenangebot durch blühende Pflanzen und Rinderdung, Ameisenhaufen, …) ist für diese Arten entscheidend.

Bereits in den ersten vier Jahren (2019 bis 2022) wurden auf der Waldweide unter anderem folgende Vogelarten in der Brutzeit revieranzeigend festgestellt: Gartenrotschwanz (*Phoenicurus phoenicurus*), Grauschnäpper (*Muscicapa striata*), Halsbandschnäpper (*Ficedula albicollis*), Kuckuck (*Cuculus canorus*), Grauspecht (*Picus canus*), Fitis (*Phylloscopus trochilus*) und Waldschnepfe (*Scolopax rusticola*). Dies sind allesamt Vogelarten, die auch lichte Waldbereiche brauchen und deren Populationsentwicklung in unseren Wäldern langfristig stagniert oder rückläufig ist (Gatter & Mattes 2018 und Gedeon et al. 2014). Seit 2019 dient die Waldweide im Rahmen des landesweiten Waldschnepfen-Monitorings der FVA Freiburg (FVA Freiburg 2023) als Beobachtungsfläche. In allen vier Jahren konnten Waldschnepfen beobachtet werden, seit Einrichtung der Waldweide deutlich mehr als zuvor.

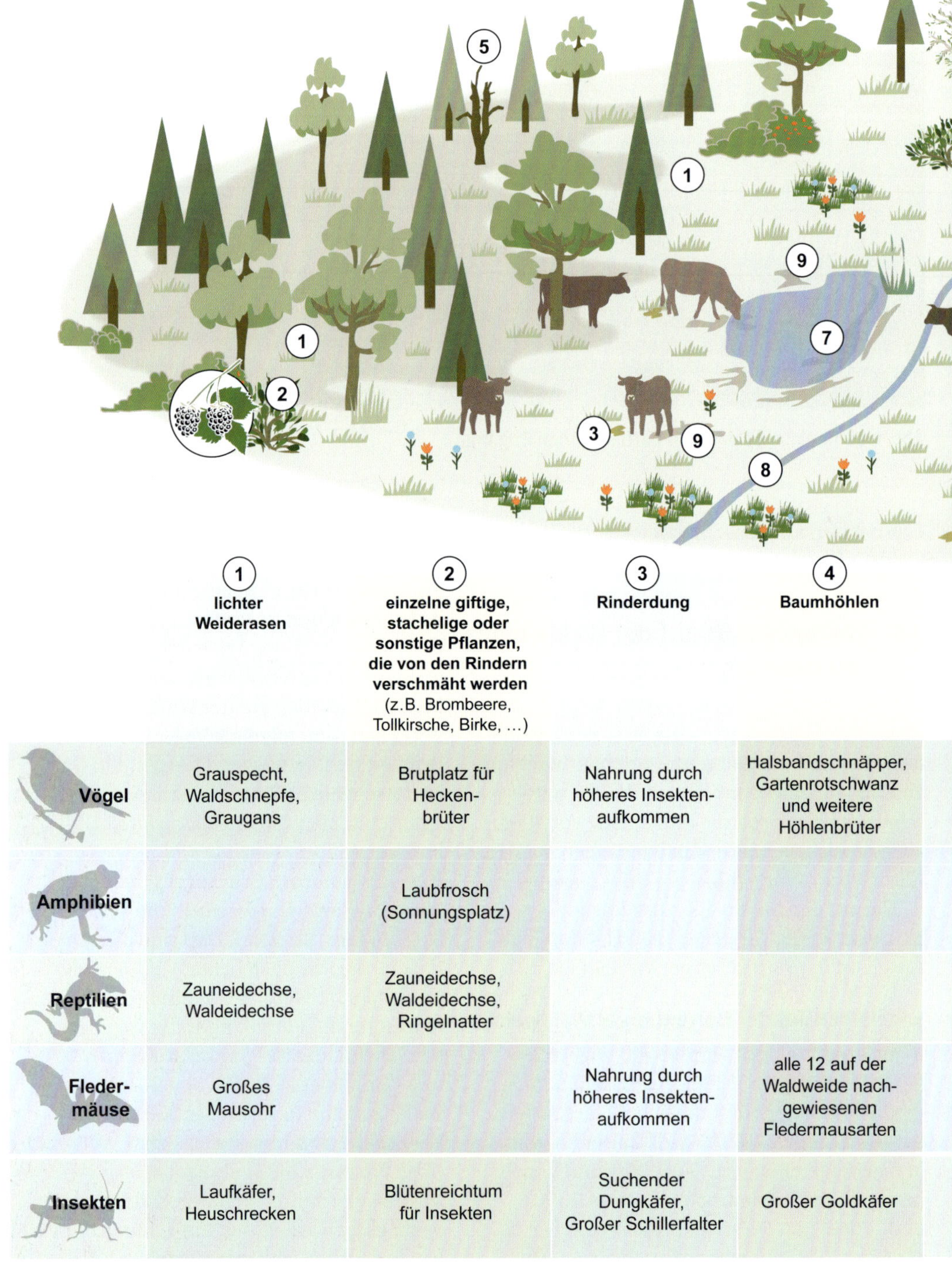

	① **lichter Weiderasen**	② **einzelne giftige, stachelige oder sonstige Pflanzen, die von den Rindern verschmäht werden** (z.B. Brombeere, Tollkirsche, Birke, …)	③ **Rinderdung**	④ **Baumhöhlen**
Vögel	Grauspecht, Waldschnepfe, Graugans	Brutplatz für Heckenbrüter	Nahrung durch höheres Insektenaufkommen	Halsbandschnäpper, Gartenrotschwanz und weitere Höhlenbrüter
Amphibien		Laubfrosch (Sonnungsplatz)		
Reptilien	Zauneidechse, Waldeidechse	Zauneidechse, Waldeidechse, Ringelnatter		
Fledermäuse	Großes Mausohr		Nahrung durch höheres Insektenaufkommen	alle 12 auf der Waldweide nachgewiesenen Fledermausarten
Insekten	Laufkäfer, Heuschrecken	Blütenreichtum für Insekten	Suchender Dungkäfer, Großer Schillerfalter	Großer Goldkäfer

Abb. 169: Habitatstrukturen auf der Waldweide Herrenberg.

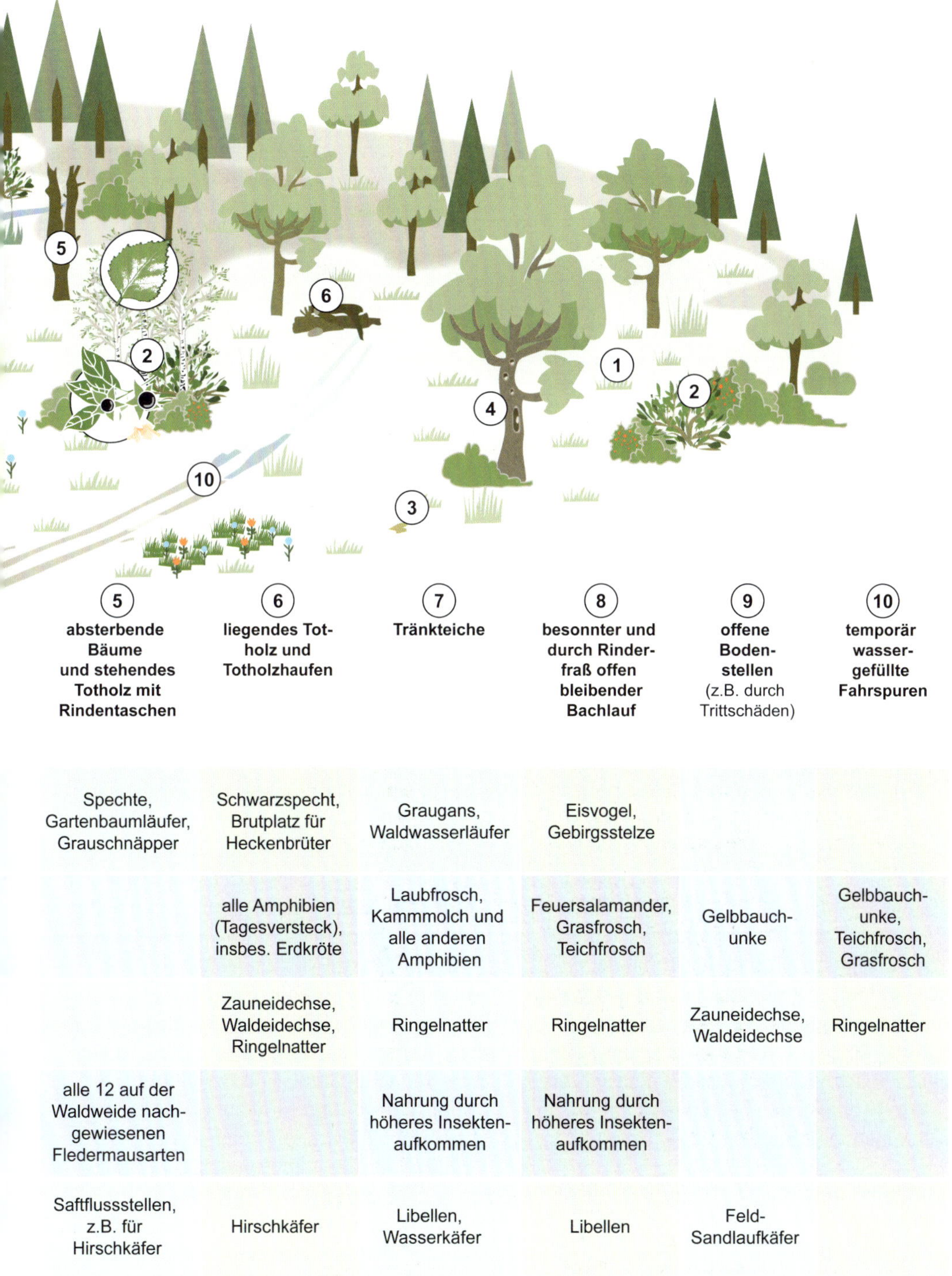

5 absterbende Bäume und stehendes Totholz mit Rindentaschen	6 liegendes Totholz und Totholzhaufen	7 Tränkteiche	8 besonnter und durch Rinderfraß offen bleibender Bachlauf	9 offene Bodenstellen (z.B. durch Trittschäden)	10 temporär wassergefüllte Fahrspuren
Spechte, Gartenbaumläufer, Grauschnäpper	Schwarzspecht, Brutplatz für Heckenbrüter	Graugans, Waldwasserläufer	Eisvogel, Gebirgsstelze		
	alle Amphibien (Tagesversteck), insbes. Erdkröte	Laubfrosch, Kammmolch und alle anderen Amphibien	Feuersalamander, Grasfrosch, Teichfrosch	Gelbbauchunke	Gelbbauchunke, Teichfrosch, Grasfrosch
	Zauneidechse, Waldeidechse, Ringelnatter	Ringelnatter	Ringelnatter	Zauneidechse, Waldeidechse	Ringelnatter
alle 12 auf der Waldweide nachgewiesenen Fledermausarten		Nahrung durch höheres Insektenaufkommen	Nahrung durch höheres Insektenaufkommen		
Saftflussstellen, z.B. für Hirschkäfer	Hirschkäfer	Libellen, Wasserkäfer	Libellen	Feld-Sandlaufkäfer	

Abb. 170: Grauspecht und Gartenrotschwanz – die Waldweide ist Lebensraum für selten gewordene Vögel lichter Wälder.

Die Vogel-Beobachtungen wurden auf Ornitho.de dokumentiert. Dafür wurde bei Ornitho.de die Waldweide Herrenberg als eigener auswertbarer Beobachtungspunkt eingerichtet.

Eine unerwartete Vogelart konnte 2021 im Bereich der Waldweide erstmals erfolgreich brütend im Stadtwald Herrenberg festgestellt werden, die Graugans (*Anser anser*) (Seitz, unveröff. Beobachtungen). Es gab schon in den Vorjahren erfolglose Brutversuche, aber 2021 gelang es gleich mehreren Graugans-Paaren, einige ihrer Küken erfolgreich aufzuziehen, denn die Waldweide bot passende Nahrung (Weiderasen) und durch den stromführenden Zaun in der Aufzuchtzeit auch Schutz vor Prädatoren wie Wildschwein (*Sus scrofa*) und Fuchs (*Vulpes vulpes*) (Meiwes 2022). Nun ist die Graugans beileibe keine seltene Art, aber sie zeigt deutlich, wie die Waldweide neuen Lebensraum bietet, der vorher nicht vorhanden war.

Amphibien und Reptilien auf der Waldweide Herrenberg

Amphibien und Reptilien profitieren durch die besonderen Bedingungen auf der Waldweide: Licht, Sonne und damit Wärme dringt durch das lockere Kronendach bis auf den Waldboden durch. Wärmeliebende Reptilien, wie z. B. die Zaun- und Waldeidechse (*Lacerta agilis* und *Zootoca vivipara*), sind auf solche Flächen in unseren Wäldern angewiesen.

Durch die Anlange von Tränkteichen an vier Stellen in der Waldweide und den teilweise besonnten Sommerbach profitieren lichtliebende Amphibien wie Gelbbauchunke (*Bombina variegata*), Laubfrosch (*Hyla arborea*) und Kammmolch (*Triturus cristatus*) in besonderer Weise von der Waldweide. Diese drei Arten weisen einen hohen Schutzstatus auf und sind bundesweit im Rückgang. An drei Tränkteichen in der Waldweide wurden rufende Laubfrösche festgestellt, an einem auch der Kammmolch. Durch vielfältige Amphibienschutz-Maßnahmen nehmen Amphibien im Stadtwald Herrenberg seit vielen Jahren insgesamt zu, erfreulicherweise auch die am meisten bedrohten Arten Gelbbauchunke, Kammmolch und Laubfrosch (Schüle & Seitz 2018, Kratzer & Seitz 2019, Donnerstag 2023, Rommel 2023). Im Rahmen der Landesweiten Artenkartierung Amphibien und Reptilien (LAK) der Landes-

Abb. 171: Laubfrosch (*Hyla arborea*), lichtliebender Bewohner der Tränkteiche in der Waldweide.

anstalt für Umweltschutz Baden-Württemberg (LUBW) wurde dies dokumentiert (LUBW 2023).

Im Rahmen eines auf drei Jahre angelegten Projekts der Deutschen Bundesstiftung Umwelt (DBU) zur Gelbbauchunke wurden von M. Sc. Felix Schrell in der Waldweide in den Jahren 2019–2021 insgesamt 59 adulte und juvenile Gelbbauchunken und 244 Metamorphlinge festgestellt (Dieterich & Schrell 2022). Die Gelbbauchunke reproduziert sich in den temporär wassergefüllten Fahrspuren auf der Waldweide und nutzt die Tränkteiche als Aufenthaltsgewässer.

Fledermäuse auf der Waldweide Herrenberg

Die besonnten, lichten Flächen in der Waldweide sind für Insekten ein guter Lebensraum und bieten damit auch Fledermäusen eine gute Nahrungsgrundlage (Dietz et al. 2007). Auf den Flächen, wo sich durch die Rinder ein flacher „Weiderasen" bildet, entstehen für das Große Mausohr (*Myotis myotis*) geeignete Jagdflächen, um auf dem Boden laufende Käfer und andere Insekten zu erbeuten, die in unseren „normalen" Wäldern selten geworden sind.

Die deutlich höhere Anzahl an Insekten in den lichten und warmen Bereichen stellt aber auch für andere Fledermausarten ein gutes Nahrungshabitat dar, insbesondere entlang des Sommerbachs und im Bereich der Tränkteiche, die von Fledermäusen auch als Trinkstelle genutzt werden können. Die

Amphibien und Reptilien auf der Waldweide. Die Gefährdungskategorien (Angaben in Klammern) entsprechen der Roten Liste Deutschlands des BfN 2020. 1: vom Aussterben bedroht, 2: stark gefährdet, 3: gefährdet, V: Vorwarnliste, *: ungefährdet.

Amphibien	Reptilien
Feuersalamander (V) *Salamandra salamandra*	Zauneidechse (3) *Lacarta agilis*
Bergmolch (*) *Ichthyosaura alpestris*	Waldeidechse (*) *Zootoca vivipara*
Nördlicher Kammmolch (3) *Triturus cristatus*	Ringelnatter (3) *Natrix natrix*
Fadenmolch (*) *Lissotriton helveticus*	Blindschleiche (*) *Anguis fragilis*
Teichmolch (*) *Lissotriton vulgaris*	
Gelbbauchunke (2) *Bombina variegata*	
Erdkröte (*) *Bufo bufo*	
Laubfrosch (2) *Hyla arborea*	
Grasfrosch (V) *Rana temporaria*	
Teichfrosch (*) *Pelophylax esculentus*	

Baumhöhlen und die Rindentaschen an den absterbenden und abgestorbenen Bäumen sind gute Quartiere für verschiedene Fledermausarten. Die Fledermaus-Spezialisten Ewald Müller und Christian Dietz waren bei Besuchen in der Fläche 2021 begeistert von den entstehenden Strukturen.

Im Jahr 2021 wurden mittels fünf Batcordern insgesamt zwölf Fledermausarten auf der Waldweide festgestellt. Zum sicheren Nachweis der Bechsteinfledermaus (*Myotis bechsteinii*) wurden Fledermauskästen in der Waldweide aufgehängt, von denen einige bereits nach wenigen Wochen von dieser Fledermausart angenommen wurden (Müller 2022).

Abb. 172: Bechsteinfledermaus (*Myotis bechsteinii*) 2021 in einem Nistkasten auf der Waldweide.

Fledermäuse auf der Waldweide. Die Gefährdungskategorien (Angaben in Klammern) entsprechen der Roten Liste Deutschlands des BfN 2020. 1: vom Aussterben bedroht, 2: stark gefährdet, 3: gefährdet, V: Vorwarnliste, *: ungefährdet, D: Daten unzureichend.

Im Jahr 2021 mit Batcordern und Nistkästen festgestellte Fledermausarten auf der Waldweide
Bechsteinfledermaus (2) *Myotis bechsteinii*
Langohr (vermutlich Braunes) (3) *Plecotus* spec., vermutlich *auritus*
Fransenfledermaus (*) *Myotis nattereri*
Großer Abendsegler (V) *Nyctalus noctula*
Kleinabendsegler (D) *Nyctalus leisleri*
Großes Mausohr (*) *Myotis myotis*
Kleine Bartfledermaus (*) *Myotis mystacinus*
Mopsfledermaus (2) *Barbastella barbastellus*
Mückenfledermaus (*) *Pipistrellus pygmaeus*
Rauhautfledermaus (*) *Pipistrellus nathusii*
Zwergfledermaus (*) *Pipistrellus pipistrellus*
Nymphenfledermaus (1) *Myotis alcathoe*

Insekten auf der Waldweide Herrenberg

Es gibt bisher noch keine umfassende Untersuchung zu den auf der Waldweide Herrenberg vorkommenden Insekten, aber es ist zu erwarten, dass die entstehenden vielfältigen Strukturen Insekten begünstigen. Viele Insektenarten sind wärmeliebend, sodass die lichten, sonnendurchfluteten Flächen in der Waldweide gute Habitate für sie darstellen.

So ist vor allem in den sehr lichten Flächen eine auffallend große Anzahl von **Heuschrecken** (Orthoptera) festzustellen, deren nähere Untersuchung aber noch nicht erfolgte.

Abb. 173: Suchender Dungkäfer (*Coprimorphus scrutator*).

Abb. 174: Großer Schillerfalter (*Apatura iris*), Kaisermantel (*Argynnis paphia*) und C-Falter (*Polygonia c-album*) gleichzeitig auf frischem Rinderdung im Juni 2022 auf der Herrenberger Waldweide.

Von einigen, zum Teil seltenen oder gefährdeten **Käfer-Arten** (Coleoptera) liegen Zufallsbeobachtungen vor. So konnten der Hirschkäfer (*Lucanus cervus*) und der Große Goldkäfer (*Protaetia aeruginosa*) nachgewiesen werden.

Im Dung der Rinder entwickelt sich in großer Zahl der auffällig gefärbte **Suchende Dungkäfer** (*Coprimorphus scrutator*), eine wärmeliebende Art, die sich in letzter Zeit ausbreitet (Buse & Benisch 2018).

Wie bei den anderen Insekten gibt es auch zu den Schmetterlingen (Lepidoptera) bisher noch keine umfassende Untersuchung auf der Waldweide Herrenberg. Dass lichte Waldflächen Schmetterlingen gute Habitate bieten, ist wissenschaftlich belegt. Settele et al. beschreiben in ihrem Buch „Schmetterlinge – Die Tagfalter Deutschlands" (Settele et al. 2015) bei vielen Arten als Rückgangsursache das Verschwinden lichter Bereiche und ehemaliger Waldnutzungsformen in unseren Wäldern, so z. B. explizit beim Silberfleck-Perlmuttfalter (*Boloria euphrosyne*) und beim Weißbindigen Wiesenvögelchen (*Coenonympha arvania*).

Auf der Waldweide Herrenberg wurden schon einige Arten beobachtet, darunter Trauermantel (*Nymphalis antiopa*), Spanische Flagge (*Euplagia quadripunctaria*), Ulmen-Zipfelfalter (*Satyrium w-album*), Großer Schillerfalter (*Apatura iris*) und auch der Silberfleck-Perlmuttfalter (*Boloria euphrosyne*). Auf frischem Rinderdung sind dort regelmäßig Schmetterlinge zu beobachten.

Vegetationsentwicklung auf der Waldweide

Im Zuge einer Bachelorarbeit an der HFR Rottenburg wurde 2021 die Vegetationsentwicklung auf den südlichen Teilen der Waldweide im Bereich der älteren Eichen untersucht. Während in den aufgelichteten Bereichen (mit und ohne Beweidung) zwischen 71 und 95 Pflanzenarten nachgewiesen wurden, waren in einem direkt angrenzenden dichteren Wald, der ungefähr dem ursprünglichen Zustand der Waldweide vor der Auflichtung entsprach, nur 36 Pflanzenarten zu finden (Wachsmuth 2022). In den offenen Flächen waren also etwa zwei- bis dreimal so viele Pflanzenarten zu finden wie im dichteren Wald.

Wie bei den Tierarten sind für die Pflanzenarten aber nicht ausschließlich die lichten Flächen entscheidend, sondern das direkte Nebeneinander von lichten und schattigen Flächen, das auf diese Weise verschiedenen Pflanzen geeignete Strukturen bietet. Geschützte Pflanzen wurden sowohl auf der lichten Fläche gefunden als auch in den dichteren Waldbereichen.

Fazit nach den ersten vier Jahren

Die Waldweide Herrenberg erfüllt die Erwartungen, die an sie gestellt werden. Die bisher erfolgten Beobachtungen und Untersuchungen an Vögeln, Amphibien, Reptilien, Fledermäusen, Insekten und der Vegetation zeigen eine hohe Artenvielfalt auf und bestätigen den naturschutzfachlichen Wert einer solchen Fläche. Weitere Untersuchungen sind erwünscht. In den anderen Kapiteln dieses Buches werden die hohe Bedeutung von lichten Flächen in unseren Wäldern ebenfalls deutlich und auch die Bedeutung der Öffentlichkeitsarbeit. Die meisten Waldweide-Besucher freuen sich über dieses außergewöhnliche Waldbild und geben überwiegend sehr positive Rückmeldungen. Das Sicht- und Erlebbarmachen der historisch bedeutenden Waldnutzungsform der Waldweide gelingt, vor allem im Sommerhalbjahr, wenn die Rinder darin zu sehen sind. Die Infotafeln geben die nötigen Hintergrundinformationen. Außerdem dient die Waldweide als Programmpunkt für Fach-Exkursionen, z. B. von der Hochschule Rottenburg, aber auch von forstlichen und naturschutzfachlichen Kolleginnen und Kollegen, die ähnliche Projekte in Angriff nehmen wollen. Hier können Ideen und Umsetzungstipps gesammelt werden.

Das gelungene Zusammenspiel von forstlicher Nutzung, Waldnaturschutz, der Sicht- und Erlebbarmachung einer historisch und kulturell bedeutenden Waldnutzungsform und der inklusiven Einbindung der Waldbesucher sind bei Waldweide-Projekten wie diesem das Besondere.

Abb. 175: R. Kratzer, W. Seitz und wichtige tierische Mitarbeiterinnen des Herrenberger Waldweide-Projekts.

4 Öffentlichkeitsarbeit im praktischen Waldnaturschutz

P. SCHÜLE

Strukturreiche, naturnah bewirtschaftete Wälder zeichnen sich durch große ökologische Stabilität und eine hohe biologische Vielfalt aus. In unserer überwiegend intensiv genutzten Kulturlandschaft gehören sie zu den artenreichsten Landlebensräumen und erbringen wichtige Ökosystemleistungen, wie Nutz-, Schutz- und Sozialfunktionen. Sie sind daher von erheblichem wirtschaftlichem, ökologischem und kulturellem Wert. Aus Sicht des Menschen sind es neben der Produktion und der Bereitstellung des Rohstoffes Holz vor allem die positiven Wirkungen auf das menschliche Wohlbefinden und die menschliche Gesundheit, die in der öffentlichen Wahrnehmung mit dem Lebensraum Wald in Verbindung gebracht werden. Für Kinder und Erwachsene gleichermaßen ist er außerdem Lernort und Erfahrungsraum für das unmittelbare Naturerleben – auch im Sinne der Bildung für nachhaltige Entwicklung.

In Zeiten der sich abzeichnenden Klimakatastrophe und einer globalen Biodiversitätskrise rücken zunehmend die naturschutzrelevanten und klimapolitischen Themen in den Fokus des öffentlichen Diskurses, wenn es um die Art der Nutzung unserer Wälder geht. Dabei scheint das Bewusstsein der Zivilgesellschaft für Fragen zu umweltpolitischen Zusammenhängen und Herausforderungen ökologischer Probleme zu wachsen.

Die Diskussion über zukunftsfähige waldökologische Konzepte wird daher zunehmend nicht mehr ausschließlich von den zuständigen Fachleuten geführt, sondern findet immer öfter den Weg in eine öffentliche Debatte. Bücher mit unterhaltsam und spannend geschriebenen Geschichten und Erzählungen über den Wald haben Konjunktur und aufbereitetes Wissen zu Waldthemen ist heute im Internet für jeden interessierten Bürger mit ein paar wenigen Mausklicks zugänglich.

Abb. 176: Mit Kommentaren versehene Informationstafel am Neusiedler See.

4.1 Naturschutzkommunikation im Wald

Zu Beginn der modernen Forstwirtschaft lag der Fokus waldbaulicher Tätigkeiten auf der Produktion, Ernte und Vermarktung von Holz. Mit zunehmender Nutzung des Waldes als Aufenthaltsort für Freizeitbeschäftigungen von Waldbesuchern und die sich wandelnde öffentliche Wahrnehmung seiner ökosystemaren Bedeutung haben sich die Aufgaben der Waldbewirtschafter heute verändert und erweitert. Förster werden zunehmend als Dienstleister im Sinne des Gemeinwohls gesehen, die den ihnen anvertrauten Wald für die Allgemeinheit und die Waldbesitzer unter Berücksichtigung gesamtgesellschaftlicher Anforderungen betreuen und bewirtschaften sollen. Dabei wird heute nicht nur eine nachhaltige Rohstoffversorgung auf ökonomischer Basis erwartet, Förster werden dabei auch als Bewahrer und Förderer von Biodiversität und schützenswerter Natur gesehen. Und oft genug erleben sich die Revierleiter als Walderklärende und als Mediatoren, die sich um den Ausgleich der von unterschiedlichen Interessensgruppen an den Wald herangetragenen Ansprüche bemühen.

Für Förster bedeutet diese Entwicklung, dass sich fachfremde Menschen für ihre Arbeit interessieren und diese mitunter auch kritisch hinterfragen. Gleichzeitig eröffnet das wachsende Interesse der Öffentlichkeit am Lebensraum Wald die Chance zu einem offenen Dialog mit Nichtfachleuten, um mehr über deren Sorgen, Fragestellungen und Anliegen zu erfahren. Förster bekommen dadurch die Möglichkeit, ein besseres Verständnis für die Zusammenhänge im bewirtschafteten Wald zu erzeugen. Nur durch einen solchen Wissenstransfer wird eine ausreichende Unterstützung und Akzeptanz für die im Wirtschaftswald anstehenden Arbeiten erreicht. Die Dringlichkeit der angesichts der Klimakrise erforderlichen Umbaumaßnahmen des Waldes mit der Umsetzung von entsprechenden Nutz- und Schutzkonzepten unter gleichzeitig zunehmendem Nutzungsdruck auf Holz als Energieträger verlangen dabei eine offene Kommunikation. Dazu gehört die Abstimmung mit dem amtlichen Naturschutz bei naturschutzrelevanten Fragen. Aber auch der Dialog mit der Bevölkerung, die den Wald zur Erholung aufsucht und dabei in unmittelbaren Kontakt mit den waldbaulichen Maßnahmen und den dadurch verursachten sichtbaren Veränderungen kommt.

Förster haben im Wald, ähnlich wie Landwirte im Offenland, eine gesamtgesellschaftliche Verantwortung hinsichtlich des Schutzes wildlebender Tiere und Pflanzen. Unabhängig von den vom Gesetzgeber in den Wald- und Naturschutzgesetzen festgeschriebenen Schutz- und Entwicklungszielen, wie den Alt- und Totholzkonzepten oder den europäischen Vorgaben in Natura-2000-Gebieten, haben sie einen großen persönlichen Spielraum für praktische Naturschutzinitiativen. Sie haben schlicht den Platz für entsprechende Maßnahmen, der im intensiv genutzten Offenland zunehmend fehlt. Kleinere Eingriffe oder Nutzungsänderungen im Wald oder am Waldrand sind dabei in der Regel ohne großen Einfluss auf die Holznutzung. Die damit verbundenen ökologischen Aufwertungen sind oft höher zu bewerten als die daraus entstehenden wirtschaftlichen Einbußen.

Die ökologischen Zielsetzungen von Naturschutzmaßnahmen im Wald lassen sich für den Waldbesucher nicht immer unmittelbar erschließen. Insbesondere kann das Anpassen gewohnter Waldbilder nach ökologischen Gesichtspunkten zu einer Beeinträchtigung des waldästhetischen Empfindens führen. So wird das Belassen von Totholz auf dem Waldboden, das Auflichten von Beständen zur Förderung von Lichtwaldarten oder das Nichtverfüllen von wasserführenden Fahrspuren auf Rückegassen für Gelbbauchunken manchmal als störend oder „unordentlich“ empfunden. Bei der Planung von naturschutzfachlichen Eingriffen kann es daher sinnvoll sein, bereits vor der Umsetzungsphase ein entsprechendes Informationsangebot bereitzustellen. Dadurch werden Missverständnisse vermieden und die Akzeptanz für geplante Maßnahmen wird erhöht. Wird beispielsweise mit Hilfe eines kleinen Informationsschildes und einer entsprechenden Pressemitteilung die Bedeutung einer übermäßigen Entnahme von Bäumen zur Schaffung von Lichtwaldstrukturen erklärt, wird dieser Eingriff nicht als Raubbau an der Natur wahrgenommen und die hohe Zahl gefällter Bäume erscheint gleich in einem ganz anderen Licht.

Im Folgenden werden einige Beispiele von einfachen Informationsangeboten vorgestellt, die sich in der praktischen Naturschutzarbeit im Wald bewährt haben.

4.2 Beispiele von Naturschutzmaßnahmen begleitenden Informationsangeboten im Wald

Informationsangebote im Wald haben eine lange Tradition. Der erste offizielle Naturpfad, der ausdrücklich zur Beachtung der Natur erziehen und Naturwissen vermitteln sollte, wurde 1925 im Palisade Interstade Park in den USA von einer Museumsdirektorin eingerichtet. Seit den 1960er-Jahren wurden auch in Deutschland an zahlreichen Orten Informationsschilder aufgestellt oder Naturlehr- oder -erlebnispfade eingerichtet, die sich im Allgemeinen einer breiten Akzeptanz erfreuen. Neben der reinen Wissensvermittlung über Informationstafeln für Erwachsene, entwickelte sich ab Ende des letzten Jahrhunderts ein neuer waldpädagogischer Ansatz, bei dem über den Sinneseinsatz und die Körpererfahrung ein Zugang zur Natur gefunden werden soll. Ziel dabei ist es, Natur im Sinne des Wortes zu be-greifen, zu er-fühlen und zu er-riechen (Ebers et al. 1998). Dieser didaktische Ansatz hat besonders in der Förderung eines allgemeinen Verständnisses für die Natur seine Stärken, in dem auch emotionale und sinnliche Wahrnehmungsebenen angesprochen werden. Für Kinder ist die unmittelbarste Form der Naturerfahrung der Aufenthalt in der freien Natur mit ausreichend Zeit und Muße zum Spiel und der Möglichkeit, Tiere und Pflanzen zu beobachten und zu sammeln und mit Naturgegenständen spielen und gestalten zu können. Eine kindgemäße Gestaltung von Informationen ist aber durchaus möglich und kann das unmittelbare, sinnliche Erleben von Natur mit zusätzlichem Wissen bereichern.

Konzeptionelle Vorarbeiten

Die Erfahrung zeigt, dass die besten Ergebnisse für die Gestaltung und die praktische Ausführung von Informationsangeboten dann erzielt werden, wenn erfahrene Grafiker, Texter, Druckereien und Werbetechnikfirmen daran beteiligt sind. Für die Bespielung von Hörstationen oder die Bereitstellung von Inhalten auf Internetseiten, die über QR-Codes aufgerufen werden können, sollten Mediengestalter beauftragt werden. Unabhängig davon, ob eine klassische Informationstafel, ein interaktives Element oder elektronische Medien zum Einsatz kommen sollen, ist es hilfreich, vor Beginn der konkreten Planungen zunächst einige vorbereitende, konzeptionelle Überlegungen anzustellen.

Die ersten Fragen, die sich stellen, sind: Was möchte ich mit meinem Informationsangebot erreichen, wer sind die Zielgruppen, die ich erreichen möchte, und steht der geplante Aufwand im angemessenen Verhältnis zu den Inhalten, die ich vermitteln möchte? Darzustellen, welche Bedeutung eine wassergefüllte Fahrspur als Reproduktionsgewässer für Gelbbauchunken hat, bedarf sicher eines geringeren Aufwands, als die ökologischen Zusammenhänge auf einer Waldweide zu erklären. Bei anspruchsvolleren ökologischen Themen ist es ratsam, weitere Fachleute miteinzubeziehen, damit die Inhalte fachlich korrekt dargestellt werden. Die Themen sollten zielgruppengenau aufgearbeitet werden, insbesondere wenn Kinder angesprochen werden sollen. Nicht zuletzt beeinflussen das zur Verfügung stehende Budget und der gestalterische Anspruch die Wahl der Mittel. Aufwendig gestaltete Illustrationen sind zwar kostenintensiver als das Verwenden von Agenturfotos, erzeugen aber oft eine höhere Wertigkeit des Erscheinungsbildes. Auch das „Wie" sollte bedacht werden. Die Aufmerksamkeit des Waldbesuchers ist über Bilder und kurze, prägnante Texte leichter zu erlangen als über lange, erklärende Texte, und Sachverhalte sind mit Hilfe einer übersichtlichen Infografik leichter zu vermitteln als durch das Bereitstellen wissenschaftlicher Abhandlungen.

Bei der anschließenden Standortwahl sind Aspekte der Erreichbarkeit und Barrierefreiheit, naturschutzrechtliche Belange, Besitzverhältnisse sowie die Belange der Verkehrssicherheit zu beachten und zu klären. Jede etwas ausführlichere Informationstafel bedeutet eine Besucherlenkung und eine damit verbundene Verkehrssicherungspflicht auch für den umgebenden Baumbestand. Zusätzlich gilt es zu beachten, welche landschaftsverändernde Wirkung ein Informationselement hat, zum Beispiel ob und wie sehr es den Gesamteindruck eines Landschaftsbildes beeinflusst (Stichwort: Möblierung der Landschaft) und welche Materialien sich harmonisch in das Waldbild einfügen. Die meisten Menschen empfinden Materialien mit einer stark technischen Anmutung, wie beispielsweise polierten Edelstahl, als unpassend für den Lebensraum Wald.

Wenn Inhalte, Standort und Methode abgeklärt sind, sollte vor Auftragserteilung noch geprüft werden, ob Gestaltungsvorgaben, wie zum Beispiel ein verpflichtendes Corporate Design, vorliegen und ob die Möglichkeit besteht, Dritt- bzw. Fördermittel für das Projekt zu generieren. Nicht zuletzt sollte bedacht werden, dass Informationseinrichtungen nach dem Aufbau einem Alterungsprozess unterliegen und gewartet und gepflegt werden müssen.

Stationäre und transportable Informationstafeln

Stationäre Tafeln mit unterschiedlichem Informationsgehalt gehören zum festen Bestandteil der Kommunikation im Wald. Waren die meisten Schilder und die dazu gehörenden Trägersysteme im letzten Jahrhundert dabei eher rustikaler Natur, meist aus Holz gefertigt und handbemalt oder mit

Abb. 177: Informationstafel an Hirschkäfermeiler.

eingefrästen Schriften versehen, so erlauben heute witterungs- und lichtbeständige Druckverfahren sowie moderne Werkstoffe deutlich vielfältigere und gestalterisch ansprechendere Lösungen.

Vorgefertigte Tafeln zu bestimmten Themen werden von unterschiedlichen Verlagen angeboten. Sie sind zwar etwas kostengünstiger als individuell gestaltete Tafeln, haben aber den Nachteil, dass sie inhaltlich nicht auf den jeweiligen Aufstellungsort mit seinen Besonderheiten abgestimmt sind. Dadurch lässt sich eine unmittelbare Beziehung zum Standort nur bedingt herstellen. Das ist besonders dann problematisch, wenn zum Beispiel Arten abgebildet sind, die zwar im Wald leben, vor Ort aber gar nicht vorkommen, weil der Standort außerhalb ihres geografischen Verbreitungsgebiets liegt. Tafeln „von der Stange" haben aber durchaus ihre Berechtigung, wenn auf allgemeine, landesweite Schutzkonzepte und Lebensraumstrukturen wie Waldrefugien oder Habitatbaumgruppen hingewiesen werden soll.

Unabhängig von der Gestaltung, sind bei der Planung die Lebensdauer der verwendeten Materialien und Drucktechniken zu beachten, insbesondere was die Lichtechtheit von Farben betrifft. Aber auch Sicherheits- und Stabilitätsaspekte und möglicher Vandalismus sind zu berücksichtigen. Graffiti-Sprayer sind erfahrungsgemäß eher in der Nähe des besiedelten Raums aktiv, aber auch im tieferen Wald sollte man nicht auf eine UV-Schutz- und Antigraffiti-Versiegelung von Bildtafeln verzichten.

Manche Beobachtungspunkte sind nur während bestimmter Perioden im Jahr von Interesse oder sie unterliegen einer jahreszeitlichen Dynamik. Für solche Stellen, wie die Bauten der Roten Waldameisen oder Kleinstgewässer, in denen sich Gelbbauchunken aufhalten, eignen sich besonders flexible Trägersysteme für Informationstafeln, wie sie in der Forstwirtschaft auch für Warnschilder bei der Holzernte im Einsatz sind.

Diese können dann problemlos umgestellt werden, sollten die Ameisen ihren Bau umziehen oder die Gelbbauchunken ihr Aufenthaltsgewässer wechseln.

Sogenannte „Grüne Bretter", Schaukästen, die variabel mit unterschiedlichen Inhalten bestückt werden können, sind gut geeignet, um dem Waldbesucher aktuelle waldbauliche

Abb. 178: Informationsstation mit Beobachtungssteg, Stelen und Informationstafel.

Abb. 179: Vorgefertigte Informationstafel von ForstBW : „Waldrefugien".

Maßnahmen anzukündigen, deren Hintergründe zu erklären und allgemeine Informationen zur Verfügung zu stellen.

Interaktive Stationen/Elemente

Aus dem Bereich der Naturerlebnispfade stammt das Konzept interaktiver Elemente, das auch bei Informationstafeln oder kleineren Informationsstationen angewendet werden kann. Die gewünschten Informationen bleiben dabei zunächst verborgen und werden erst durch die Eigenaktivität des Betrachters durch Aufklappen, Drehen oder Schieben verfügbar. Dadurch wird Neugierde geweckt und die Aufmerksamkeit durch die eigene spielerische Aktivität erhöht. Nicht nur Kinder haben Spaß an dieser Art von Wissensvermittlung.

Digitale/audiomediale Angebote

Das Internet ist aus der heutigen Lebenswelt nicht mehr wegzudenken. Es ist eine nahezu unerschöpfliche Quelle an Informationen, die schnell und leicht verfügbar sind. Ein großer

Abb. 180: Flexible Tafel „Die Roten Waldameisen".

Abb. 181: „Grünes Brett".

Abb. 182: Aufklappbarer Dunghaufen.

Abb. 183: Drehscheibe zum Thema „Schmetterlinge auf der Waldweide“.

Abb. 184: QR-Code an Feuchtbiotop im Naturpark Schönbuch.

Vorteil digitaler gegenüber analoger Medien besteht darin, dass neue Inhalte kontinuierlich eingepflegt und unkompliziert aktualisiert werden können. Über Internetauftritte lassen sich dabei sowohl revierbezogene als auch allgemeine Informationen zu Bewirtschaftungs- und Wald- bzw. Naturschutzkonzepten bereitstellen. Sofern ein Mobilfunknetz zur Verfügung steht, können die entsprechenden Webseiten über QR-Codes verlinkt werden, die auf kleine Schilder oder Informationstafeln gedruckt sind.

Auch Social-Media-Kanäle können als Kommunikationsplattformen genutzt werden, um standortunabhängig Informationen zu verbreiten und mit den Nutzern dieses Angebots interagieren zu können. Für den erfolgreichen Einsatz dieser Medien bedarf es jedoch eines kontinuierlichen Outputs an wechselnden Themen mit interessanten Inhalten. Die interaktive Kommunikation mit den Nutzern bindet weitere zeitliche Ressourcen. Werden solche Kanäle von übergeordneter Stelle bespielt, besteht gegebenenfalls auch die Möglichkeit, nur einzelne Beiträge zu bestimmten Themen zur Verfügung zu stellen.

Über audiomediale Angebote, sogenannte Hörstationen, steht eine weitere digitale Methode zur Verfügung, um Informationen über einen ausgewählten Standort verfügbar zu machen. Entweder geschieht dies durch

Abb. 185: Hörstation.

das Verlinken auf Audiodateien, die auf einer Webseite hinterlegt sind, über eine App, die zunächst auf das Handy geladen werden muss, oder das Abspielen von gespeicherten Daten von einem Datenträger mit Lautsprecher, der vor Ort installiert ist.

Im letzteren Fall kann die Stromversorgung über kleine Solarpaneele oder Kurbelgeneratoren stattfinden. Solche Abspielgeräte für den Außenbereich sind sehr kompakt und wetterfest und können in unterschiedlichen Objekten wie Stelen, Baumstämmen oder Sitzbänken verbaut werden. Unter Einbeziehung von Originaltönen, Interviews und Musik können kurzweilige und spannend anzuhörende Hörstücke produziert werden, die beim Zuhören den Blick für die umgebende Landschaft öffnen. Auch eine Kombination von Bild- und Toninformationen ist möglich, beispielsweise bei Informationstafeln, auf denen Vogelarten abgebildet sind und die dazu passenden Vogelstimmen aufgerufen werden können.

Pressemitteilungen

Bei konkreten Vorhaben ist es sinnvoll, während der Umsetzungsphase die klassischen Druckmedien wie Tageszeitungen und Amtsblätter zu nutzen, um die Öffentlichkeit über die geplanten Maßnahmen im Wald zu informieren. Steht eine Pressestelle zur Verfügung, kann man sich bei der Ausarbeitung einer solchen Pressemeldung unterstützen lassen. Wer lieber selbst formulieren möchte, findet im Internet eine Fülle von Tipps, wie eine solche Mitteilung verfasst wird und welche formalen Regeln dabei zu beachten sind. Eine aussagekräftige Überschrift und eine kleine Auswahl passender Fotos sind dabei grundsätzlich hilfreich, die Aufmerksamkeit der Redaktion und des Lesers zu gewinnen.

5 Service

Literaturverzeichnis

Ackermann, W., Balzer, S., Ellwanger, G., Gnittke, I., Kruess, A., May, R., Riecken, U., Sachteleben, J., Schröder, E. (2012): Hot Spots der biologischen Vielfalt in Deutschland. Auswahl und Abgrenzung als Grundlage für das Bundesförderprogramm zur Umsetzung der Nationalen Strategie zur biologischen Vielfalt. Natur und Landschaft 7, 289–297.

Adelmann, W., Hummelsberger, A., Royer, F. (2022): Das Ende der „Waldwände": Lichte Wälder und Waldränder für den Biotopverbund Offenland nutzen (praktische Hinweise zur Gestaltung von Waldrändern als Habitatverbundstrukturen) Anliegen Natur 44, 1, 1–14.

Aizpurua, O., Alberdi, A., Aihartza, J., Garin, I. (2016): Fishing technique of Long-Fingered Bats was developed from a primary reaction to disappearing target stimuli. PLoS ONE, 11, 12. DOI:10.1371/journal.pone.0167164.

Alexander, K. (2009): The violet click-beetle *Limoniscus violaceus* (Müller, P. W. J.) (Coleoptera, Elateridae) in England: historic landscapes, ecology and the implications for conservation action. In: Buse, J., Alexander, K., Ranius, T., Assmann, T. (2009): Saproxylic beetles – their Role and Diversity in European Woodland and Tree Habitats. Proceedings of the 5th Symposium and Workshop on the Conservation of Saproxylic Beetles. Pensoft Sofia, Moscow, 119–131.

Ammer, U. (1991): Konsequenzen aus den Ergebnissen der Totholzforschung für die forstliche Praxis. Forstwiss. Centralblatt 110, 60–68.

Arnold, A., Kutzsche, W. (2021): Untersuchungen zum Schutz von Fledermäusen im Schriesheimer Wald. Naturschutz-Info, Heft 1–2, 28–31.

Arnold, A., Tschuch, H.-G., Braun, M. (2016): Veränderungen im Auftreten von Rauhaut- und Mückenfledermaus in den nordbadischen Rheinauen und ihre möglichen Ursachen. Nyctalus (N. F.) 18, 3–4, 355–367.

Bakker, E. S., Olff, H., Vandenberghe, C., De Maeyer, K., Smit, R., Gleichman, J. M., Vera, F. W. M. (2004): Ecological anachronisms in the recruitment of temperate light-demanding tree species in wooded pastures. Journal Appl. Ecol. 41, 571–582.

Bayerische Landesanstalt für Wald und Forstwirtschaft (Hrsg.) (2006): LWF Waldforschung aktuell: Totes Holz voller Leben. LWF aktuell (53), 54 S.

Bechstein, J. M. (1792): Kurze aber gründliche Musterung aller bisher mit Recht oder Unrecht von dem Jäger als schädlich geachteten und getödteten Thiere, nebst Aufzählung einiger wirklich schädlichen, die er, seinem Berufe nach, nicht dafür erkennt. Ettinger, Gotha, 205 S.

Beinlich, B. (2012): Management des Waschbären (*Procyon lotor*) in Schutzgebieten des Kreises Höxter (NRW). Beiträge zur Natur zwischen Egge und Weser 23, 71–81.

Benick, L. (1952): Pilzkäfer und Käferpilze. Societas pro Fauna et Flora Fennica, Acta Zool. Fenn. (70), 250 S.

Bergman, K.-O. (2001): Population dynamics and the importance of habitat management for conservation of the butterfly *Lopinga achine*. Journal of Applied Ecology 38, 1303–1313.

Bernd, D. (2021): Rückgänge zweier Wanderfledermausarten im Dreiländereck Hessen, Baden-Württemberg und Rheinland-Pfalz. Nyctalus (N. F.) 19, 4–5, 343–355.

BfN – Bundesamt für Naturschutz (Hrsg.) (2020): Rote Liste der Tiere, Pflanzen und Pilze Deutschlands. https://www.bfn.de/rote-listen-tiere-pflanzen-und-pilze, zuletzt abgerufen am 29.01.2024.

BfN – Bundesamt für Naturschutz: https://www.bfn.de/artenportraits/myotis-bechsteinii, zuletzt abgerufen am 02.01.2023.

BMEL – Bundesministerium für Ernährung und Landwirtschaft (2018): Der Wald in Deutschland. Ausgewählte Ergebnisse der dritten

Bundeswaldinventur. https://www.bmel.de/SharedDocs/Downloads/DE/Broschueren/bundeswaldinventur3.pdf?__blob=publicationFile&v=3, zuletzt abgerufen am 02.01.2023.

BMU – Bundesministerium für Umwelt, Naturschutz und nukleare Sicherheit – und BfN – Bundesamt für Naturschutz (2020): Die Lage der Natur in Deutschland, Ergebnisse von EU-Vogelschutz- und FFH-Bericht.

Bonfils, P., Horisberger, D., Ulber, M. (Red.) (2005): Förderung der Eiche. Strategie zur Erhaltung eines Natur- und Kulturerbes der Schweiz. BUWAL Bern, 102 S.

Braun, B., Konold, W. (1998): Kopfweiden: Kulturgeschichte und Bedeutung der Kopfweiden in Südwestdeutschland. Verlag Regionalkultur, Ubstadt-Weiher, 240 S.

Buck, D. (2000): Das große Buch vom Schönbuch. Natur, Kultur, Geschichte, Orte. Tübingen, Silberburg-Verlag.

Budde, J. (2012): Gekommen, um zu bleiben? Überraschende Tigermückenfunde in Baden. Deutschlandfunk: http://www.dradio.de/dlf/sendungen/forschak/1890437/ (11.10.2012), zuletzt abgerufen am 28.02.2024.

Bunzel-Drüke, M., Drüke, J., Hauswirth, L., Vierhaus, H. (1999): Großtiere und Landschaft – Von der Praxis zur Theorie. In: Gerken, B., Görner, M.: Europäische Landschaftsentwicklung mit großen Weidetieren – Geschichte, Modelle und Perspektiven. Natur- und Kulturlandschaft 3, Höxter/Jena, 210–229.

Bunzel-Drüke, M., Reisinger, E., Böhm, C., Buse, J., Dalbeck, L., Ellwanger, G., Finck, P., Freese, J., Grell, H., Hauswirth, L., Herrmann, A., Idel, A., Jedicke, E., Joest, R., Kämmer, G., Kapfer, A., Köhler, M., Kolligs, D., Krawczynski, R., Lorenz, A., Luick, R., Mann, S., Nickel, H., Raths, U., Riecken, U., Röder, N., Rössling, H., Rupp, M., Schoof, N., Schulze-Hagen, K., Sollmann, R., Ssymank, A., Thomsen, K., Tillmann, J. E., Tischew, S., Vierhaus, H., Vogel, C., Wagner, H. G., Zimball, O. (2019): Ganzjahresbeweidung im Management von Lebensraumtypen und Arten im europäischen Schutzgebietssystem NATURA 2000. 2., überarbeitete und erweiterte Auflage. Arbeitsgemeinschaft Biologischer Umweltschutz, Bad Sassendorf, 411 S.

Buse, J., Benisch, C. (2018): Wer mag wilde Weiden? Zum aktuellen Stand der Verbreitung des Dungkäfers *Coprimorphus scrutator* Herbst (Coleoptera, Aphodiidae) in Deutschland.

Buse, J., Schröder, B., Assmann, T. (2007): Modelling habitat and spatial distribution of an endangered longhorn beetle – a case study for saproxylic insect conservation. Biological Conservation 137, 372–381.

Buse, J., Ranius, T., Assmann, T. (2008): An endangered longhorn beetle associated with old oaks and its possible role as an Ecosystem Engineer. Conservation Biology 22, 329–337.

Clarke, S. A., Green, D. G., Bourn, N. A., Hoare, D. J. (2011): Woodland management for butterflies and moths: a best practice guide. Butterfly Conservation, Wareham. (Analyse von Gefährdungsfaktoren, Managementmaßnahmen und Porträts typischer Waldschmetterlinge; Schwerpunkt Großbritannien).

Corthum, R., Erben, J., Fuchs, M., Herbig, F. (2017): Analyse und Vergleich dreier Standortvarianten für ein Waldweideprojekt im Stadtwald Herrenberg. Projektarbeit der HFR Rottenburg, https://www.hs-rottenburg.net/fileadmin/user_upload/Studiengaenge/Forstwirtschaft/Projektarbeiten/Beweidung/Standortvarianten-Waldweideprojekt-Stadtwald-Herrenberg-2017.pdf, zuletzt abgerufen am 12.12.2022.

Dalbeck, L., Düssel-Siebert, H., Kerres, A., Kirst, K., Koch, A., Lötters, S., Ohlhoff, D., Sabino-Pinto, J., Preissler, K., Schulte, U., Schulz, V., Steinfartz, S., Veith, M., Vences, M., Wagner, N., Wegge, J. (2018): Die Salamanderpest und ihr Erreger *Batrachochytrium salamandrivorans* (Bsal). Zeitschrift für Feldherpetologie 25, 1–22.

Dalüge, N., Prosi, R., Untheim, H., Georgi, M., Dolek, M. (2022): Mittelwälder für den Artenschutz – erfolgreich auch ohne Mittelwaldtradition? standort.wald 52, 63–72.

DGHT e. V. (2019): Handlungsempfehlungen zum Umgang mit seuchenartig verlaufenden Amphibienkrankheiten. Peter Pogoda Arbeitsgruppe Feldherpetologie und Artenschutz, Deutsche Gesellschaft für Herpetologie und Terrarienkunde e.V. (DGHT), Vogelsang 27, 31020 Salzhemmendorf, https://dght.de/files/web/news/2019/dght_broschuere_chytridpilz/Amphibienpathogene_ok.pdf, zuletzt abgerufen am 21.12.2022.

DIETERICH, M., SCHRELL, F. (2022): Entwicklung nachhaltiger Schutzkonzepte für die Gelbbauchunke (*Bombina variegata* L.) in Wirtschaftswäldern als Leitfaden zum angewandten Gelbbauchunkenschutz in der Forstwirtschaft. Projekt der Deutschen Bundesstiftung Umwelt (DBU), www.unkenschutz-bw.de, zuletzt abgerufen am 28.02.2024.

DIETZ, C., KIEFER, A. (2014): Die Fledermäuse Europas – kennen, bestimmen, schützen. Franckh-Kosmos Verlags-GmbH & Co. KG, Stuttgart.

DIETZ, C., NILL, D., HELVERSON, O. (2007): Handbuch der Fledermäuse, Europa und Nordwestafrika. Kosmos-Verlag, Stuttgart.

DIETZ, M., KRANNICH, A. (2019): Die Bechsteinfledermaus *Myotis bechsteinii* – Eine Leitart für den Waldnaturschutz. Handbuch für die Praxis. Herausgeber Naturpark Rhein-Taunus, abrufbar unter: www.bechsteinfledermaus.eu, zuletzt abgerufen am 28.02.2024.

DIETZ, M., DUJESIEFKEN, D., KOWOL, T., REUTTER, J., RIECHE, T., WURST, C. (2019): Artenschutz und Baumpflege. Haymarket Media Braunschweig, 159 S.

DIETZ, M., MORKEL, C., WILD, O., PETERMANN, R. (2020): Waldfledermausschutz in Deutschland: Sichern FFH-Gebiete und Alt- und Totholzkonzepte den Erhaltungszustand geschützter Fledermausarten? Natur und Landschaft 4, 162–171.

DINKELAKER, H. (2008): Der Stadt kostbares Gut. Die Herrnberger und ihr Stadtwald 1820–1970. In: JANSSEN, R. (Hrsg.): Erinnern ist erfreulich (Herrenberger Studien, Bd. 2), DRW-Verlag, Leinfelden-Echterdingen, S. 131–236.

DINKELAKER, H. (2019): Der Gültsteiner Wald. In: ALBUS-KÖLZ, S. (Hrsg.): Gültstein, 769–2019, Herrenberger Historische Schriften, Bd. 12: Die Wald- und Eigentumsgeschichte bis zum 19. Jahrhundert, S. 503 ff.

DIRLEWANGER, S. (2019): Effekte einer Waldbeweidung – Waldweideprojekt Herrenberg/Mönchberg. Projektarbeit der HFR Rottenburg, https://www.hs-rottenburg.net/fileadmin/user_upload/Studiengaenge/Forstwirtschaft/Projektarbeiten/Beweidung/Waldweide_Herrenberg_2020.pdf, zuletzt abgerufen am 31.12.2022.

DOLEK, M., KÖRÖSI, Á., FREESE-HAGER, A. (2018): Successful maintenance of Lepidoptera by government-funded management of coppiced forests. Journal for Nature Conservation 43, 75–84. https://doi.org/10.1016/j.jnc.2018.02.001.

DONDINI, G., VERGARI, S. (2004): Bats: Bird-eaters or feather-eaters? A contribution to debate on Great Noctule carnivory. Hystrix The Italian Journal of Mammalogy 15, 2, 86–88.

DONNERSTAG, F. (2023): Der Nördliche Kammmolch (*Triturus cristatus*) im Stadtwald Herrenberg. Untersuchung zum Vorkommen anhand eigener Aufnahmen und bestehender Daten und der Habitatbewertung mit Empfehlungen für die weitere Behandlung und Pflege. Bachelorarbeit im Studiengang B. Sc. Forstwirtschaft an der HFR Rottenburg.

DVL – Deutscher Verband für Landschaftspfleger – und BfN – Bundesamt für Naturschutz (Hrsg., 2001): Landschaft als Lebensraum. DVL-Schriftenreihe, Heft 4.

EBERS, S., LAUX, L., KOCHANEK, H.-M. (1998): Vom Lehrpfad zum Erlebnispfad. NZH Verlag, Wetzlar.

ECKELT, A., MÜLLER, J., BENSE, U., BRUSTEL, H., BUSSLER, H., CHITTARO, Y., CIZEK, L., FREI, A., HOLZER, E., KADEJ, M., KAHLEN, M., KÖHLER, F., MÖLLER, G., MÜHLE, H., SANCHEZ, A., SCHAFFRATH, U., SCHMIDL, J., SMOLIS, A., SZALLIES, A., NEMETH, T., WURST, C., THORN, S., CHRISTENSEN, R. H. B., SEIBOLD, S. (2017): „Primeval forest relict beetles" of Central Europe: a set of 168 umbrella species for the protection of primeval forest remnants. Journal of Insect Conservation 22, 15–28.

ELLERBROK, J. S., DELIUS, A., PETER, F., FARWIG, N., VOIGT, C. C. (2022): Activity of forest specialist bats decreases towards wind turbines at forest sites. Journal of Applied Ecology, DOI: 10.1111/1365-2664.14249.

ENGEL, F., MEYER, P., BAUHUS, J., GÄRTNER, S., REIF, A., SCHMIDT, M., SCHULTZE, J., WILDMANN, S., SPELLMANN, H. (2016): Wald mit natürlicher Entwicklung – ist das 5%-Ziel erreicht? AFZ-DerWald 9, 46–47.

FERRIS, R., CARTER, C. (2000): Managing rides, roadsides & edge habitats in lowland forests. Bulletin 123. Forestry Commission, Edinburgh. (Ökologie von Waldschmetterlingen und Praxistipps für Schutzmaßnahmen; Schwerpunkt Großbritannien); http://terragraphie.de/ (Ökologie und Habitatansprüche von Tagfaltern und Widderchen; Schwerpunkt Baden-Württemberg).

FICKERS, A. (1999): Fressen für den Naturschutz! Ist die extensive Beweidung das neue Wundermittel im Naturschutz? Naturzeit 3, 4–9. Online verfügbar unter http://natagora.macbay.de/include.php?path=content&mode=print&contentid=38, 4.9.2022, zuletzt abgerufen am 29.12.2022.

FINCK, P., HEINZE, S., RATHS, U., RIECKEN, U., SSYMANK, A. (2017): Rote Liste der gefährdeten Biotoptypen Deutschlands: dritte fortgeschriebene Fassung 2017. Naturschutz und Biologische Vielfalt, Heft 156. Bundesamt für Naturschutz, Bonn-Bad Godesberg.

FIRBAS, F. (1949–1952): Spät- und nacheiszeitliche Waldgeschichte Mitteleuropas nördlich der Alpen, 2 Bde. Verlag G. Fischer, Jena, 480 und 256 S.

FLADE, M., WINTER, S., SCHUHMACHER, H., MÖLLER, G. (2007): Biologische Vielfalt und Alter von Tiefland-Buchenwäldern. Natur und Landschaft 82. Jahrgang, Heft 9/10, S. 410–415.

ForstBW (Hrsg.) (2015): Gesamtkonzeption Waldnaturschutz ForstBW. 60 Seiten, Stuttgart, https://www.forstbw.de/fileadmin/forstbw_pdf/waldschutz/ForstBW_Praxis_Gesamtkonzeption_Waldnaturschutz.pdf, zuletzt abgerufen am 11.12.2022.

ForstBW (Hrsg.) (2016): Alt- und Totholz-Konzept Baden-Württemberg. 44 Seiten, Stuttgart, https://www.fva-bw.de/fileadmin/publikationen/sonstiges/aut_konzept_2017.pdf, zuletzt abgerufen am 13.06.2023.

ForstBW (2022a): https://www.forstbw.de/schuetzen-bewahren/waldinventur/bundeswaldinventur/bwi3/, zuletzt abgerufen am 02.01.2023.

ForstBW (Hrsg.) (2022b): Vorsorgendes Konzept für die Gelbbauchunke (*Bombina variegata*) im Wald. Stuttgart, 72 S.

Forstliche Versuchsanstalt (FVA) Freiburg (Hrsg.) (2022): Moderne Waldweide als Instrument im Waldnaturschutz – Konzept für Baden-Württemberg, https://www.fva-bw.de/fileadmin/user_upload/Abteilungen/Waldnaturschutz/FVA_Moderne_Waldweide_2022_Digital.pdf, ISBN: 978-3-933548-59-7.

Forstliche Versuchsanstalt (FVA) Freiburg, Waldschnepfen-Monitoring, https://www.fva-bw.de/top-meta-navigation/fachabteilungen/wildtierinstitut/waldvoegel/monitoring-waldvoegel, zuletzt abgerufen am 13.06.2023.

GARCÍA-BARROS, E., FARTMANN, T. (2009): Butterfly oviposition: sites, behaviour and modes. In: SETTELE, J., SHREEVE, T. G., KONVIČKA, M., DYCK, H. VAN (Hrsg.): Ecology of butterflies in Europe. Cambridge University Press.

GATTER, W. (2000): Vogelzug und Vogelbestände in Mitteleuropa. AULA-Verlag GmbH, Wiebelsheim.

GATTER, W., MATTES, H. (2018): Vögel und Forstwirtschaft. Eine Dokumentation der Waldvogelwelt im Südwesten Deutschlands. Hrsg.: LUBW – Landesanstalt für Umwelt Baden-Württemberg und Forstliche Versuchsanstalt Baden-Württemberg, Naturschutz-Spectrum Themen 101, Karlsruhe.

GEDEON, K., GRÜNEBERG, C., MITSCHKE, A., SUDFELDT, C. (2014): Atlas Deutscher Brutvogelarten. Stiftung Vogelmonitoring Deutschland und Dachverband Deutscher Avifaunisten e.V., Münster.

GERKEN, B., GÖRNER, M. (2012): Naturschutz und Landschaftsentwicklung. Über große Weidetiere, Biodiversität, Naturschutzpraxis und Naturverständnis. Artenschutzreport 28, 1–42.

GEYER, M. (2011): Von Stuttgart nach Schaffhausen – auf den Spuren von Goethes dritter Schweitzerreise im Jahr 1797. In Jahresberichte und Mitteilungen des Oberrheinischen Geologischen Vereins (93), Goethes Tagebucheintrag vom 7.9.1797 während seiner Reise in die Schweiz, bei der er auch den Schönbuch durchquerte.

Grendelmeier, A., Pasinelli, G. (2020): Grauspechtökologie – Eine Literatursichtung und Diskussion über zu schließende Wissenslücken. Ornithol. Jber. Mus. Heineanum 35, 73–88.

Günther, E., Hellmann, M. (1997): Die Höhlen des Buntspechtes – haben wir ihre Bedeutung für die Nachnutzer überschätzt? Naturschutz im Land Sachsen-Anhalt, 34. Jahrgang, Heft 1, 15–24.

Günther, E., Hellmann, M. (2004): Ein Relikt aus früheren Zeiten? Mauersegler im Wald. Der Falke 51, 96–97.

Handschuh, M., Heine, G., Maluck, G. (2020): Der Schwarzstorch (*Ciconia nigra*) in Baden-Württemberg. Projektgruppe Seeadlerschutz Schleswig-Holstein, Großvogelschutz im Wald, Jahresbericht 2020.

Handschuh, M., Heine, G., Maluck, G. (2022): Brutbestand und Brutverbreitung des Schwarzstorchs *Ciconia nigra* in Baden-Württemberg im Zeitraum 2015–2020, mit methodischen Hinweisen zur Auswertung von Zufallsbeobachtungen. Ornithologische Jahreshefte für Baden-Württemberg Band 38, 75–96.

Helbing, F., Cornils, N., Stuhldreher, G., Fartmann, T. (2020): Habitatmanagement für einen strauchbewohnenden Tagfalter. In: Trautner, J. (Hrsg.): Artenschutz – Rechtliche Pflichten, fachliche Konzepte, Umsetzung in der Praxis. Verlag Eugen Ulmer, Stuttgart.

Hensel, S. (2021): Untersuchung verschiedener biotischer und abiotischer Parameter an der Roten Heckenkirsche *Lonicera xylosteum* im Hinblick auf die Eiablage des Blauschwarzen Eisvogels *Limenitis reducta*. Unveröffentlichte Masterarbeit, Hochschule für Forstwirtschaft Rottenburg.

Hermann, G. (2007): Tagfalter suchen im Winter: Zipfelfalter, Schillerfalter und Eisvögel. Books on Demand, Norderstedt.

Hermann, G. (2021): Schaden Kahlschläge und andere Desaster der Biodiversität im Wald? Erkenntnisse aus umfangreichen Daten zur Tagfalter- und Widderchenfauna in zwei Naturräumen. Artenschutz und Biodiversität 2, 3, 2–46.

Hermann, G., Magg, N. (2020): Schutzprojekt für einen Lichtwald-Tagfalter. In: Trautner, J. (Hrsg.): Artenschutz – Rechtliche Pflichten, fachliche Konzepte, Umsetzung in der Praxis. Verlag Eugen Ulmer, Stuttgart.

Hermann, G., Rall, S. (2020): Technische Gewässer für die Wechselkröte. In: Trautner, J. (Hrsg.): Artenschutz – Rechtliche Pflichten, fachliche Konzepte, Umsetzung in der Praxis. Verlag Eugen Ulmer, Stuttgart.

Hinneberg, H., Frommherz, A., Schätzle, L., Petkau, A., Gottschalk, T. (2022): Nachhaltige Waldwirtschaft zur Förderung von Lichtwaldarten unter besonderer Berücksichtigung des Blauschwarzen Eisvogels *Limenitis reducta*. Unveröffentlichter Projektbericht, Hochschule für Forstwirtschaft Rottenburg.

Hirsch, P. E., N'Guyen, A., Muller, R., Adrian-Kalchhauser, I., Burkhardt-Holm, P. (2018): Colonizing Islands of water on dry land – on the passive dispersal of fish eggs by birds. Fish and Fisheries (2018), doi: 10.1111/faf.12270.

Hurst, J., Biedermann, M., Dietz, C., Dietz, M., Karst, I., Krannich, E., Petermann, R., Schorcht, W., Brinkmann, R. (Hrsg.) (2016): Fledermäuse und Windkraft im Wald. Naturschutz und Biologische Vielfalt, Heft 153, 400 S.

Hutterer, R., Ivanova, T., Meyer-Cords, C., Rodrigues, L. (2005): Bat migrations in Europe. A review of banding data and literature. Naturschutz und Biologische Vielfalt, Heft 28, 180 S.

Janssen, G., Hormann, M., Rohde, C. (2004): Der Schwarzstorch. Neue Brehm-Bücherei, Band 468. VerlagsKG Wolf, Magdeburg, 414 S.

Janssen, R. (2019): Im Mittelalter oder die ersten tausend Jahre von Gültstein. In: Albus-Kölz, S. (Hrsg.): Gültstein, 769–2019, Herrenberger Historische Schriften, Bd. 12: Wald und Weide im Spiegel nachbarschaftlichen Streits, S. 156–157, und Der Arme Konrad, S. 181.

Koenigswald, W. v. (2000): Hat der Mensch das Aussterben der großen pleistozänen Pflanzenfresser verursacht? Berichte aus der Bayerischen Landesanstalt für Wald- und Forstwirtschaft LWF 27, 20–31, Freising.

Köhler, F. (2000): Totholzkäfer in Naturwaldzellen des nördlichen Rheinlandes. Landesanstalt für Ökologie, Bodenordnung und Forsten/Landesamt für Agrarordnung Nordrhein-Westfalen, 352 S.

Köhler, F., Klausnitzer, B. (1998): Verzeichnis der Käfer Deutschlands. Ent. Nachr. und Ber. Beiheft 4, 1–185.

König, H., König, W. (2011): Rückgang der Rauhautfledermaus (*Pipistrellus nathusii*) in Durchzugsgebieten am Nördlichen Oberrhein (Bundesrepublik Deutschland, Rheinland-Pfalz). Nyctalus (N. F.) 16, 1–2, 58–66.

Kowalczyk, R., Kamiński, T., Borowik, T. (2021): Do large herbivores maintain open habitats in temperate forests? Forest ecology and management 494, 119310. https://doi.org/10.1016/j.foreco.2021.119310.

Kramer, M., Bauer, H.-G., Bindrich, F., Einstein, J., Mahler, U. (2022): Rote Liste der Brutvögel Baden-Württembergs. 7. Fassung, Stand 31.12.2019. – Naturschutz-Praxis Artenschutz 11.

Kratzer, R., Seitz, W. (2019): Fest verwurzelt – Waldnaturschutz im Herrenberger Stadtwald. Artikel in „Die Gemeinde“, Mitteilungsblatt des Gemeindetags Baden-Württemberg, BWGZ 08, S. 276–279.

Küster, B. (2004): Wie wirken sich Pflegeeingriffe in Eichenjungbeständen auf die Qualität aus? – LWF aktuell 46, 27–28.

Küster, H. J. (1998): Geschichte des Waldes: von der Urzeit bis zur Gegenwart. C. H. Beck’sche Verlagsbuchhandlung, München.

Landesbetrieb Hessen Forst (2022): Der Schwarzstorch. In Hessens Wäldern zu Hause.

Landkreis Böblingen, https://www.lrabb.de/site/LRA-BB-2018/node/5657586?QUERYSTRING=neuweiler%20viehweide, zuletzt abgerufen am 16.02.2024.

Landkreis Böblingen, Land.Tour 9 WaldWeide, https://schoenbuch-heckengaeu.de/wp-content/uploads/2021/07/2021-WaldWeide-20.07.pdf, zuletzt abgerufen am 16.02.2024.

LANUV – Landesamt für Natur, Umwelt und Verbraucherschutz NRW (2021): Hygieneprotokoll und Praxistipps zur Verhinderung der Übertragung von Krankheitserregern (v. a. *Batrachochytrium salamandrivorans*, *B. dendrobatidis*, Ranavirus) zwischen Amphibienpopulationen, 4. Fassung. https://www.lanuv.nrw.de/fileadmin/lanuv/natur/hygieneprotokoll/Hygieneprotokoll.pdf, zuletzt abgerufen am 21.12.2022.

Laufer, H., Fritz, K., Sowig, P. (2007): Die Amphibien und Reptilien Baden-Württembergs. Verlag Eugen Ulmer, Stuttgart.

Lindeiner, A. (1991): Diplomarbeit 1988/89 am Institut für Mikrobiologie/Hydrobiologie an der Universität Tübingen, https://shop.laurenti.de/media/pdf-Dateien%20-%20neu/1994-04%20von%20Lindeiner%20-%20abstract.pdf, zuletzt abgerufen am 27.12.2022.

Lorenz, J. (2012): Totholz stehend lagern – eine sinnvolle Kompensationsmaßnahme? Naturschutz und Landschaftsplanung 44 (10), 300–306.

LUBW – Landesanstalt für Umwelt Baden-Württemberg, Landesweite Artenkartierung Amphibien und Reptilien seit 2014, https://www.lubw.baden-wuerttemberg.de/natur-und-landschaft/landesweite-artenkartierung-lak, zuletzt abgerufen am 13.06.2023.

Martel, A., Spitzen-van der Sluijsb, A., Blooia, M., Bertc, W., Ducatellea, R., Fisherd, M. C., Woeltjesb, A., Bosmanb, W., Chiersa, K., Bossuyte, F., Pasmansa, F. (2013): *Batrachochytrium salamandrivorans* sp. nov. causes lethal chytridiomycosis in amphibians. PNAS 110, 15325–15329.

Martens, A. (2015): Der Kalikokrebs – eine wachsende Bedrohung für Amphibien und Libellen am Oberrhein. LUBW – Landesanstalt für Umwelt Baden-Württemberg, Naturschutzinfo Oktober 2015.

Martin, O. (1993): Fredede insekter i Danmark, Del 2: Biller knyttet til skov. Ent. Meddelelser 61, 62–76.

Matter, J. (1998): Catalogue et Atlas des Coléoptères d’Alsace, tome 1: Cerambycidae 2ème ed. Soc. Alsac. d’Entomologie. Musée Zool. Univ. Strasbourg, 101 S.

Meiwes, M. (2022): Monitoring von dem Jagdrecht unterliegenden Wildtierarten auf der Waldweide in Herrenberg. Bachelorarbeit im Studiengang B. Sc. Forstwirtschaft an der HFR Rottenburg.

Mergner, U. (2018): Das Trittsteinkonzept. Naturschutz-integrative Waldbewirtschaftung schützt die Vielfalt der Waldarten. Euerberg-verlag, Rauhenebrach-Fabrikschleichach.

Meschede, A., Heller, K.-G. (2000): Ökologie und Schutz von Fledermäusen in Wäldern. Schriftenreihe für Landschaftspflege und Naturschutz, Heft 66.

Meyer, P. (2005): Entwicklung der Gehölzverjüngung im Projektgebiet des E+E-Vorhabens „Hutelandschaftspflege und Artenschutz mit großen Weidetieren im Naturpark Solling-Vogler", Studie der Niedersächsischen Forstlichen Versuchsanstalt i. A. der FH Lippe und Höxter. Zweiter Bericht: Verjüngungsentwicklung 1999–2005, Göttingen, 48 S.

Meyer, P., Grob, C. (2005): Entwicklung der Gehölzverjüngung im Projektgebiet des E+E-Vorhabens „Hutelandschaftspflege und Artenschutz mit großen Weidetieren im Naturpark Solling-Vogler", Studie der Niedersächsischen Forstlichen Versuchsanstalt i. A. der FH Lippe und Höxter, Göttingen, 59 S.

Möller, G. (2005): Habitatstrukturen holzbewohnender Insekten und Pilze. Landesanstalt für Ökologie, Bodenordnung und Forsten NRW, LÖBF-Mitteilungen 3, 30–35.

Möller, G. (2009): Struktur- und Substratbindung holzbewohnender Insekten, Schwerpunkt Coleoptera – Käfer. Dissertation zur Erlangung des akademischen Grades des Doktors der Naturwissenschaften (Dr. rer. nat.), Fachbereich Biologie, Chemie, Pharmazie der Freien Universität Berlin, 293 S.

Mollet, P., Zbinden, N., Schmid, H. (2009): Steigende Bestandeszahlen bei Spechten und anderen Vogelarten dank Zunahme von Totholz? Schweiz. Z. Forstwes. 160, 334–340.

Müller, E. (2022): Fledermaus-Untersuchung mit Batcordern und Fledermaus-Kästen auf der Herrenberger Waldweide im Sommer 2021. „Flattermann" 34, S. 6–8, der AGF BW (Arbeitsgemeinschaft Fledermausschutz Baden-Württemberg), https://www.agf-bw.de/clubdesk/fileservlet?id=1000631, zuletzt abgerufen am 28.02.2024.

Müller, J. (2011): Mögliche Ursachen von Bestandsveränderungen beim Grauspecht *Picus canus*. Charadrius 47, 35–42.

Müller, J., Bussler, H., Bense, U., Brustel, H., Flechtner, G., Fowles, A., Kahlen, M., Möller, G., Mühle, H., Schmidl, J., Zabransky, P. (2005): Urwald relict species – Saproxylic beetles indicating structural quantities and habitat tradition. waldoekologie online 2, 106–113.

Müller, J., Gossner, M., Blick, T., Nickel, H., Bail, J., Doczkal, D., Gruppe, A., Floren, A., Simon, U., Schmidt, S. (2009): Vielfalt im Alter. Wie viele Arten leben auf der ältesten Tanne des Bayerischen Waldes? AFZ-DerWald 4, 164–165.

Nagel, A. (2003): Mopsfledermaus *Barbastella barbastellus* (Schreber, 1774). In: Braun, M., Dieterlen, F. (Hrsg.) (2003): Die Säugetiere Baden-Württembergs, Band I. Verlag Eugen Ulmer, Stuttgart, 484–497.

Neumann, V., Kühnel, H. (1985): Der Heldbock *Cerambyx cerdo*. Die neue Brehm-Bücherei, Band 566. Ziemsen, Wittenberg Lutherstadt, 103 S.

Neuweiler, G. (1993): Biologie der Fledermäuse. Thieme Verlag, Stuttgart.

Nowotny, H. (1951): Beobachtungen über die Insektenwelt des Naturdenkmals Stutensee. Beitr. naturkundl. Forsch. Südwestdeutschld. 10, 46–56.

Pfalzer, G. (2018): Können Alt- und Totholzkonzepte waldbewohnenden Fledermäusen helfen? Ein Beispiel aus Rheinland-Pfalz. Nyctalus (N. F.) 19, 1, 41–58.

Podlutsky, A. J., Khritankov, A. M., Ovodov, N. D., Austad, S. N. (2005): A new field record for bat longevity. The Journals of Gerontology 60 A, 11, 1366–1368.

Poschlod, P. (2015): Geschichte der Kulturlandschaft. Verlag Eugen Ulmer, Stuttgart.

proQuercus (eds.) (2010a): Die Naturverjüngung der Trauben- und Stieleiche. Merkblatt 3, 2. überarbeitete Aufl., BAFU/proQuercus, 8 S.

proQuercus (eds.) (2010b): Die künstliche Verjüngung der Trauben- und Stieleiche. Merkblatt 3, 2. überarbeitete Aufl., BAFU/proQuercus, 10 S.

RALL, S., HERMANN, G., BRÄUNICKE, M., TRAUTNER, J. (2022): Ablassbare Becken aus Trinkwasserasphalt für den Amphibienschutz: Poster für Landschaftstagung 2022 in Weimar, 1 S.

RANIUS, T. (2000): Minimum viable metapopulation size of a beetle, *Osmoderma eremita*, living in tree hollows. Animal Conservation, the Zoological Society of London, Zool. Soc. 3, 37–43.

Regierungspräsidium Freiburg, Abt. 8 Forstdirektion, Geschäftsbereichsleitung Reg.-Bezirk Stuttgart (2017): Forsteinrichtungswerk des Stadtwalds Herrenberg 2017–2026.

REIF, A., GÄRTNER, S. (2007): Die natürliche Verjüngung der laubabwerfenden Eichenarten Stieleiche (*Quercus robur* L.) und Traubeneiche (*Quercus petraea* Liebl.) – eine Literaturstudie mit besonderer Berücksichtigung der Waldweide. Waldoekologie online 5, 79–116.

REINHARDT, R., BOLZ, R. (2011): Rote Liste und Gesamtartenliste der Tagfalter (Rhopalocera) (Lepidoptera: Papilionoidea et Hesperioidea) Deutschlands. In: BINOT-HAFKE, M., BALZER, S., BECKER, N., GRUTTKE, H., HAUPT, H., HOFBAUER, N., LUDWIG, G., MATZKE-HAJEK, G., STRAUCH, M. (Hrsg.): Rote Liste gefährdeter Tiere, Pflanzen und Pilze Deutschlands, Band 3: Wirbellose Tiere (Teil 1). Naturschutz und Biologische Vielfalt 70, 3, 167–194.

REINHARDT, R., HARPKE, A., CASPARI, S., DOLEK, M., KÜHN, E., MUSCHE, M., TRUSCH, R., WIEMERS, M., SETTELE, J. (2020): Verbreitungsatlas der Tagfalter und Widderchen Deutschlands. Verlag Eugen Ulmer, Stuttgart.

RENNWALD, E., SOBCZYK, T., HOFMANN, A. (2011): Rote Liste und Gesamtartenliste der Spinnerartigen Falter (Lepidoptera: Bombyces, Sphinges s. l.) Deutschlands. In: BINOT-HAFKE, M., BALZER, S., BECKER, N., GRUTTKE, H., HAUPT, H., HOFBAUER, N., LUDWIG, G., MATZKE-HAJEK, G., STRAUCH, M. (Hrsg.): Rote Liste gefährdeter Tiere, Pflanzen und Pilze Deutschlands, Band 3: Wirbellose Tiere (Teil 1). Naturschutz und Biologische Vielfalt 70, 3, 243–283.

RICHTER, T., JESTÄDT, K., LEITL, R., LINNER, J., MÜLLER, J., HAGGE, J. (2019): Quartiernutzung der Mopsfledermaus (*Barbastella barbastellus*) im Nationalpark Bayerischer Wald und eine Evaluation von Erfassungsmethoden. Nyctalus (N. F.) 19, 33, 270–284.

ROCKENBAUCH, D. (1998): Der Wanderfalke in Deutschland. Bände 1 und 2. Hölzinger, Ludwigsburg.

ROMMEL, L. (2023): Der Europäische Laubfrosch (*Hyla arborea*) im Herrenberger Stadtwald (Teil Schönbuch) – Verbreitungsuntersuchung und Laichgewässerbewertung. Bachelorarbeit im Studiengang B. Sc. Forstwirtschaft an der HFR Rottenburg.

RÖSE, N., SAUERBIER, W., FRITZE, M. (2021): Langzeitdaten von Mikroklima und Mopsfledermäusen zeigen einen Effekt des Klimawandels in Fledermaus-Winterquartieren. Nyctalus (N. F.) 19, 4–5, 330–342.

SABINO-PINTO, J., BLETZ, M., HENDRIX, R., BINA PERL, R. G., MARTEL, A., PASMANS, F., LÖTTERS, S., MUTSCHMANN, F., SCHMELLER, D. S., SCHMIDT, B. R., VEITH, M., WAGNER, N., VENCES, M., STEINFARTZ, S. (2015): First detection of the emerging fungal pathogen *Batrachochytrium salamandrivorans* in Germany. Amphibia-Reptilia 36, 411–416.

SCHAFFRATH, U. (2003a): Zu Lebensweise, Verbreitung und Gefährdung von *Osmoderma eremita* (Scopoli, 1763) (Coleoptera: Scarabaeoidea, Cetoniidae, Trichiinae), Teil 1. Philippia, Abhandlungen aus dem Naturkundemuseum im Ottoneum zu Kassel 10/3: 157–248.

SCHAFFRATH, U. (2003b): Zu Lebensweise, Verbreitung und Gefährdung von *Osmoderma eremita* (Scopoli, 1763) (Coleoptera: Scarabaeoidea, Cetoniidae, Trichiinae), Teil 2. Philippia, Abhandlungen aus dem Naturkundemuseum im Ottoneum zu Kassel 10/4: 249–336.

SCHALL, P., GOSSNER, M. M., HEINRICHS, S., FISCHER, M., BOCH, S., PRATI, D., JUNG, K., BAUMGARTNER, V., BLASER, S., BÖHM, S., BUSCOT, F., DANIEL, R., GOLDMANN, K., KAISER, K., KAHL, T., LANGE, M., MÜLLER, J., OVERMANN, J., RENNER, S. C., SCHULZE, E. D., SIKORSKI, J., TSCHAPKA, M., TÜRKE, M., WEISSER, W. W., WEMHEUER, B., WUBET, T., AMMER, C. (2018): The impact of even-aged and uneven-aged forest management on regional biodiversity of multiple taxa in European beech forests. Journal of Applied Ecology 55, 267–278. https://doi.org/10.1111/1365-2664.12950.

Schawaller, W., Reibnitz, J., Bense, U. (2005): Käfer im Holz. Zur Ökologie des natürlichen Holzabbaus. Stuttgarter Beiträge zur Naturkunde Serie C, 58: 80 S., Farbklapptafeln.

Schenkenberger, J. (2020): Auf die Kuh gekommen – Waldweide im Naturpark Schönbuch. Naturschutz und Landschaftspflege 52 (03), 146–149.

Schenkenberger, J. (2023): Asphalt für Amphibien: Arbeitsgruppe für Tierökologie und Planung. Natur und Landschaftspflege 55 (1), 42–45.

Schmidl, J. (2000): Vorkommen der FFH-Art *Osmoderma eremita* (Eremit) und weiterer xylobionter Käfer am Hetzleser Berg, Oberfranken. Unveröff. Gutachten im Auftrag des LfU Bayern, Augsburg, 23 S.

Schmidl, J., Bussler, H. (2004): Ökologische Gilden xylobionter Käfer Deutschlands. Naturschutz und Landschaftsplanung 36 (7), 202–218.

Schmitt, A. (2021): The Hidden Life of Crested Newts, Master thesis. Universität Hohenheim.

Schott, C. (1984): *Cerambyx cerdo* dans des bois fossiles. Bull. Soc. Ent. Mulhouse 1984, 48.

Schüle, P., Seitz, W. (2018): Klein, grün und ganz schön laut! – Der Laubfrosch im westlichen Schönbuch. Artikel in den „Schönbuch-Nachrichten“ 2018, S. 49–51, https://www.naturpark-schoenbuch.de/fileadmin/img/Verein/Schoenbuch_Nachrichten_2018_-_reduziert.pdf, zuletzt abgerufen am 27.12.2022.

Schulz, V., Steinfartz, S., Preissler, K., Sabino-Pinto, J., Wagner, N., Schlüpmann, M. (2018): Ausbreitung der Salamanderpest in Nordrhein-Westfalen. Natur in NRW 4, 26–30.

Settele, J., Steiner, R., Reinhardt, R., Feldmann, R., Hermann, G. (2015): Schmetterlinge: Die Tagfalter Deutschlands. 3. Auflage. Verlag Eugen Ulmer, Stuttgart.

Sikora, G. (2008): Entwicklung von Schwarzspechthöhlen im östlichen Schurwald zwischen 1997 und 2007. Ornithologische Jahreshefte für Baden-Württemberg, Band 24, Heft 1.

Sikora, G. (2010): Erfassung von Schwarzspecht-Höhlenbäumen. AFZ-Der Wald 65, 1, 18–19.

Steck, C., Brinkmann, R. (2015): Wimperfledermaus, Bechsteinfledermaus und Mopsfledermaus – Einblicke in die Lebensweise gefährdeter Arten in Baden-Württemberg. Haupt-Verlag, Bern.

Südbeck, P., Brandt, T. (2004): Grün- und Grauspecht sind unterschiedlich – manchmal wissen sie es aber nicht. Der Falke 51, 78–81.

Thünen-Institut, Dritte Bundeswaldinventur – Ergebnisdatenbank: https://bwi.info, zuletzt abgerufen am 31.12.2022.

Treiber, R. (2003): Genutzte Mittelwälder – Zentren der Artenvielfalt für Tagfalter und Widderchen im Südelsass. Nutzungsdynamik und Sukzession als Grundlage für ökologische Kontinuität. Naturschutz und Landschaftsplanung 35, 2, 50–63.

Van Rooij, P., Pasmans, F., Coen, Y., Martel, A. (2017): Efficacy of chemical disinfectants for the containment of the salamander chytrid fungus *Batrachochytrium salamandrivorans*. PLoS One 12, e0186269.

Vera, F. (1999): Ohne Pferd und Rind wird die Eiche nicht überleben. In: Gerken, B., Görner, M.: Europäische Landschaftsentwicklung mit großen Weidetieren – Geschichte, Modelle und Perspektiven. Natur und Kulturlandschaft 3. Höxter, Jena: 404–424.

Vera, F. W. M. (2000): Grazing ecology and forest history. CABI Publishing, Wallingford.

Wachsmuth, K. (2022): Einfluss von Rinderbeweidung auf die Bodenvegetation eines Waldweideprojekts im Stadtwald Herrenberg, Bachelorarbeit im Studiengang B. Sc. Forstwirtschaft an der HFR Rottenburg.

Walentowski, H., Zehm, A. (2010): Reliktische und endemische Gefäßpflanzen im Waldland Bayern – eine vegetationsgeschichtliche Analyse zur Schwerpunktsetzung im botanischen Artenschutz. Tuexenia 30, 59–81.

Weidemann, H. J. (1995): Tagfalter beobachten, bestimmen. 2. Auflage. Naturbuch-Verlag, Augsburg.

Weigelmeier, S., Schmidl, J. (2016): Induced tree hollows in beech trees (*Fagus sylvatica* L.) in the Steigerwald (Bavaria, Germany). Effects of cavity type, succession and increase of saproxylic Coleoptera (University of Erlangen-Nuremberg, Department Biology, AG Ökologie). Posterpräsentation Saproxylic Genk, 2016.

Weiss, J., Köhler, F. (2005): Erfolgskontrolle von Maßnahmen des Totholzschutzes im Wald. Einzelbaumschutz oder Baumgruppenerhaltung? Landesanstalt für Ökologie, Bodenordnung und Forsten NRW – LÖBF-Mitteilungen (Recklinghausen) 3, 26–29.

Wikipedia: https://de.wikipedia.org/wiki/Neuweiler_Viehweide, zuletzt abgerufen am 13.06.2023.

Wurst, C. (2011a): Wertvolle Holzkäfer. TASPO Baumzeitung 1, 22–25.

Wurst, C. (2011b): Baden-Württembergs heimlicher Ureinwohner – der Juchtenkäfer. Schwäbische Heimat 2, 143–148.

Wurst, C. (2012): Lebensraum Alter Baum. Arten, Spuren und Strukturen. Geschützte Arten und Wert gebende Strukturen. Praxishilfe. Bestimmungsfächer mit 56 Tafeln. Nürnberger Schule, Altdorf.

Wurst, C. (2013): Habitatstrukturen an Bäumen – ein Leitfaden für den Baumpfleger. Jahrbuch der Baumpflege 2013, 40–52.

Wurst, C., Waitzmann, M. (2001): Juchtenkäfer oder Eremit. Art. des Anhangs II der FFH-Richtlinie. Fachdienst Naturschutz, Naturschutz Info 1, Karlsruhe: 26.

Zahn, A. (o. J.): https://www.fledermaus-bayern.de/downloads.html?file=files/upload/Downloads/bestimmungshilfen/bestimmung_von_waldflederm_usen.pdf, zuletzt abgerufen am 28.03.2024.

Zahn, A., Hammer, M. (2017): Zur Wirksamkeit von Fledermauskästen als vorgezogene Ausgleichsmaßnahme. Anliegen Natur 39, 1, 27–35.

Zahn, A., Hammer, M., Pfeiffer, B. (2021): Vermeidungs-, CEF- und FCS-Maßnahmen für vorhabenbedingt zerstörte Fledermausbaumquartiere. Hinweisblatt der Koordinationsstellen für Fledermausschutz in Bayern, 1–23. Download unter: https://www.tierphys.nat.fau.de/files/2021/07/empfehlung_vermeidung_cef_fcs-masnahmen_fledermausbaumquartiere_2021.pdf, zuletzt abgerufen am 02.01.2023.

Zahner, V. (2018): Konkurrenz und Prädation an der Mikrostruktur Schwarzspechthöhle. Ornithologischer Anzeiger 57, 1–2, 89–92.

Zahner, V., Wimmer, N. (2019): Spechte & Co. Sympathische Hüter heimischer Wälder. AULA-Verlag GmbH, Wiebelsheim.

Bildquellen

andagraf/Shutterstock.com: Abb. 45a
Arbeitsgruppe für Tierökologie und Planung GmbH, Sebastian Rall: Abb. 154
Arnold, A.: Abb. 24, 26a, b, c, f, g, h, 27 bis 32, 34 bis 44, 45h, 127
Bek, H.-J.: Abb. 113, 114, 116, 120, 123 bis 126, 134, 137 bis 141, 146, 147, 150
Bek, P.: Abb. 121
Biologische Station Kreis Düren e. V., Lutz Dalbeck: Abb. 156
bpk/Hamburger Kunsthalle/Elke Walford: Abb. 158 rechts
bpk/Staatliche Kunstsammlungen Dresden/Elke Estel/Hans-Peter Klut: Abb. 158 links
Branislav Cerven/Shutterstock.com: Abb. 45f
Colourbox.de: Abb. 45c
Döring, J.: Abb. 107, 108 unten links, 109 rechts
Farkaschovsky, H.: Abb. 92
G. Hermann, Hildrizhausen: Abb. 108 unten rechts
Gottschalk, T.: Abb. 106 links, 108 oben links und oben rechts, 109 links, 111
Handschuh, M.: Abb. 90, 91
Hinneberg, H.: Abb. 94 bis 96, 100, 101, 103 bis 105, 110, 112
Hochstein, M.: Abb. 153
Huck, G.: Abb. 135
Jesus Giraldo Gutierrez/Shutterstock.com: Abb. 45i
Keck, C.: Abb. 89
Kühnhöfer, A.: Abb. 75 bis 81, 84, 85, 97
Kutzsche, W.: Abb. 26d, e
Landratsamt Böblingen, Amt für Forsten, Matthias Link: Abb. 160, 166, 175
Landratsamt Böblingen, Tourismusförderung: Abb. 168 rechts
Lang, E.: Abb. 82, 86
Lechner, K.: Abb. 51, 63, 71, 72
Lubos Mraz – Naturfoto.cz: Abb. 49
LUBW – Landesanstalt für Umwelt Baden-Württemberg: Abb. 33 (Kartengrundlage: Geobasisdaten © LGL BW, www.lgl-bw.de, Az.: 2851.9-1/19; Kartierergebnisse Projekt „Erfassung und Sicherung von Habitatbäumen der Bechsteinfledermaus", gefördert durch die Stiftung Naturschutzfonds BW aus zweckgebundenen Erträgen der Glücksspirale)
Maluck, G.: Abb. 93
Marcin Perkowski/Shutterstock.com: Abb. 45g
Martin Pateman-Lewis/Shutterstock.com: Abb. 45b
mauritius images: Abb. 45l
Miroslav Hlavko/Shutterstock.com: Abb. 45d
Müller, J.: Abb. 45 (Hauptmotiv), 47, 48, 50, 52 bis 56, 58, 59, 61, 62, 64 bis 66, 70, 73, 143, 148, 155
Naturfotografie Tomschi: Seite 7, Abb. 46, 57, 67 bis 69, 74, 170 (beide)
Ondrej Prosicky/Shutterstock.com: Abb. 45k
Plewnia, A. und Bönig, P.: Abb. 136
Pröhl/fokus-natur: Abb. 87, 88
Richard Guijt Photography/Shutterstock.com: Abb. 45j
Rodenkirchen, J.: Abb. 106 rechts

Scheckeler, H.-J.: Abb. 115, 117 bis 119, 122, 128 bis 131
Schrell, F.: Abb. 142, 144
Schüle, P.: Abb. 145, 163, 164, 167, 168 links, 173, 176 bis 185
Seitz, W.: Abb. 60, 132, 149, 151, 152, 157, 162, 165, 171, 172, 174
Stadtarchiv Herrenberg: Abb. 161 (Vorlage: StadtA Herrenberg, OrtsA Gültstein, Nr. 1587)
Striepen, K.: Vorderes und hinteres Umschlagbild
Untere Forstbehörde Heidenheim: Abb. 83
Walbrun, N.: Abb. 133
Wurst, C.: Abb. 1 bis 23
Yuriy Balagula/Shutterstock.com: Abb. 45e

Die Abbildungen 25, 98, 99, 102, 159 und 169 fertigte Christine Lackner nach Vorlage der Autoren bzw. der angegebenen Quellen.

Zu den Autoren

Dr. Andreas Arnold studierte Biologie an der Universität Heidelberg mit den Schwerpunkten Zoologie und Ökologie. Er arbeitet als freiberuflicher Fledermausgutachter und bietet u. a. regelmäßig ein Fortbildungsseminar zum Thema Waldfledermäuse am Forstlichen Bildungszentrum in Karlsruhe an.
Hans-Joachim Bek ist Forstingenieur, arbeitet als Revierleiter und beschäftigt sich mit dem Schutz von Amphibien. Außerdem ist er ehrenamtlicher Amphibienkartierer und Amphibienfachbeauftragter beim NABU BW.
Markus Handschuh studierte Biologie an den Universitäten Konstanz, Tübingen und Freiburg. Er ist Ornithologe von Kindesbeinen an und u. a. seit Jahren in der Arbeitsgruppe Schwarzstorch der Ornithologischen Gesellschaft Baden-Württemberg aktiv.
Heiko Hinneberg hat den M. Sc. in Geoökologie. Als wissenschaftlicher Mitarbeiter an der Hochschule für Forstwirtschaft Rottenburg beschäftigt er sich mit dem Schutz von Tagfaltern und Widderchen in bewirtschafteten Wäldern.
Andreas Kühnhöfer ist als Förster tätig. Darüber hinaus ist er Wildtierbeauftragter und Naturschutzbeauftragter. Besondere Aufmerksamkeit widmet er der Vogelwelt, insbesondere den Greifvögeln und Eulen.
Jochen Müller studierte an der HFR Rottenburg und ist Forstrevierleiter. Seit dem Zivildienst bei einem Naturschutzverein arbeitet er in Kartierungs- und Naturschutzprojekten für Vögel und Amphibien mit und gibt Fortbildungen zum Thema Spechte.
Peter Schüle arbeitet freiberuflich als Grafiker und Illustrator mit Schwerpunkt auf wissenschaftlicher Illustration und Naturinformation. Er ist Amateurentomologe und Referent für die Umweltakademie Baden-Württemberg.
Winfried Seitz ist Dipl. Forst-Ing. (FH). Er leitet ein Forstrevier und gibt Fortbildungen zu Waldnaturschutz-Themen. Außerdem ist er Lehrbeauftragter für Waldnaturschutz an der HFR Rottenburg.
Claus Wurst ist Dipl.-Biol. und Umweltgutachter; als Inhaber des Büros für Naturschutzfachliche Gutachten in Karlsruhe mit Spezialisierung auf holzbewohnende Käferarten führt er regelmäßig Fortbildungen zu diesem Thema durch.

Register

Die in diesem Buch enthaltenen Empfehlungen und Angaben sind von den Autoren/Autorinnen mit größter Sorgfalt zusammengestellt und geprüft worden. Eine Garantie für die Richtigkeit der Angaben kann aber nicht gegeben werden. Autoren/Autorinnen und Verlag übernehmen keinerlei Haftung für Schäden und Unfälle. Bitte setzen Sie bei der Anwendung der in diesem Buch enthaltenen Empfehlungen Ihr persönliches Urteilsvermögen ein.
Der Verlag Eugen Ulmer ist nicht verantwortlich für die Inhalte der im Buch genannten Websites.

Anmerkung zur Schreibweise (Gendering): Gendergerechtigkeit und Inklusion sind bei uns gelebte Praxis – bei der Auswahl unserer Themen, bei der Recherchearbeit, in der Gestaltung. Unsere Texte meinen alle. Damit unsere Inhalte jedoch gut lesbar bleiben, verzichten wir in diesem Werk auf die jeweilige Mehrfachnennung oder Anpassung der Schreibweise bestimmter Bezeichnungen an die weibliche, männliche oder diverse Form.

Bibliografische Information der Deutschen Nationalbibliothek
Die Deutsche Nationalbibliothek verzeichnet diese Publikation in der Deutschen Nationalbibliografie; detaillierte bibliografische Daten sind im Internet über http://dnb.d-nb.de abrufbar.

Wollgrasweg 41, 70599 Stuttgart (Hohenheim)
E-Mail: info@ulmer.de
Internet: www.ulmer.de
Projektleitung: Pia Fehrenbach, Birgit Schüller
Lektorat: Alessandra Kreibaum
Herstellung: Judith Schumann
Umschlaggestaltung: Verlag Eugen Ulmer
Satz: Fotosatz Buck, Kumhausen
Druck und Bindung: Pustet, Regensburg
Printed in Germany

ISBN 978-3-8186-2029-5

HIER KÖNNEN SIE WEITERLESEN

Bestandspflege – die Zukunft des Waldes

Ob Kleinwaldbesitzer oder großer Forstunternehmer - dieses Buch bietet Ihnen eine praktische Anleitung für die erfolgreiche Waldwirtschaft. Das Spektrum reicht von der Pflanzung der Jungbäume über den Pflanzenschutz, die Waldpflege bis zur Erstdurchforstung und Wertästung. Lesen Sie hier, was Sie in einem gesunden und ertragreichen Wald unternehmen müssen, damit sich die Waldwirtschaft rechnet.

Bestandespflege im Forst. Von der Pflanzung zum erntereifen Bestand. Ralf Grießer, Michael Neub. 2., aktualisierte Auflage 2020. 144 S., 185 Farbfotos, kartoniert. ISBN 978-3-8186-1180-4.

DER FORSTWIRT – DAS STANDARDWERK

In diesem Buch werden alle relevanten Themen der Waldbewirtschaftung in verständlicher Form behandelt. Egal ob Auszubildender Forstwirt, Praktiker in der Weiterbildung, Groß- oder Kleinwaldbesitzer oder aktiver Forstwirt – hier finden Sie alles über die Forstwirtschaft – leicht verständlich und anschaulich dargestellt. Beruf Forstwirt ist das Handbuch für alle, die mit dem Wald zu tun haben. Folgende Themen werden ausführlich abgehandelt: Bedeutung und Aufgaben des Waldes, biologische Produktion, Forsttechnik, Forstnutzung, Mensch und Arbeit, der Forstbetrieb.

Beruf Forstwirt. Joachim Morat. 7., aktualisierte Auflage 2019. 711 S., 595 Farbfotos und -zeichnungen, 112 Tabellen, geb. ISBN 978-3-8186-0790-6.

BAUMPILZE SICHER ERKENNEN

Dieses Buch stellt rund 180 holzbewohnende Pilzarten in übersichtlicher Weise dar. Es zeigt Ihnen die fast unüberschaubare Vielfalt europäischer Großpilze und kann Ihnen bei der Bestimmung der Pilze sowie der Erfassung und Interpretation des Gesundheitszustandes von Bäumen im Wald und im urbanen Bereich helfen. Neben den Merkmalsbeschreibungen und der umfangreichen Fotodokumentation finden Sie Informationen zur Ökologie der Arten. Die Beschreibung der Eigenschaften der verschiedenen Arten im Spektrum von Fäulnisbewohnern bis zu hoch aggressiven Krankheitserregern soll Maßnahmenentscheidungen bei der Baumtaxation unterstützen.